国家出版基金项目
NATIONAL PUBLICATION FOUNDATION

"十二五""十三五"国家重点图书出版规划项目

U0269803

风力发电工程技术丛书

风电场
施工与安装

赵显忠 郑源 主编

中国水利水电出版社
www.waterpub.com.cn
·北京·

内 容 提 要

　　《风电场施工与安装》是《风力发电工程技术丛书》中唯一介绍工程实践安装技术的分册。本书共分 10 章：第 1 章～第 3 章主要介绍风电场风力发电机组基础的施工技术；第 4 章主要介绍风力发电机组的安装，分为陆上与潮间带两部分；第 5 章～第 8 章主要介绍风电场的电气工程部分，包括电气接电技术、集电线路及光缆线路施工技术、箱式变电站施工技术以及升压站土建施工技术；第 9 章介绍风力发电机组存放、保管与维护保养；第 10 章介绍风电场工程的施工管理。

　　本书可作为从事风电场设计、施工单位的相关技术和管理人员的培训教材，还可供投资建设开发、设计、施工单位的工程技术人员和管理人员查阅、借鉴，并且可供相关高校能源及电力类相关专业师生学习、参考。

图书在版编目（CIP）数据

　　风电场施工与安装 / 赵显忠，郑源主编. -- 北京：
中国水利水电出版社，2015.8（2024.3重印）
　　（风力发电工程技术丛书）
　　ISBN 978-7-5170-3589-3

　　Ⅰ. ①风… Ⅱ. ①赵… ②郑… Ⅲ. ①风力发电－发
电厂－工程施工 Ⅳ. ①TM62

　　中国版本图书馆CIP数据核字（2015）第208944号

书　　名	风力发电工程技术丛书 **风电场施工与安装**
作　　者	赵显忠　郑源　主编
出版发行	中国水利水电出版社 （北京市海淀区玉渊潭南路 1 号 D 座　100038） 网址：www.waterpub.com.cn E - mail：sales@mwr.gov.cn 电话：（010）68545888（营销中心）
经　　售	北京科水图书销售有限公司 电话：（010）68545874、63202643 全国各地新华书店和相关出版物销售网点
排　　版	中国水利水电出版社微机排版中心
印　　刷	天津嘉恒印务有限公司
规　　格	184mm×260mm　16 开本　16.25 印张　385 千字
版　　次	2015 年 8 月第 1 版　2024 年 3 月第 3 次印刷
印　　数	4001—5500 册
定　　价	**58.00 元**

　　凡购买我社图书，如有缺页、倒页、脱页的，本社营销中心负责调换

主要参编单位 （排名不分先后）

河海大学

中国长江三峡集团公司

中国水利水电出版社

水资源高效利用与工程安全国家工程研究中心

华北电力大学

水电水利规划设计总院

水利部水利水电规划设计总院

中国能源建设集团有限公司

上海勘测设计研究院

中国水电顾问集团华东勘测设计研究院有限公司

中国水电顾问集团西北勘测设计研究院有限公司

中国水电顾问集团中南勘测设计研究院有限公司

中国水电顾问集团北京勘测设计研究院有限公司

中国水电顾问集团昆明勘测设计研究院有限公司

长江勘测规划设计研究院

中水珠江规划勘测设计有限公司

内蒙古电力勘测设计院

新疆金风科技股份有限公司

华锐风电科技股份有限公司

中国水利水电第七工程局有限公司

中国能源建设集团广东省电力设计研究院有限公司

中国能源建设集团安徽省电力设计院有限公司

丛 书 总 策 划　李　莉

编 委 会 办 公 室

主　　　　任　胡昌支

副　主　任　王春学　李　莉

成　　　员　殷海军　丁　琪　高丽霄　王　梅　单　芳

白　杨　汤何美子

本书编委会

主　编　赵显忠　郑　源
副主编　朱富春　黄春芳
　　　　刘长辉　江　波
参　编　郭　岩　吴春旺
　　　　范小娟　朱　飞
　　　　陈　霖　高建强
　　　　付士凤

前　言

　　随着能源危机日益加剧和环境污染日趋严重，研究替代能源、新能源及可再生能源，已成为保障能源供应及国家安全的迫切需要。风力发电以其资源丰富、成本低廉、便于利用，成为目前可再生能源利用中技术最成熟、最具规模开发条件、发展前景较好的发电方式。《风电场施工与安装》是《风力发电工程技术丛书》中介绍工程实践安装技术的分册，也是目前国内少有的全面介绍风电场施工与安装技术的书籍。

　　本书由中国水利水电第七工程局有限公司、河海大学、华东勘测设计院、上海勘测设计院联合编写，理论结合实际，详细介绍了当前风电场施工与安装的主要技术与方案。

　　本书共分 10 章：第 1 章～第 3 章主要介绍风电场风力发电机组基础的施工技术；第 4 章主要介绍风力发电机组的安装，分为陆上与潮间带两部分；第 5 章～第 8 章主要介绍风电场的电气工程部分，包括电气接电技术、集电线路及光缆施工技术、箱式变电站施工技术以及升压站土建施工技术；第 9 章介绍风力发电机组存放、保管与维护保养；第 10 章介绍风电场工程的施工管理。

　　本书由赵显忠、郑源任主编，朱富春、黄春芳、刘长辉、江波任副主编。其中第 1 章和第 8 章由河海大学郑源编写，第 4 章、第 5 章、第 7 章、第 10 章由中国水利水电第七工程局有限公司赵显忠、朱富春、陈霖、高建强，三峡集团公司郭岩，河海大学范小娟、朱飞、付士凤编写，第 2 章由上海勘测设计院江波编写，第 3 章、第 6 章由华东勘测设计院黄春林编写，第 9 章由河海大学刘长辉编写。全书由郑源与朱富春负责统稿。

　　本书在编写过程中得到《风力发电工程技术丛书》编委会的大力支持与

中国水利水电出版社李莉老师和王梅老师的热心指导，同时参阅了大量优秀风电企业的技术资料，编者在这里衷心的表示感谢。本书的部分成果为江苏高校首批"2011计划"（沼海开发与保护协同创新中心，苏政办发〔2013〕56号）。

由于是首次系统性介绍风电场施工与安装的图书，再加之编者的水平有限，尽管付出了很大的努力，但是疏漏与不尽人意之处在所难免，恳请读者给予批评指正。

编者

2015年5月

目 录

第1章 风电场内的前期基础工程

本章介绍风电场内的前期基础工程，包括了道路及场平工程、土石方开挖与填筑工程和混凝土工程。道路及场平工程需要认真考察并分析当地的实际情况（包括现有道路、气象条件、地质和水文条件等）之后做出最合理的规划；土石方开挖则需要根据风力发电机组的安装顺序，合理安排场内交通与空间；混凝土工程要保证质量，充分考虑不同季节与时间下温度的变化。这些前期基础工程的好坏，直接影响到后续工程的开展。

1.1 风电场道路及场平工程施工方案

道路及场平工程施工方案，主要根据已有道路布置和安装平台布置等确定工程场内道路路线的起终点，以及需要新建场内干支线道路条数与长度；之后进行工程量统计，主要包括风力发电机组安装平台数量，路基工程长度和山皮石面层体积。

本节介绍道路及场平工程的施工方案并结合某约50MW的风电项目进行介绍。该风电场位于荒漠草原上，占地面积约为12km²。场址地貌属于低山丘陵，地形起伏较大，地面标高范围在1830.00～1980.00m，最大高差为150m。共计安装风力发电机组平台33个，路基工程总长25.34km，山皮石面层114030m²。

1.1.1 道路施工方案设计

1.1.1.1 主要设计参数

（1）路基、路面宽度。路基设计宽度为5.0m，路面设计宽度为4.5m。

（2）平面圆曲线。平面圆曲线最小半径一般为50m。

（3）纵坡。最大设计纵坡为12.5%。

1.1.1.2 线形设计

1. 选线

（1）保证选线的合理性。

（2）尽量减少高填深挖降低工程造价。

（3）便于施工，有利于保证工程质量，减少对环境的破坏和污染。

（4）使用的适用性、安全性、可靠性以及寿命等方面考虑尽量不采用极限曲线半径和极限纵坡。

2. 平面线形设计

（1）平面圆曲线。由于地形条件的限制和考虑大型设备运输的需要，平面圆曲线最小半径一般为50m。在平面圆曲线设计中，尽量采用大于或等于一般最小半径值，以提高道路的使用质量和舒适性。

平面单圆曲线设计公式为

$$T=\frac{R\tan\alpha}{2} \tag{1-1}$$

$$L=\frac{\pi}{180}\alpha R=0.01745\alpha R \tag{1-2}$$

$$E=R\left(\frac{\sec\alpha}{2}-1\right) \tag{1-3}$$

$$J=2T-L \tag{1-4}$$

式中　T——切线长，m；

　　　R——曲线半径，m；

　　　L——平曲线长，m；

　　　α——路线转角；

　　　E——外距，m；

　　　J——校正数，m。

（2）缓和曲线。缓和曲线是在直线和圆曲线或不同半径圆曲线之间设置的曲率连续变化的曲线。其作用是为了缓和线形、缓和行车以及缓和超高和加宽。

3. 纵断面线形设计

（1）纵坡。施工便道最大纵坡为 12.5%。

（2）竖曲线。竖曲线计算公式为

$$\omega=i_2-i_1 \tag{1-5}$$

$$L=R\omega \tag{1-6}$$

$$T=L/2 \tag{1-7}$$

$$E=T^2/2R \tag{1-8}$$

式中　ω——竖曲线，当 $\omega<0$，为凸曲线；当 $\omega>0$，为凹曲线；$\omega=0$，为直线；

　　　R——竖曲线半径，m；

　　　T——切线长，m；

　　　L——竖曲线长度，m；

　　　E——竖曲线变坡处纵距，m。

4. 横断面设计

（1）横断面。施工便道路基设计宽度为 5m，路面设计宽度为 4.5m；土路肩宽度为 2×0.5m。路拱横坡为 2.0%，硬路肩坡度为 3.0%。

（2）超高。超高是为了抵消车辆在曲线上行驶时所产生的离心力，在该路段横断面上设置的外侧高于内侧的单向横坡。超高值按照《公路路线设计规范》（JTGD 20—2006）采用，超高采用中轴旋转超高，计算公式见表 1-1。

表 1-1　中轴旋转超高计算公式

超高部位		$x\leqslant x_0$	$x\geqslant x_0$
最大值	外侧 h_c	$a(i_j-i_g)+(a+b/2)(i_g+i_c)$	
	中心 h_c'	$ai_j+b/2i_g$	
	内侧 h_c''	$ai_j+b/2i_g-(a+b/2+B_j)i_c$	

超高部位		$x \leqslant x_0$	$x \geqslant x_0$
x 处各值计算	外侧 h_{cx}	$a(i_j - i_g) + (a + b/2)(i_g + i_c)x/L_c$	
	中心 h'_{cx}	$ai_j + b/2i_g$（定值）	
	内侧 h''_{cx}	$ai_j(a + B_{jx})i_g$	$ai_j + b/2i_g - (a + b/2 + B_{jx})[x/L_c(i_c + i_g) - i_g]$
x_0 长度		$x_0 = 2i_g/(i_g + i_c)L_c$	
x 处加宽值		按直线比例加宽 $B_{jx} = x/L_c B_j$	
		按高次抛物线加宽 $B_{jx} = (4K^3 - 3K^4)$ $K = x/L$	

注 b—路面宽度，m；a—路肩宽度，m；i_g—路拱横坡；i_j—路肩横坡；i_c—超高横坡；L_c—超高缓和段长度，m；x_0—与路拱同坡度单向超高点至超高缓和段起点的距离，m；x—超高缓和段上任一点至起点的距离，m；h_c—路基外缘最大抬高值，m；h'_c—路基中线最大抬高值，m；h''_c—路基内缘最大抬高值，m；h_{cx}—x 距离处路基外缘最大抬高值，m；h'_{cx}—x 距离处路基中线最大抬高值，m；h''_{cx}—x 距离处路基内缘最大抬高值，m；B_j—路基加宽值，m；B_{jx}—x 距离处路基加宽值，m。

（3）加宽。当平面圆曲线半径小于 250m 时，在平面圆曲线内侧设置加宽，加宽值按《公路路线设计规范》（JTGD 20—2006）采用。

1.1.1.3 路基设计

（1）一般路基形式有填方路基、半挖半填路基、挖方路基等。

（2）当地面横坡为陡于 1∶5 的斜坡填方路基，在填筑前需将地面挖成梯台，台阶宽度不小于 1m，台阶顶面作成 2%～4% 的反向横坡，以防止路基滑动而影响其稳定性。填方路基一级边坡坡比采用 1∶1.25～1∶1.5，高度为 8m；二级边坡坡比采用 1∶1.5～1∶1.75，高度为 12m。

（3）挖方边坡，岩石边坡坡比采用 1∶0.2～1∶0.3，土质边坡坡比采用 1∶0.5～1∶0.75。

（4）在设计中应尽量考虑经济性因素，对挖出的土石方尽量用于填方。用不同填料填筑路基时，应分层填筑压实。路基压实度必须符合路基规范压实度的规定。

1.1.1.4 路段排水系统设计

路段排水系统由边沟、排水沟以及沿线的涵洞组成。

1. 边沟

挖方路基浅填方路基的路段设置土质边沟，断面尺寸为 0.3m×0.3m，坡比为 1∶0.3。

2. 排水沟

填方路基除浅填方路基外的路段设置土质排水沟，断面尺寸为 0.3m×0.3m，坡比一般为 1∶0.5～1∶1.75。

3. 涵洞

涵洞为钢筋混凝土圆管涵。

钢筋混凝土圆管涵采用 1-Φ1.0m 形式，涵管管壁采用预制 C30 混凝土，钢筋采用 Φ8，基础为土基，进出口采用土质排水系统。

1.1.1.5　防护工程设计

由于施工便道是临时性道路，本工程中的便道使用寿命只有 5 个多月，且区域风多雨少，因此设计时主要考虑边坡自身稳定。

1.1.1.6　路面设计

路面设计宽度为 4.5m，路面结构型式为碎石路面，厚度为 10～20cm。

1.1.1.7　支挡结构

场平工程在局部填方较高的地方设置护脚，可采用 M7.5 号浆砌石。

1.1.2　施工方法及程序

1.1.2.1　路基工程施工方法

1. 场地清理

测量放样后，根据施工进度计划要求，分期清除路基用地范围内的有机物残渣及原地面以下平均 30cm 的表层淤泥、垃圾、杂草、腐殖土等；场地清理完后，将清理后的场地进行修整、铺平、填筑，并在施工前全面碾压，使其密实度达到规定要求；清理出的现场废弃物均堆放在指定的弃土场内，按工程师的指示妥善处理。

清理与掘除采用以挖掘机为主、人工为辅的清理施工方法，自卸汽车运输。

2. 土方开挖

根据道路沿线地质条件，挖方路基边坡坡比为 1∶0.5。在施工过程中，当岩层产状及地质条件发生变化时，可报监理工程师批准后适当放陡或放缓边坡坡度。

土方开挖时，采用挖掘机挖装，自卸汽车运输，人工辅助进行开挖范围内的修整。开挖靠近边坡坡面线 20～30cm 时，由人工配合机械（反铲）进行刷坡，边坡修整好时应及时按设计要求跟进防护；土质路基基底，开挖至设计标高后，路床以下 30cm 挖松再压实，同时做好两侧边沟开挖砌筑工作，工艺流程见图 1-1。

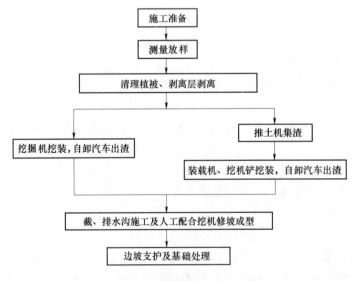

图 1-1　土方路堑施工工艺流程图

3. 石方开挖

（1）石方路堑开挖施工工艺流程。石方路堑开挖施工流程见图 1-2。

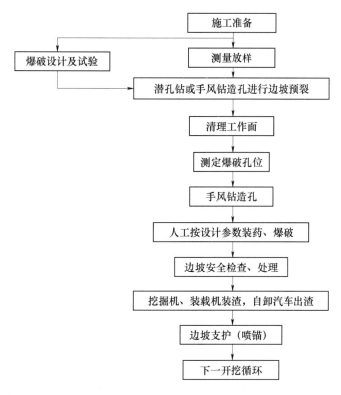

图 1-2 石方路堑开挖施工流程图

（2）石方路堑开挖施工流程。

1）根据图纸或监理人要求，边坡开挖前在开口线外设置截水沟等排水设施；路堑与路堤连接处，边沟缓顺引向路堤两侧的自然沟或排水沟，避免路堤附近积水或冲蚀路堤。

2）清理作业平台面，由测量工放出开挖边线，核实开挖断面。

3）坡面根据地质情况采用预裂、光面爆破，爆破前根据监理工程师指示进行爆破试验；预裂爆破超前于主爆区进行，石方爆破以小型及松动爆破为主，并清除由爆破引起的松动岩石。

4）完成一个台阶的开挖后，用人工辅助推土机扫平工作面，测量放样定出孔位，然后再进行钻孔爆破。

5）边坡支护作业紧跟开挖工作面进行。

6）采用挖掘机、装载机装渣，自卸汽车运至填筑部位或指定渣料场。

例如，本工程段地层岩石系全风化及强风化花岗岩。石方开挖以机械作业为主，人工辅助，先土层后石方的顺序施工；泥岩松动爆破后采用挖掘机开挖；砂岩采用爆破法开挖，3.0m³ 空压机配手持风钻进行钻孔，采用小型或松动爆破，严禁过量爆破，分层、自上而下按设计阶梯式开挖，爆破后引起的松动岩石及时清除。为保证路堑边坡的稳定和坡面控制，根据岩石的类别、风化程度和节理发育程度，边坡预留 2.0m 保护层，人工配合光面爆破修边。光面爆破，炮眼痕迹的保留率在 80％ 以上，以保证边坡质量。当线路通过顺层岩石路段时，采用预裂爆破。石方装车均采用推土机集料，装载机装车或挖掘机直接挖装两种方式。为提高机械利用率，加快施工进度，采取多个施工点同时推进，形成开挖、爆破、清运、回填平行流水作业。石方路堑的路床顶面，高出部分辅以人工凿平或用合格材料填平，碾压密实稳固。

（3）边坡路堑开挖。开挖高边坡前，在征地范围内根据地形修建一条由坡脚端部向坡顶、横坡内倾的施工便道。手风钻造孔，小型松动爆破，挖掘机开挖松动后的岩层，推土机推至坡脚最低处；距填方运距较短的地段用推土机和装载机直接运料填筑，距填方运距较远的地段用推土机集料，装载机装车，自卸汽车运输至填方地段。开挖时根据设计，按 $H \leqslant 8m$ 分层开挖，每层间设 2.0m 宽平台，当岩石风化破碎时，采用分段分层开挖。采用预裂爆破时，最后一排炮眼沿设计坡面斜率造孔。在陡坡悬崖处实施钻爆作业时，施工人员按要求系安全绳，爆破时，下方人员、机械撤退至安全地带，确保施工安全。路基开挖完毕后，根据设计图纸要求在开挖线外侧人工施工截排水设施。

4. 土石方填筑

（1）土方填筑。填方路段利用路基开挖料和开采石料进行填筑，边坡坡比 1：1.3。填方路基必须分层碾压填筑，并按施工规程规范检查验收，以保证路基施工质量。

路基的填方边坡坡率视填土土质、高度等情况并参照《公路路基设计规范》（JTGD 30—2004）。填方用土优先就近利用路基开挖料。腐殖土、淤泥、软土等不能作为填方用土，在填筑路基前应清除地表杂草、树根及表面腐殖土。填方路段地面横坡陡于 1：5 时，应挖成台阶，宽度不小于 1.0m，阶底应有 2‰～4‰ 的倒坡。填方路基应分层铺筑、均匀压实，并满足 CBR（填料最小强度）要求，当填料无法满足规范要求时，必须采取适当的处理措施或换填符合要求的土。液限大于 50、塑性指数大于 26 的土，以及含水量超过标准规定的土，不能直接作为路堤填料。需要应用时，必须采用满足设计要求的技术措施，经检查合格后方可使用。每层填土最大松铺厚度应根据现场压实试验确定，一般最大铺厚度不大于 30cm，也不小于 10cm，同种材料的填筑层累计厚度不宜小于 50cm，压实层的表面应整平并做成路拱。土的压实应控制在接近最佳含水量时进行。施工过程中对土的含水量必须严加控制、及时测定、随时调整。填筑前对填方区进行施工放样，清除表土和树根草皮，挖沟疏干表土；填前进行碾压，基底压实度不小于 85％。填土高度小于路床厚度时，基底的压实度不小于 96％，基底松散层厚度大于 30cm 时，翻挖后再分层回填压实。

路堤填筑前结合本标段填方区域选定试验段，填料取有代表性的土料和石料进行试验，取得试验数据后，再结合机具配备情况，通过试验段得出填筑数据，然后进行路堤填筑。

路堤填筑材料根据各挖填段开挖和填筑量，合理组织挖填料，填料采用自卸汽车运输，推土机摊铺，18t 自行式振动压路机碾压。

（2）土石混填路堤。土石混填分层填筑、压实，松铺时，填方边界立桩做好标记控制松铺厚度，填料摊铺平整后，用 18t 自行式振动压路机碾压至合格。石料强度大于 20MPa、最大粒径不超过压实层厚的 2/3。填筑时将含硬质石块的混合料铺于填筑层的下面，石块不得过分集中或重叠，上面再铺含软质石料（强度小于15MPa）的土石混合料。填料摊铺时，自中线向两边设置2‰～4‰的横向坡度，按相关标准要求施工。碾压按先两侧后中间、纵向进退、先慢后快、先静压后振压，激振力由弱至强的操作程序进行碾压，沿路线纵向行与行之间重叠压实不小于相关标准的规定值。施工中严格控制振动压实遍数。

（3）填石路堤。填石路堤倾填施工前，边坡用不大于30cm的石块人工码砌，码砌要规则，尽量紧贴、密实、无明显空洞和松动现象。石块逐层水平填筑，每层厚度不大于50cm，石块最大粒径不超过层厚的2/3，平整时，石块大面向下、小面向上摆放平整、紧密靠拢，所有缝隙用小石块或石屑填缝找平，放出填方中线、边线并测量其碾压前高程，后用振动压路机进行碾压。先压两侧（即靠拢路肩部位）、后压中间。压实路线对于轮碾做到纵向互相平行，反复用石屑整平，直至压实层顶面稳定，无下沉、石块紧密、表面平整为止。然后再放出填方中线、边线并测量其碾压后高程，请监理工程师到现场根据填石碾压后进行沉降量检查（目测法）。合格后进行上层填筑。路床顶面以下50cm的范围内铺填适当级配的砂石料，并分层压实，填料最大粒径不超过10cm。

填方路堤基底应清理和压实，基底强度、稳定性不足时，应进行处理，以保证路基稳定，减少施工后沉降。地面青草、树木及耕植土和淤泥应清除，不得作为填料使用，填料有机物含量不得大于10％。路面渣石含土量需加强控制。

施工填方路基时，当地面横坡陡于1∶5时或新、旧路基填方边坡的衔接处，填筑土石时地面应挖台阶，台阶宽度不小于2m，并设2‰～4‰向内的坡度，路堤填筑时应从最底层填起，然后逐步向上并分层填筑，每层厚度不大于30cm，待达到设计要求后方可填筑上一层，如为填石路堤也应分层碾压，每层厚30～40cm，石料要安放稳固、挤靠紧密，用碎石或砂砾嵌缝后用振动式压路机压实。

施工中如遇地形、地质情况发生变化，应根据实际情况变更处理。

5. 路基排水施工

工程开工前，组织技术人员根据设计文件及图纸，结合现场调查、校核全线路基排水系统的设计是否完备和妥善，并将结果上报监理工程师审批；根据实际情况在施工现场设置一些必要的临时供排水设施，用以提供施工用水，排出地表水，以保证施工的顺利进行。

进场道路排水边沟与路基同时施工，场内道路排水边沟在风电场设备安装完成后施工。排水边沟开挖主要采用人工开挖方式，自卸汽车运输渣料。

本工程路基纵向排水系统根据沿线地形、地势及道路纵横坡设置排水边沟等排水设施，将水引至路基外。边沟、排水沟全部采用土质。道路全线挖方路段及部分填方路段设置边沟、排水沟，结合路基开挖进行并不独立计算工程量，具体结构形式见相应边沟、排水沟设计图。路基横向排水系统根据地形及原有沟渠设置。在场内道路两侧设置排水边沟，要求沟底坡度以不小于0.3％的纵坡接入过路涵洞或低洼处，将水排出路基范围外。排水边沟采用矩形断面设计，本工程中的边沟底宽为30cm，沟深30cm。

6. 弃方处理

本工程段路基土石方开挖料，根据工程段内土石方路基填筑所需用量，结合合格开挖料量及运距，合理配置路基挖方中取出的合格开挖料，用作路基填筑及路面山皮石填筑和路基支挡结构砌筑及回车场土石方填筑；不合格的土石料及多余合格料按图纸规划，运至规划的弃渣场地。

7. 路基整修

当填方路堤每上升 1m 左右时，放出中线、边线，对原填筑路堤进行校核，同时进行边坡的整修作业。

填完后恢复各项标示桩，依据图纸检查路基中线位置、宽度、纵坡、横坡、边坡及相应的标高等。严格按设计尺寸进行边坡的修整，以利于边坡排水，按设计边坡坡度将坡度线测量放出，对于加宽部位人工挂线从上至下清刷；整修后的路基表面不得有坑槽和松石，各项技术指标必须达到设计要求。堆于路基范围内的边坡废弃土石料须予以清除。

1.1.2.2　山皮石路面工程施工

普通道路采用山皮石面层铺筑，本工程共计铺筑山皮石 76000m²。山皮石路面技术指标如下：

（1）山皮石最大粒径不应超过 100mm；山皮石中不应有黏土块、植物等有害物质。山皮石面层采用重型击实标准设计，压实度（重型）不小于 93%，CBR 值不小于 60%。路面材料可就近利用路基开挖料。

（2）筑路材料及施工措施应满足有关路面设计及施工技术规范的要求。

（3）山皮石含石量大于 70%，含泥量小于 30%，且级配良好，不均匀系数大于 5，曲率系数为 1~3。

山皮石采用自卸汽车运输，推土机或平地机摊铺机摊铺，碾压采用振动压路机进行，每层碾压次数不少于 6 遍，直至达到设计要求，压实度不小于 93%，且压路机驶过无明显轨迹。

1.1.2.3　圆管涵工程施工

1. 预制混凝土构件检验和废弃

（1）所有预制构件的材料质量、制造工艺及制成的构件，都应在预制场地接受检查和试验，具体的检验或试验项目、标准及抽样数量均应经监理工程师批准；并将待检查的成品另外安放在特定的场地。

（2）用于试验的预制件，由承包人免费提供，监理工程师任意选择。

（3）除监理工程师批准可修复外，具有下列任一缺陷的成品必须予以废弃。

1）由于配合比、拌和、浇筑和养护不当而显示出成型不良。

2）钢筋外露或严重放错位置（用一种被认可的混凝土钢筋覆盖层测定仪检查）。

3）端部开裂或损坏，致使连接处连接不良。

4）成品尺寸超过容许偏差。

（4）废弃的构件应立即搬走，并由承包人自费处理。

2. 运输与装卸

涵管在运输、装卸过程中，应采取防碰撞措施，避免管节损坏或产生裂纹。涵管装卸和堆放工作应用吊车或经监理工程师批准的吊具进行，禁止采用滚板或斜板卸管，并不得在地上滚动。存放场地的位置和装卸的操作方法必须经监理工程师认可。

3. 圆管涵施工

（1）挖基。

1）基础开挖应符合图纸要求及有关标准的规定。当在有灌溉水流的沟渠上修筑时，应开挖临时通道保护好灌溉水流。

2）基槽开挖后，应紧接着进行垫层铺设、涵管敷设及基槽回填等作业。如果出现不可避免的耽误，无论是何原因，均应采取一切必要措施，保护基槽的暴露面不致破坏。

（2）垫层和基座。

1）砂砾垫层应为压实的连续材料层，其压实度不小于 95%，按重型击实法试验测定；砂砾垫层应分层摊铺压实且不得有离析现象，否则要重新拌和铺筑。

2）混凝土基座尺寸及沉降缝应符合相关标准规范及设计图纸要求，沉降缝位置应与管节的接缝位置一致。

3）管涵基础应按图纸所示或监理工程师的指示，结合土质及路基填土高度设置预留拱度。

（3）钢筋混凝土圆管涵成品质量。

1）管节端面应平整并与其轴线垂直。

2）管壁内外侧表面应平直圆滑，如果缺陷小于下列规定时，应修补完善后方可使用；如果缺陷大于下列规定时，不予验收，并应报监理工程师处理。

a. 每处蜂窝面积不得大于 30mm×30mm。

b. 蜂窝深度不得超过 10mm。

c. 蜂窝总面积不得超过全面积的 1%，并不得露筋。

3）管节混凝土强度应符合图纸要求，混凝土配合比、拌和均应符合相关标准规范规定。

4）管节各部尺寸，不得超过规定值。

（4）敷设。

1）管节安装从下游开始，使接头面向上游；每节涵管应紧贴于垫层或基座上，使涵管受力均匀；所有管节应按正确的轴线和图纸所示坡度敷设。如管壁厚度不同，应使内壁齐平。

2）在敷设过程中，保持管内清洁无脏物、无多余的砂浆及其他杂物。

3）任何管节如位置设置不准确，承包人应自费取出重新设置。

4）在软基上修筑涵管时，应按图纸和监理工程师指示对地基进行处理，当软基处理达到图纸要求后，方可在上面修筑涵管。

（5）接缝。

1）涵管接缝宽度不应大于 10mm，禁止加大接缝宽度来满足涵长的要求，并应用沥青麻絮或其他具有弹性的不透水材料填塞接缝的内、外侧，以形成一柔性密封层。如图纸或监理工程师要求，应再用四层 150mm 宽的浸透沥青的麻布包缠并用铅丝绑扎接缝部位。

2）如果图纸规定，在管节接缝填塞好后，应在其外部设置 C20 级混凝土箍圈。箍圈环绕接缝浇筑好后，应给予充分养生，避免产生裂缝、脱落，且强度满足要求。

（6）进出水口。

1）进出水口应按设计图纸要求，采用混凝土或坞工结构修筑；施工工艺应分别符合技术要求。

2）进出水口的沟床应整理顺直，使上下游水流稳定畅通。当设有跌水井和急流槽时，应按图纸所示或监理工程师的指示进行施工。

（7）回填。

1）经检验确认管壁顺直、接缝平整、填缝饱满，符合相关标准要求，并且其砌体砂浆或混凝土强度达到设计强度的 75% 后，方可进行回填作业。

2）对于路堤缺口涵洞处的回填应从涵洞洞身两侧不小于两倍孔径范围内进行，同时按水平分层、对称地按照施工图纸要求的压实度填筑、夯（压）实。

3）当符合回填标准且附近无路堤等其他设置，且涵洞顶上填土厚度大于 0.5m 时，才允许用机械填土。

1.1.2.4　场平工程

场平工程负责清理开挖工程区域内的树根、杂草、垃圾、废渣及监理人指明的其他有碍物。清理与掘除采用挖掘机为主、人工为辅的施工方法，自卸汽车运输。土方开挖采用挖掘机配装载机挖装，自卸汽车运输。填筑采用自卸汽车运输，推土机或装载机摊铺平整，自行式振动压路机或凸块碾碾压；弃渣堆放在弃渣场或监理工程师指定位置。

场地平整前会同监理工程师进行主要控制点位置及高程的复测、水准点的复查与增设、横断面的复测与绘制等。场地平整前应布置合适的集水井以降低地下水位，并利用水泵将水抽排至施工区域外。在施工区外修建明沟排水系统，排出地表水。土方回填采用自卸汽车运料，挖掘机配合装载机填料，人工辅助。摊铺厚度按照招标文件要求进行摊铺，摊铺后采用小型压路机碾压，直至达到设计高程。

土方回填采用自卸汽车运料，挖掘机配合装载机进行，人工辅助。摊铺厚度按照招标文件要求进行摊铺，摊铺后采用小型压路机碾压，直至达到设计高程，以此满足设备的摆放及混凝土浇筑的需要。

1.1.3　质量保证措施

路基填筑严格按照试验段试验结果并经工程师批准的数据和填筑工艺组织施工。路基施工中除保证达到规范要求的压实度外，还要达到层层找平，随时阻止雨水聚积，以免影响填方质量。对路基填料随时检测含水量，偏低时洒水，偏高时晾晒，保证碾压时达到最佳含水量。路堤基底未经监理工程师验收，不得开始填筑，下一层填土未经监理工程师检验合格，上一层填土不得进行。

斜坡上填筑路基时，原地挖成台阶，并用小型压路机加以压实。

控制每层填料铺设的宽度，每侧应超出路堤的设计宽度 30cm，以保证修整路基边坡后的路缘有足够的压实度。

路堑开挖，无论是人工作业还是机械作业，均须严格控制路基设计宽度，若有超挖，应用与挖方相同的土壤填补，并压实至规定要求压实度，如不能达到规定要求，应用合适的筑路材料补填压实。

管涵两侧与顶部、锥坡与挡土墙等构造物背后的填土均应分层压实，每层压实的松铺厚度不宜超过 20cm。由于工作面限制和构造物受压影响，应尽量采用小型手扶式振动压路机，管涵顶部 50cm 内须采用轻型静力压路机压实，以符合规定的压实度。

1.2　土石方开挖与填筑工程

土石方开挖与填筑工程主要包括风力发电机组基础、箱变基础、吊装平台的土石方开挖与填筑。根据风力发电机组分期、分批逐台建设、依次投产的特点，合理安排场内交通道路及土石方工程与各项目的施工程序，使整个工程施工进度做到连续、均衡施工，以降低施工高峰强度，提高经济效益。前期施工道路修筑到位后，风力发电机组基础即可开始施工，风力发电机组基础施工的同时进行箱变、安装场的施工，减少机械的来回转运和弃渣的来回倒运，合理安排土石方堆放。

1.2.1　土石方开挖工程

1.2.1.1　土石方开挖

1. 土方开挖

风力发电机组基础土方开挖采用人工辅助挖掘机进行开挖。在距设计开挖面 100～200mm 范围内采用人工开挖，防止对基底土的扰动。开挖弃土石方应堆放至业主或监理工程师指定位置或周边合适位置。

2. 石方开挖

若施工范围内覆盖层风化严重，则石方开挖过程大部分直接采用挖掘机掘除或风镐铲除，开挖料就近堆放。如遇硬石，机械无法开挖时，可使用小药量松动爆破。

开挖采用自上而下分层施工，松动岩石应及时清除。为保证边坡的稳定和坡面控制，根据岩石的类别、风化程度和节理发育程度，选择坡面支护形式，积极做好系统支护。

开挖料部分用于填筑施工，部分弃用，堆放于渣料场。采用挖掘机挖装，自卸汽车运输。

高出开挖线部分采用人工凿平，超挖部分按监理工程师批准的材料进行回填并碾压密实。

石方开挖施工程序见图 1-3。

1.2.1.2　开挖要求和质量保证措施

1. 土方开挖要求

（1）土方开挖工程应从上至下分层分段依次进行，严禁自下而上或采取倒悬的开挖方法，施工中随时作成一定的坡势，以利排水，开挖过程中应避免边坡稳定范围形成积水。

（2）岸坡易风化崩解的土层，开挖后不能及时回填的，应保留保护层。

（3）岸坡的风化岩块、坡积物、残积物和滑动体应按施工图纸要求开挖清理，并应在填筑前完成，禁止边填筑边开挖。清除出的废料，应全部运出基础范围以外，堆放在监理工程师指定的场地。

（4）边坡安全的应急措施。土方明挖过程中，如出现裂缝和滑动迹象时，应立即暂停

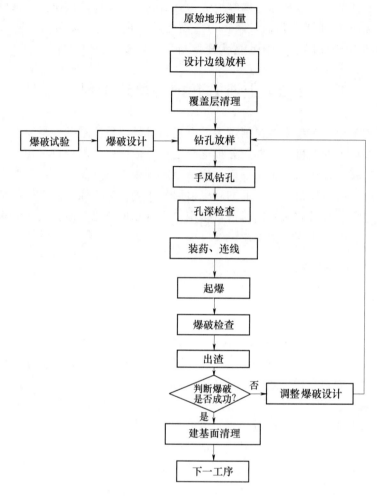

图 1-3　石方开挖施工程序图

施工并采取应急抢救措施，同时通知监理工程师。必要时，应按监理工程师的指示设置观测点，及时观测边坡变化情况，并做好记录。

（5）注意对图纸未示出的地下管道、缆线、文物古迹和其他结构物的保护。开挖中一旦发现上述结构物应立即报告监理工程师，且停止作业并保护现场听候处理。

2. 石方开挖要求

（1）施工过程中根据地形、地质、开挖断面及施工机械配备等情况，采用能保证边坡稳定的方法施工。

（2）石方爆破作业应以小型及松动爆破为主，严禁过量爆破，并应在事前 14 天制定出计划和措施报监理人批准。未经监理人批准，不得采用大爆破施工。当确需进行大爆破施工时，应严格按有关规范编制技术设计文件，并于爆破施工前 14 天交监理人审批。

（3）爆破施工时确定爆破的危险区，并采取有效措施防止人、畜、建筑物和其他公共设施受到危害和损坏。在危险区的边界应设置明显的标志，建立警戒线和显示爆破时间的警戒信号，在危险区的入口或附近道路应设置标志，并派专人看守，严禁人员在爆破时进入危险区。

（4）所有岩石开挖面、边坡及槽挖的底部均应加以修整或清除松动和突出的岩石，使其边坡处于安全状态。需要设置临时边坡时，采取适当的支护措施以维持临时边坡的稳定。有支护要求的永久边坡，应按施工图和监理工程师的通知加以支护。

（5）在遇断层及破碎带地段，以及遇花岗斑岩脉地段，及时采取适宜的开挖、支护方式，确保开挖边坡的稳定。

（6）对于可能影响施工及危害永久建筑物安全的渗漏水、地下水和泉水，应就近开挖集水坑和排水沟，并设置足够的排水设备，将水排至适当地点。

（7）施工期间（直至工程竣工验收之前），若沿开挖边坡发生滑坡或坍滑，须立即清除和处理塌滑体，以保持边坡处于安全稳定状态。

3．质量保证措施

（1）土石方开挖施工过程中检查平面位置、水平标高、边坡坡度、压实度、排水、降低地下水位系统，并随时观测周围的环境变化。

（2）根据《建筑地基基础工程施工质量验收规范》（DBJ 50125—2011）的有关规定确定临时边坡的坡度，并保证边坡的稳定和安全，随时监测边坡的变形。

（3）开挖过程中，不允许在开挖范围的上侧弃土，必须在边坡上部堆置弃土时应确保开挖边坡的稳定，并经监理人批准。在冲沟内或沿河岸岸边弃土时，应防止山洪造成泥石流或引起河道堵塞。

（4）开挖前和开挖过程中均对基础开挖尺寸和标高进行测量放样，对排水和基坑保护设施进行检查。

1.2.2 土石方填筑工程

由于本工程段的开挖料很多为风化石料，不能完全利用，故开挖料部分用于土石方回填工程填筑，对填筑料有要求的部位需调动其他部位的开挖料或购买。

风力发电机组基础土方回填采用人工辅助反铲摊铺，小型振动碾压实。土方回填前清除基础底部垃圾、树根等杂物，抽除坑内积水、淤泥。土方回填材料采用粉土或粉砂土，土料可采用原地开挖料（原地开挖料应进行翻晒，以降低填土含水量），或者自购。人工辅助挖掘机摊铺土料，小型振动碾压实，建筑物周边等区域使用蛙式打夯机打夯压实。填方从最低处开始，自下而上分层铺填压实，每层厚度以 0.3m 左右为宜，经夯实后，再回填下一层，压实度大于 92％，压实标准为轻型击实。施工过程中应随时检查排水措施以及每层填筑厚度、含水量、压实程度。基础四周回填土采用小型机具进行碾压，基础上部覆土不进行碾压或压实。回填完毕后，做好临时排水措施。

1.3 混凝土工程

混凝土工程主要包括风力发电机组基础、箱变基础等混凝土浇筑。

风力发电机组基础采用圆形现浇钢筋混凝土基础，混凝土一般采用 C35 混凝土，垫层混凝土一般采用 C20 混凝土。

每个风力发电机组基础附近设置一个箱变基础，箱变基础采用C25钢筋混凝土薄壁结构。箱变基础主体采用C25混凝土，垫层采用C15混凝土。

风力发电机组基础采用混凝土搅拌运输车运输至施工现场，混凝土泵车入仓，薄层连续浇筑形式，浇筑层厚30cm，人工振捣浇筑；箱变基础及散热器基础采用混凝土搅拌运输车运输至施工现场，手推车或直接入仓，人工振捣浇筑。

混凝土浇筑的一般机械配置为：混凝土泵车、吊车、混凝土运输车、电焊机、钢筋调直切断机、钢筋切断机、钢筋弯曲机、振捣棒。

1.3.1 混凝土浇筑施工方法及程序

1.3.1.1 混凝土施工程序

基础混凝土浇筑施工程序见图1-4。

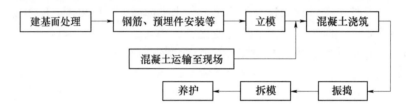

图1-4 混凝土浇筑施工程序图

1.3.1.2 混凝土配合比

1. 水泥

水泥采用普通硅酸盐水泥或硅酸盐水泥，应符合国家标准《通用硅酸盐水泥》（GB 175—2007）的规定，按建筑物各部位施工图纸要求，配制混凝土所需的水泥品种，各种水泥应符合国家和行业的现行标准。不同品种和标号的水泥分开运输，到货的水泥按不同品种、标号、出厂批号、袋装或散装等分别储放在专用的仓库或储罐中。

2. 水

混凝土拌和用水应符合《水运工程混凝土施工规范》（JTS 202—2011）的有关规定，混凝土拌和用水的氯离子含量应不大于200mg/L。采用当地地下水和地表水前须进行水质化学分析，满足要求方能用于混凝土拌和。

3. 骨料

粗细骨料的质量应符合国家现行标准《普通混凝土用砂、石质量及检验方法标准》（JGJ 52—2006）的规定。

不同粒径的骨料应分别堆存，严禁相互混杂和混入泥土；装卸时，应避免造成骨料的严重破碎。

对含有活性成分的骨料必须进行专门试验论证。

4. 高效减水剂

减水剂质量应符合《混凝土外加剂应用技术规范》（GB 50119—2003）的规定，且减水剂对混凝土性能无不良影响、减水剂氯离子含量不大于水泥质量的0.02%，减水剂掺量通过配合比试验确定。

5．配合比

在混凝土浇筑前进行配合比试验，混凝土配合比以配合比试验报告为准，施工过程中不可随意修改配合比。施工过程中需要改变经监理工程师批准的混凝土配合比，必须重新申请并得到监理工程师的批准。

1.3.1.3　模板设计

为确保混凝土的外观质量，加快施工进度，降低施工成本，在总结以往施工经验的基础上，借鉴成功施工经验，从模板选型、制作、安装到拆除，制定完善的、可操作性强的模板施工工法，优化模板配置，合理规划使用模板，可满足混凝土内外在质量要求。

1．模板选型原则

（1）模板和支架材料优先选用钢材，模板材料的质量应符合现行国家标准或行业标准的规定。

（2）根据招标文件对模板的要求，对不同部位采用不同型式的模板。

（3）模板的设计、制作和安装保证模板结构应有足够的强度和刚度、足够的密封性，以保证混凝土的结构尺寸、形状和相互位置符合设计规定。

（4）提高模板的通用性和周转次数，以降低施工难度，节约施工成本。

2．模板选型及制作

（1）模板选型。根据基础结构物特性，基础混凝土浇筑选用普通组合钢模板配木模。

（2）模板制作：

1）模板和支架材料优先选用钢材，其质量符合现行国家标准或行业标准的规定。

2）木材的质量达到Ⅲ等级以上的材质标准，腐朽、严重扭曲或脆性的木材严禁使用。

3）模板的制作要保证模板结构有足够的强度和刚度，能承受混凝土浇筑和振捣的侧向压力和振动力，防止产生位移，确保混凝土结构外形尺寸准确，并具有足够的密封性，避免漏浆。

4）模板的制作满足施工图纸要求的建筑物结构外形，其制作容许偏差不超过有关规程规范的规定。

5）模板与混凝土接触的面板、各块模板接缝处平整严密，以保证混凝土表面的平整度和混凝土的密实性。建筑物分层施工时，逐层校正下层偏差，并采取有效措施使模板紧贴混凝土面，防止振捣时漏浆或出现错台。

3．模板的安装和拆除

（1）模板在加工厂制作，载重汽车运输至现场安装，钢模板及木模板采用人工定位安装。

（2）按施工图纸进行模板安装的测量放样，重要结构设置控制点，以便检查校正。

（3）现立模板基本施工工艺流程见图1-5。

（4）模板安装过程中，设置足够的临时固定设施，以防变形和倾覆。

（5）模板安装的容许偏差。结构混凝土和钢筋混凝土基础的模板容许偏差，符合2011版《混凝土结构工程施工质量验收规范》（GB 50204—2002）中有关模板安装的规定。

（6）模板安装保证模板接缝不漏浆，在浇筑混凝土前，木模板浇水湿润，并保证模板内无积水；清理干净模板与混凝土的接触面并涂刷隔离剂，采用的隔离剂不影响结构性能

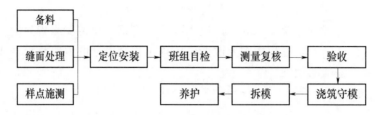

图1-5　模板基本施工工艺流程图

或妨碍装饰工程施工。

（7）为防锈和拆摸方便，钢模面板涂刷矿物油类的防锈保护涂料，且不采用污染混凝土的油剂，并且不影响混凝土或钢筋混凝土的质量。

（8）模板拆除符合施工图纸的规定，并遵守相关规范的规定。

1.3.1.4　钢筋工程

（1）基础混凝土钢筋在综合加工厂加工，采用载重汽车运输至施工现场。

（2）钢筋混凝土结构用的钢筋符合热轧钢筋主要性能的要求。

（3）钢筋的材质及加工工艺符合现行有关国家标准和行业标准的规定。

（4）所使用的钢筋表面洁净无损伤，油漆污染和铁锈等在使用前清除干净。

（5）钢筋平直，无局部弯折。钢筋加工的尺寸符合施工图纸的要求，加工后钢筋的容许偏差不超过下列要求：受力筋±10mm，箍筋±5mm。

（6）钢筋的弯折加工、焊接和钢筋的绑扎按 GB 50204—2002 的规定以及施工图纸的要求执行。

（7）现场钢筋的连接采用手工电弧焊焊接和机械连接，为提高工效，节约材料，对于能够采用机械连接的部位，优先考虑机械连接。钢筋接头分散布置，并符合设计及相关规范要求。现场所有焊接接头均由持有相应电焊合格证件的电焊工进行焊接，以确保质量。

1.3.1.5　混凝土浇筑施工方法

（1）混凝土施工工艺流程见图1-6。

（2）施工准备。

1）基础清基处理。基础开挖后，采用人工清基，经过监理工程师验收合格后方可进行基础垫层施工。

2）混凝土垫层施工。基础处理验收合格后，浇筑 150mm 厚 C20 混凝土垫层。

（3）测量放线。基础仓面处理合格后，用全站仪、水准仪进行测

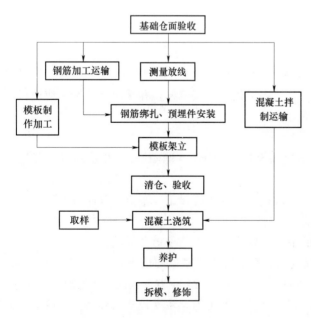

图1-6　混凝土施工工艺流程图

量放线，模板、钢筋安装和混凝土浇筑严格按照测量点线控制。

（4）钢筋、预埋件安装。由技术人员开出钢筋下料单，在钢筋加工厂制作，钢筋制作安装的基本程序为：读图→绘制钢筋加工表→钢筋厂按照加工表加工成型→运输至现场安装→"三检"验收→监理验收。

1）特殊形状的钢筋在加工厂放大样加工成型，在现场严格按预定的施工程序安装。

2）为了防止运输和安装时造成混乱，加工成型的钢筋出厂前分类捆扎，分类暂时堆存，并挂牌标识。标志牌标明使用单位、部位、规格、加工日期和责任人等。

3）用载重车运输到各施工部位，再用各施工部位的吊运机械将钢筋吊入仓内。

4）风力发电机组基础上层钢筋设置架立钢筋，架立钢筋的直径为 16mm，设置位置根据实际情况灵活布置，且必须保证钢筋网的牢固可靠。

5）所有交叉的钢筋，间隔一个交叉点采用铁丝绑扎牢固。

6）在施工过程中遵循一个原则，即所有钢筋不与基础预埋螺栓直接接触。

7）基础埋件主要为风力发电机组基础环及附件埋设、箱变基础埋件埋设、控制箱地脚螺栓和法兰、电缆管埋设、扁钢及接地极（钢材），施工过程中根据图纸要求进行埋设。

（5）立模、校模。模板运输至现场后利用现场吊运设备吊运至工作面，人工安设模板、扣件和拉杆固定。立模完成后进行检查复测，保证模板按测量控制点设置。

（6）清仓、验收。清理仓号内的杂物、排出积水，同时提交有关验收资料进行仓位验收。

（7）混凝土拌和、运输。混凝土采用集中拌和，并通过混凝土搅拌运输车运输至施工现场，按现场试验室提供并经监理工程师批准的程序和混凝土配料单进行统一拌制，并在出机口和浇筑现场进行混凝土取样试验；各种不同类型的混凝土配合比通过试验选定，并根据建筑物的性质、浇筑部位、钢筋含量、混凝土运输、浇筑方法和气候条件等，选用不同的混凝土坍落度。混凝土出拌和机后，迅速运达浇筑地点，运输时间不超过 45min，并保证运输途中不出现分离、漏浆和严重泌水现象。

（8）混凝土浇筑。浇筑仓号首先由作业班组进行初检和复检，并提供原始资料，质检部门进行终检。监理工程师对仓面进行验收合格后，方可进行混凝土浇筑。在软基上进行操作时，力求避免破坏或扰动原状土壤。混凝土在运输至现场后利用混凝土泵车入仓，插入式振捣棒振捣。混凝土浇筑的技术要求如下：

1）混凝土浇筑必须一次浇成，不留施工缝。

2）单个混凝土浇筑时间不超过 12h，白天最高气温大于 30℃时，在夜间浇筑或采取温控措施。浇筑过程中预备简易防雨、防雪材料，保证浇筑混凝土不受雨雪影响，并备用混凝土运输车辆，保证混凝土浇筑连续不中断。

3）混凝土采用分层浇筑，每层厚度 30cm，上下两层混凝土浇筑时间间隔不大于下层混凝土初凝时间前 1h。混凝土入仓时，混凝土垂直落距不大于 2m。

4）对混凝土进行充分振捣，因基础厚度较大，为保证下层浇筑时振捣密实，在浇筑下层混凝土时，浇筑人员进入钢筋笼内振捣。

5）钢筋网进入孔位置及尺寸大小根据现场施工实际情况确定，使用结束后及时焊接封闭。

6）混凝土保护层垫块采用工字形或锥形，其强度和密实性高于本体混凝土。垫块采用水灰比不大于 0.40 的砂浆或细石混凝土制成，或采用强度不小于 50MPa 且具有耐碱和抗老化性能的工程塑料制成。

7）浇筑过程中，采取措施控制混凝土的均匀性和密实性，避免出现露筋、空洞、冷缝、夹渣、松顶等现象，特别对构件棱角处采取有效措施，使接缝严密，防止在混凝土振捣过程中出现漏浆。

8）按施工图纸要求，在混凝土中预留各种孔穴，除另有规定外，回填预留孔用的混凝土或砂浆与周围建筑物的材质相一致。预留孔在回填混凝土或砂浆前，先将预留孔壁凿毛，并清洗干净和保持湿润，以保证新老混凝土结合良好。

9）回填混凝土或砂浆过程中仔细捣实，以保证埋件黏结牢固，以及新老混凝土或砂浆充分黏结，将外露的回填混凝土或砂浆表面抹平，并进行养护和保护。

（9）混凝土养护和表面保护。混凝土浇筑完毕后，及时加以覆盖，避免太阳曝晒。基坑及时采取明沟抽排水措施，以免咸水侵蚀混凝土，影响混凝土质量及后期防腐涂层的施工。混凝土浇筑结束后立即采用喷水和保温保湿措施连续养护，保持混凝土表面湿润，特殊部位和特殊施工时段需采用特殊的方法养护。采用洒水养护，应在混凝土浇筑完毕后 12～18h 内开始进行，混凝土养护时间不应小于 14 天，在干燥、炎热气候条件下，养护时间不应少于 28 天。若混凝土表面出现裂缝，沿裂缝涂纯环氧树脂若干道，并填满裂缝。混凝土养护用水采用达到拌和用水要求的水。

（10）拆模、修补。混凝土强度达到规范规定后，方可拆除模板。模板拆除符合施工图纸的规定外，还要遵守相关规范的规定。

拆模后若发现混凝土有缺陷，提出处理意见，征得监理工程师同意后才能进行修补。对不同的混凝土缺陷，按相应的监理工程师批准的方法进行处理，直至满足设计和规范要求。

1.3.2　大体积混凝土及夏季高温施工方案

1.3.2.1　大体积混凝土施工方案

1. 控制措施

为了将混凝土内早期水化热集中释放、削减混凝土温度峰值、减小温度梯度，避免混凝土的危害性收缩开裂，进行大体积混凝土施工时要注意以下方面：

（1）选用低水化热水泥。

（2）添加缓凝型减水剂。

（3）布置冷却管。

（4）经设计、业主、监理同意后，添加优质粉煤灰。

2. 施工预案

（1）在钢筋安装的同时，在混凝土结构轮廓内合理布置、绑扎起终点与外界相通的冷却管，冷却完毕后用水泥净浆封堵。

（2）合理布设测温孔。

3. 施工时间

及时收集、熟悉气象资料，选择温度适宜的天气施工，并适当调整不同温差时段的施工进度。

4. 应急预案

（1）随时进行混凝土温度监测并作好记录汇报。

（2）混凝土温度超标时，冷水供应管接通铝管冷却管，实行换水散热并加强温度监测。

（3）冷却管供水散热仍然不能满足降温要求时，在搅拌站用等水量代替控制，添加适量冰花。

1.3.2.2 混凝土结构夏季高温施工方案

为防止混凝土夏季高温浇筑时产生温度裂缝，施工过程中严格进行混凝土温度控制。根据已有的混凝土施工温度控制经验，可采取如下混凝土温度控制措施：

（1）所有风力发电机组基础混凝土浇筑时入仓温度不高于 25℃。当工程区最高温度超过 25℃，混凝土采取降温措施。降温措施主要如下：

1）采用仓面喷雾。

2）冷水（冷气）预冷骨料。

3）加冷水拌和。

4）运输混凝土工具应有隔热遮阳措施，缩短混凝土曝晒时间。

5）选用水化热低的水泥。

6）在满足施工图纸要求的混凝土强度、耐久性及和易性的前提下，改善混凝土骨料级配，加优质的掺合料等以适当减少单位水泥用量。

（2）混凝土内设测温元件，混凝土浇筑时在风力发电机组基础混凝土内部埋设 4 个测温点，混凝土浇筑完成后即开始测量混凝土内部温度，保持混凝土内外温差不超过 25℃。

（3）掺入减水剂、加气剂等外加剂，以改善其和易性，减少水泥用量，降低水化热。

（4）在高温时段施工时，选择气温较低时段进行混凝土施工，混凝土运输途中采取保温措施，保持混凝土入仓温度在合理范围。

（5）合理安排，精心组织，尽量减少长间歇期。

1.3.3 混凝土施工质量保证措施

应按照相关标准和工程技术规定对混凝土的原材料和配合比进行检测，并对施工过程中各项主要工艺流程和完工后的混凝土质量进行检查和验收，同时将检测资料及时报送监理工程师。

1.3.3.1 原材料质量检查

1. 水泥检验

每批水泥均应有厂家的品质试验报告，并按国家和行业的有关规定，对每批水泥进行取样检测，必要时还应进行化学成分分析。检测取样以 200～400t 同品种、同标号水泥为一个取样单位，不足 200t 时也应作为一个取样单位，检测的项目应包括：水泥标号、凝结时间、体积安定性、稠度、细度、比重等，监理工程师认为有必要时，可要求进行水化热试验。

2. 水质检查

拌和及养护混凝土所用的水，除按规定进行水质分析外，还应按监理工程师指示进行定期检测。在水源改变或对水质有怀疑时，应采取砂浆强度试验法进行检测对比，如果水样制成的砂浆抗压强度低于原合格水源制成的砂浆 28 天龄期抗压强度的 90％时，该水不能继续使用。

3. 骨料质量检验

骨料的质量检验应分别按下列规定在拌和场进行：

（1）在拌和场，每班至少检查两次砂和小石的含水率，其含水率的变化应分别控制为 ±0.5％（砂）和 ±0.2％（小石）范围内。

（2）当气温变化较大或雨后骨料含水量突变的情况下，应每 2h 检查一次。

（3）砂的细度模数每天至少检查一次，其含水率超过 ±0.2 时，需调整混凝土配合比。

（4）骨料的超逊径、含泥量应每班检查一次。

1.3.3.2　混凝土质量检测

1. 混凝土拌和均匀性检测

应按监理工程师指示，并会同监理工程师对混凝土拌和均匀性进行检测；定时在出机口对一盘混凝土按出料先后各取一个试样（每个试样不少于 30kg），以测定砂浆容重，其差值应不大于 $30kg/m^3$；用筛分法分析测定粗骨料在混凝土中所占百分比时，其差值不应大于 10％。

2. 坍落度检测

按施工图纸的规定和监理工程师指示，每班应进行现场混凝土坍落度的检测，出机口应检测四次，仓面应检测两次。

3. 强度检测

现场混凝土抗压强度的检测，28 天龄期的试件每 $100m^3$ 成型试件选用 3 个，3 个试件应取自同一盘混凝土。

1.3.3.3　混凝土工程建筑物的质量检查和验收

（1）建基面浇筑混凝土前应按规定进行地基检查处理与验收。

（2）在混凝土浇筑过程中，应会同监理人对混凝土工程建筑物测量放样成果进行检查和验收。

（3）按监理工程师指示和相关标准规范对混凝土工程建筑物永久结构面修整质量进行检查和验收。

（4）混凝土浇筑过程中，应按规定对混凝土浇筑面的养护和保护措施进行检查，并在其上层混凝土覆盖前，对浇筑层面养护质量和施工缝质量进行检查和验收。

（5）在各层混凝土浇筑层分层检查验收中，应对埋入混凝土块体中的各种埋设件的埋设质量以及伸缩缝的施工质量进行检查和验收。

1.3.3.4　混凝土工程建筑物的完工验收

（1）混凝土工程建筑物全部浇筑完成后，按监理工程师指示，对建筑物成型后的位置和尺寸进行复测，并将复测成果报送监理工程师，作为完工验收的资料。

（2）混凝土工程建筑物全部完工后，申请完工验收，并向监理工程师提交完工资料。

第2章 陆上风电场风力发电机组基础施工技术

本章介绍陆上风电场风力发电机组基础的施工技术，主要包括风力发电机组基础的施工和基础环的安装，同时分析了基础环水平度偏差产生的原因和处理方法。传统基础主要采用灌注桩基础、打入桩基础或板筏基础；随着风力发电工程施工技术的发展，现在还产生了几种新型的风力发电机组基础如灌注桩基础和梁板式预应力锚栓基础。在风力发电机组基础施工中，基础环安装精度是各施工单位的一大难点和质量控制重点，需要引起重视，本章也作简单介绍。

2.1 灌注桩基础施工

2.1.1 概述

灌注桩是一种直接在桩位用机械或人工方法就地成孔后，在孔内下设钢筋笼和浇注混凝土所形成的桩基础。灌注桩在各个建筑领域的应用都十分广泛，风力发电机组基础主要采用此种形式，也经常应用于防冲、挡土、抗滑等工程。

2.1.1.1 灌注桩的特点

灌注桩与其他桩相比主要有以下特点：

（1）灌注桩属非挤土或少量挤土桩，施工时基本无噪音，无振动，无地面隆起或侧移，也无浓烟排放，因而对环境影响小，对周围建筑物、路面和地下设施的危害小。

（2）可以采用较大的桩径和桩长，单桩承载力高，可达数千至数万牛。需要时还可以扩大桩底面积，更好地发挥桩端土的作用。

（3）桩径、桩长以及桩顶、桩底高程可根据需要选择和调整，容易适应持力层面高低不平的变化，可设计成变截面桩、异形桩，也可根据深度变化来改变配筋量。

（4）桩身刚度大，除能承受较大的竖向荷载外，还能承受较大的横向荷载。

（5）在钻、挖孔过程中，能进一步核查地质情况，根据要求调整桩长和桩径。

（6）避免了搬运、吊置、锤击等作业对桩身的不利影响，因此灌注桩的配筋率远低于预制桩，可节省钢材，其造价约为预制桩的 $40\%\sim70\%$。

（7）没有预制工序，施工设备比较简单、轻便，开工快，所需工期较短。

（8）可穿过各种软硬夹层，也可将桩端置于坚实土层或嵌入基岩。

（9）施工方法、工艺、机具及桩身材料的种类多，而且日新月异。

（10）施工过程隐蔽，工艺复杂，成桩质量受人为和工艺因素的影响较大，施工质量较难控制。

（11）除沉管灌注桩外，成孔作业时需要出土，尤其是湿作业时要用泥浆护壁，排浆、排渣等问题对环境有一定的影响，需要妥善解决。

2.1.1.2　灌注桩的分类

1. 按桩的受力情况分类

摩擦桩：桩的承载力以侧摩阻力为主。

端承桩：桩的承载力以桩端阻力为主。

2. 按功能分类

承受轴向压力的桩：主要承受建筑物的垂直荷载，大多数为此种桩。

承受轴向拔力的桩：用以抵抗外荷对建筑物的上拔力，如抗浮桩、塔架锚固桩等。

承受水平荷载的桩：用以支护边坡或基坑，如挡土桩、抗滑桩等。

3. 按成孔方法分类

灌注桩通常使用机械成孔；当地下水位较低、涌水量较小时，桩径较大的灌注桩也可人工挖孔。常用的机械成孔方法可分为挤土成孔灌注桩（沉管灌注桩）和取土成孔灌注桩（包括少量挤土的成孔方法）两大类。取土成孔灌注桩又可分为泥浆护壁钻孔灌注桩、干作业成孔灌注桩和全套管法（贝诺脱法）成孔灌注桩三类。其中泥浆护壁钻孔灌注桩包括正循环回转钻孔、反循环回转钻孔、潜水电钻钻孔、冲击钻机钻孔、旋挖钻机成孔、抓斗成孔等成孔方法的灌注桩；干作业成孔灌注桩包括长螺旋钻孔、短螺旋钻孔、洛阳铲成孔等成孔方法的灌注桩。

2.1.1.3　不同桩型的适用条件

（1）沉管灌注桩适用于黏性土、粉土、淤泥质土、砂土及填土；在厚度较大、灵敏度较高的淤泥和流塑状态的黏性土等软弱土层中采用时，为防止因缩孔而影响桩径，应制定质量保证措施，并经工艺试验成功后方可实施。

（2）泥浆护壁钻孔灌注桩适用于各种土层、风化岩层，以及地质情况复杂、夹层多、风化不均、软硬变化较大的地层。其冲击成孔灌注桩还能穿透旧基础、大孤石等障碍物。泥浆护壁钻孔灌注桩适用的桩径和桩深较大，而且不受地下水位的限制，可在地下水丰富的地层中成孔；但在岩溶发育地区应慎重使用。

（3）干作业成孔灌注桩一般只适用于地下水位以上的黏性土、粉土、中等密实以上的砂土层。人工挖孔灌注桩在地下水位较高，特别是有承压水的砂土层、滞水层、厚度较大的高压缩性淤泥层和流塑淤泥质土层中施工时，必须有可靠的技术措施和安全措施。

（4）全套管成孔灌注桩施工安全精准，能紧贴已有建筑物施工；除硬岩及含水厚细砂层外，第四纪地层均可使用。其缺点是由于设备庞大，施工需要占用较大的场地。

2.1.1.4　施工准备

1. 施工前应具备的资料

灌注桩施工前应具备下列资料：

（1）工程地质资料和必要的水文地质资料。

（2）桩基工程施工图及图纸会审纪要。

（3）建筑场地和邻近区域内的地下管线、地下构筑物、危房等的调查资料。

（4）主要施工机械及其配套设备的技术性能资料。

（5）桩基工程的施工组织设计或施工方案。

（6）水泥、砂、石、钢筋等原材料及其制品的质检报告。

（7）有关荷载、工艺试验的参考资料。

2．施工组织设计

灌注桩的施工组织设计主要包括下列内容：

（1）工程概况、设计要求、质量要求、工程量、地质条件、施工条件。

（2）确定施工设备、施工方案和施工顺序，绘制工艺流程图。

（3）进行工艺技术设计，包括成孔工艺、钢筋笼制作安装、混凝土配制、混凝土灌注以及泥浆制输、处理的具体要求和措施。

（4）绘制施工平面布置图：标明桩位、编号、施工顺序、水电线路和临时设施的位置；采用泥浆护壁成孔时，应标明泥浆制备设施及其循环系统。

（5）施工作业计划、进度计划和劳动力组织计划。

（6）机械设备、备件、工具（包括质量检查工具）、材料供应计划。

（7）工程质量、施工安全保证措施和文物、环境保护措施。

（8）冬季、雨季施工措施，防洪水、防台风措施。

3．试桩

（1）试验目的。查明地质情况，选择合理的施工方法、施工工艺和机具设备；验证桩的设计参数，如桩径和桩长等；鉴定或确定桩的承载能力和成桩质量能否满足设计要求。

（2）试桩数目。工艺性试桩的数目根据施工具体情况决定；力学性试桩的数目一般不少于实际基桩总数的 3%，且不少于 2 根。

（3）试桩方法。试桩所用的设备与方法应与实际成孔、成桩所用相同；一般可用基桩做试验，或选择有代表性的地层或预计钻进困难的地层进行工艺试验；试桩的材料与截面、长度必须与设计相同。

（4）荷载试验。灌注桩的荷载试验，一般包括垂直静载试验和水平静载试验。

1）垂直静载试验。试验目的是测定桩的垂直极限承载力，测定各土层的桩侧极限摩擦阻力和桩底反力，并查明桩的沉降情况。试验加载装置一般采用油压千斤顶。加载反力装置可根据现场实际条件确定，一般采用锚桩横梁反力装置。加载与沉降的测量及试验资料整理，可参照有关规定。

2）水平静载试验。试验目的是确定桩在允许水平荷载作用下的桩头变位（水平位移和转角），一般只在设计有要求时才进行。试验方法及资料整理参照有关规定。

2.1.1.5 灌注桩的施工质量标准

1．成孔深度控制

（1）摩擦型桩。摩擦桩以设计桩长控制成孔深度；端承摩擦桩必须保证设计桩长及桩端进入持力层深度。当采用锤击沉管法成孔时，桩管入土深度控制以标高为主，以贯入度控制为辅。

（2）端承型桩。当采用钻（冲）孔、挖掘方法成孔时，必须保证桩孔进入设计持力层的深度。当采用锤击沉管法成孔时，沉管深度控制以贯入度为主，设计持力层标高对照为辅。

2. 成孔质量

灌注桩成孔施工的容许偏差见表 2-1。

表 2-1　灌注桩成孔施工容许偏差

序号	成　孔　方　法		桩径容许偏差 /mm	垂直度容许偏差 /%	桩位容许偏差/mm		孔底沉渣/mm	
					单桩、条形桩基沿垂直轴线方向和群桩基础中的边桩	条形桩基沿轴线方向和群桩基础的中间桩	端承桩	端承桩或端承摩擦桩
1	泥浆护壁钻、挖、冲孔桩	$d \leqslant 1000mm$	−50	1	$d/6$ 且不大于 100	$d/4$ 且不大于 150	≤50	≤100
		$d > 1000mm$	−50		$100+0.01H$	$150+0.01H$		
2	锤击（振动）沉管、振动冲击沉管成孔	$d \leqslant 500mm$	−20	1	70	150	0	≤50
		$d > 500mm$			100	150		
3	螺旋钻、机动洛阳铲钻孔扩底		−20	1	70	150	≤50	≤100
4	人工挖孔桩	现浇混凝土护壁	+50	0.5	50	150	0	≤10
		长钢套管护壁	+20	1	100	200		

注：1. 桩径容许偏差的负值是指个别断面。
　　2. 采用复打、反插法施工的沉管灌注桩径容许偏差不受本表限制。
　　3. H 为施工现场地面标高与桩顶设计标高的距离，d 为设计桩径。
　　4. 摩擦型桩的孔底沉渣不受本表限制。

3. 钢筋笼的制作、安装质量

钢筋笼的制作与安装应符合设计要求。钢筋笼的制作、安装容许偏差见表 2-2。

表 2-2　钢筋笼制作、安装容许偏差　　　　　　　　　　单位：mm

项次	项　　　目		容许偏差	项次	项　　　目		容许偏差
1	主筋间距		±10	4	钢筋笼长度		±50
2	箍筋间距或螺旋筋螺距		±20	5	保护层	水下浇筑混凝土桩	±20
3	钢筋笼直径		±10			非水下浇筑混凝土桩	±10

2.1.2　泥浆护壁钻孔灌注桩

2.1.2.1　概述

1. 泥浆护壁钻孔灌注桩的特点

泥浆护壁钻孔灌注桩是在泥浆护壁的条件下，采用机械钻进成孔，而后下设钢筋笼、浇筑泥浆下混凝土形成的灌注桩。泥浆护壁钻孔灌注桩与干作业钻孔灌注桩相比主要有以下特点：

（1）成孔过程中使用泥浆护壁，在松软地层中成孔不需下设套管，但增加了泥浆制备和处理的工作量和费用。

（2）钻渣主要依靠泥浆携出孔外，其有利的一面是能适应较大的孔深和孔径，不利的一面是钻渣与泥浆较难分离，排放较困难，对施工现场和周围环境有一定的影响。

（3）采用直升导管法浇筑泥浆下混凝土，混凝土的密实性较好。

（4）不受地下水位的限制，能在地下水丰富且流速较大的地层中成孔；需要时可在水中搭设平台施工。

（5）地层适用范围较广，几乎适用于各种地层。

（6）孔壁泥皮和孔底沉渣对桩的承载力有一定的不利影响，是成桩质量的主要制约因素，应采取措施予以控制。

2. 成孔方法及适用条件

泥浆护壁钻孔灌注桩的成孔方法很多，主要有正循环回转钻孔、反循环回转钻孔、潜水电钻钻孔、冲击钻机钻孔、冲抓成孔、旋挖钻机成孔、抓斗挖槽机成孔等，应根据工程的地质条件、桩径、桩长等因素选择。各种成孔方法的适用条件参见表2-3。

表2-3　泥浆护壁钻孔灌注桩成孔方法的适用条件

序号	成孔方法	适用地层	孔径/cm	孔深/m
1	正循环回转钻孔	黏性土、粉土、砂土、强风化岩、软质岩	50～100	≤70
2	反循环回转钻孔	黏性土、粉土、砂土、碎石土、强风化岩、软质岩	60～250	≤70
3	潜水电钻钻孔	黏性土、粉土、砂土、淤泥质土、强风化岩、软质岩	50～150	≤50
4	冲击钻机钻孔	各种土层及风化岩、软质岩	60～120	≤70
5	冲抓成孔	黏性土、粉土、砂土、碎石土、砂卵石、强风化岩	60～120	≤40
6	旋挖钻机成孔	黏性土、粉土、砂土、碎石土、强风化岩、软质岩	50～120	≤50
7	抓斗挖槽机成孔	黏性土、粉土、砂土、碎石土、砂卵石、强风化岩	翼宽60～120 翼长120～300	≤50

3. 泥浆护壁钻孔灌注桩的工艺流程

泥浆护壁钻孔灌注桩的工艺流程如图2-1所示，在施工中可根据工程特点适当增减工序。

2.1.2.2　施工准备

除2.1.1.4中所述的准备工作外，泥浆护壁钻孔灌注桩施工还须做好以下准备工作。

1. 施工场地准备

（1）陆地施工场地准备。

1）测放桩位。桩位放样偏差群桩不得大于20mm，单排桩不得大于10mm；以长300～500mm的木桩或铁钎锤入土层作为标记，出露高度一般为50～80mm。

2）在建筑物旧址或杂填土地区施工时，应预先进行钎探，将桩位处的浅埋旧基础、块石等障碍物挖除。对于松软场地应进行夯打密实或换除软土等处理。场地为陡坡时，应先平整场地；在坡度较大时，可搭设坚固稳定的排架工作平台。

3）合理设置制浆站、混凝土搅拌站及废水、废浆、废渣处理设施，并保证施工道路通畅。

（2）水域施工场地准备。

1）施工场地为浅水且流速不大时，根据技术方案比较，可将水上钻孔改为旱地钻孔。如采用筑岛法，岛面应高出水面0.5～1.0m。筑岛时尽量减少块石的回填，避免人为增加

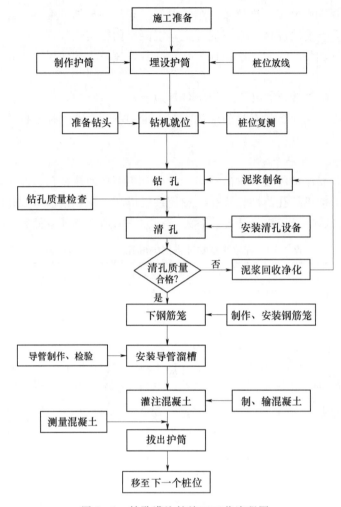

图 2-1　钻孔灌注桩施工工艺流程图

造孔难度。

2）场地为深水时，可搭水上施工平台，如水流比较平稳时，可采用钻机在船上钻孔，亦可在钢板桩围堰内搭设钻孔平台。工作平台可用木桩、钢管桩、钢筋混凝土桩做垂直向支撑，顶面纵横梁，支撑架可用木料、型钢或其他材料搭设。平台要有足够的强度、刚度和稳定性，应能支承钻孔机械、护筒加压、钻孔操作以及灌注水下混凝土时可能产生的荷载。平台的高程应保证洪水季节能安全施工，或使设备能顺利撤离场地。

2. 埋置护筒

（1）护筒的作用。护筒是灌注桩施工必不可少的临时设施，它具有以下重要作用：

1）控制桩位，导正钻具。

2）保护孔口，防止孔口土层坍塌。

3）保持和提高孔内水头高度，增加对孔壁的静水压力，以稳定孔壁。

4）隔离地表水，防止废水、废浆流入孔内。

（2）护筒的种类与制作。护筒按材质分为钢护筒、钢筋混凝土护筒、砖砌护筒及木护筒四种，见图 2-2。

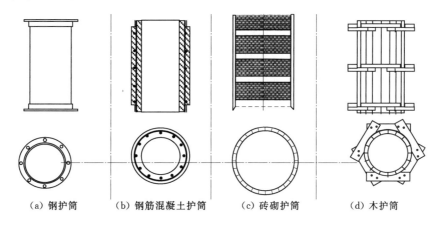

（a）钢护筒　　（b）钢筋混凝土护筒　　（c）砖砌护筒　　（d）木护筒

图 2-2　护筒的类型与构造

1) 钢护筒。钢护筒坚固耐用，重复使用次数多，制作简便；在旱地、河滩和水中都能使用。钢护筒一般用厚 4～6mm 的钢板制造，每节护筒高 1.2～2.0m，顶节护筒上部宜开设 1～2 个溢浆口，并焊有吊环。对于直径较大的护筒，钢板厚度可增至 8～10mm；也可做成两半圆组合式护筒。上下节之间和两半圆之间用法兰连接，接缝处设橡胶垫止水。为增加刚度，可在护筒的外侧加焊环向或竖向筋板。为防止护筒下沉，可在其上部焊两根角钢担在地面上。

2) 钢筋混凝土护筒。在深水施工多采用钢筋混凝土护筒，它有较好的防水性能，能靠自重沉入或打（振）入土中。钢筋混凝土护筒壁厚一般为 80～100mm，其长度按需而定，每节不宜过长，以 2m 左右为宜。护筒需要接长时，接头处用扁钢制成的钢圈焊于两端的主筋上，在扁钢外面骑缝加焊一圈钢板将上下节连接起来。钢筋混凝土护筒还可采用硫磺胶泥连接，连接方法类似于预制桩之间的粘接。

当用振动法下沉护筒时，应在顶节护筒上端按振动锤桩帽的螺栓孔位置预埋直径 25mm、长 300mm 的螺栓。

3) 砖砌护筒。一般用水泥砂浆砌筑而成，壁厚不小于 12cm。用砖砌护筒必须等水泥砂浆终凝且有一定强度后才能开始钻孔施工，因此每个孔的砖砌护筒必须在开钻前一周完成。砖砌护筒适用于旱地、滩地、地下水位埋深大于 1.5m 的场地。

4) 木护筒。一般用厚 3～4cm 的木板制作，每隔 50cm 做一道环箍，板缝应刨平合严，防止漏水。木护筒耗用木材多，容易损坏，现在已较少采用。

（3）护筒埋设的一般要求。

1) 护筒中心与桩位中心的偏差应不大于 50mm，护筒的倾斜度不大于 1%。

2) 护筒的内径应大于设计桩径，一般应大于钻头直径 100mm。用冲击和冲抓方式成孔时，护筒内径宜大于钻孔直径 200mm。

3) 护筒顶端高度。在旱地施工时，护筒顶端应高出地面 0.3m；地质条件较好时，孔内泥浆面至少高于地下水位 1.5m；地质条件较差时，孔内泥浆面至少高于地下水位 2.0m。在水上施工时，护筒顶端一般应高出最高施工水位 1.5～2.0m。孔内有承压水时，应高出稳定水位2.0m以上。采用反循环回转方式钻孔时，护筒顶端也应高出地下水位2.0m以上。

4）埋设深度。旱地或浅水处，黏性土层中不小于1.0m，砂土中不小于1.5m；其高度应满足孔内泥浆面高度的要求。深水及河床软土、淤泥层较厚处，护筒底端应深入到不透水黏土层内1.0～1.5m，且埋设深度不得小于3.0m。

（4）护筒埋设的方法。护筒埋设的位置是否准确，护筒的周围和底脚是否紧密，是否不透水，都对成孔、成桩质量有重大的影响。护筒埋设工作的要点如下：

1）护筒埋设应根据地下水位高低分别采用挖埋法、填埋法或下沉法埋设。当地下水位在地面以下超过1.0m时，可采用挖埋法埋设，如图2-3（a）所示。当地下水位埋深小于1.0m或浅水筑岛施工时，可采用填埋法埋设，如图2-3（b）和图2-3（c）所示。在深水区施工时，可采用下沉法埋设，如图2-3（d）所示。

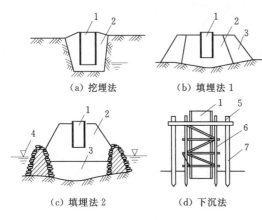

（a）挖埋法　　　　（b）填埋法1

（c）填埋法2　　　　（d）下沉法

图2-3　护筒埋设方式

1—护筒；2—夯实黏土；3—砂土；4—施工水位；
5—工作平台；6—导向架；7—脚手架

2）采用挖埋法和填埋法时埋坑不宜太大，一般比护筒直径大0.6～1.0m，护筒外侧回填黏土至地面，并分层夯实；护筒内侧也应回填黏土并夯实，用以稳定护筒底脚，防止护筒外水位较高时护筒脚冒水，内侧回填深度一般为0.3～0.5m。

3）在砂土及其他松软地层中埋设护筒时，应将护筒以下的松散软土至少挖除0.5m，换填合格黏土并分层夯实。换土不能满足要求时，护筒必须加长，使筒脚落到硬土层上。为防止护筒陷落，可用方木做成井字架夹持护筒中部，一起埋于土中；也可用钢丝绳把护筒捆住，系于地面的方木上。在黏性土中挖埋时，挖坑深度与护筒高度相等，坑底稍加平整即可。

4）为了校正护筒及桩孔中心，在挖护筒之前宜采用"＋"字交叉法在护筒以外较稳定的部位设4个定位桩，以便在挖埋护筒及钻孔过程随时校正桩位。

5）埋设前通过定位桩拉线放样，把钻孔中心位置标于坑底；再把护筒放进坑内，用十字架找出护筒的圆心位置，移动护筒使其圆心与坑底钻孔中心位置重合，用水平尺校正，使其直立。

6）当采用填埋法时，筑岛高度应使护筒顶端比地下水位或施工水位高1.5m以上。土岛边坡坡比以1：1.5～1：2.0为宜。顶面尺寸应满足钻孔机具布置的需要，并便于操作。

7）在水域中施工时，护筒沿导向架下沉至水底后，可用射水、吸泥、抓泥、振动、锤击、压重、反拉等方法将护筒底部插入水底地层一定的深度。入土深度为黏性土0.5～1.0m，砂性土3.0～4.0m。

3. 泥浆制备

钻孔灌注桩采用泥浆护壁成孔时（湿作业法成孔），除在地下水位较低的黏性土地层中造孔可在孔内注入清水自行造浆外，其他地层中造孔均应预先准备好泥浆系统并制备足够数量的泥浆备用。泥浆的性能和质量对成桩质量有重要的影响，必须给予足够的重视。泥浆不仅有护壁的作用，而且还有携渣和排渣的作用。制备泥浆的原材料可采用当地黏土或膨润土，也可采用混合土料的泥浆。泥浆的性能指标应根据地质条件、施工方法和施工阶段确定。

在场地条件允许时，应首先考虑集中制浆；在狭小的场地也可采用分散制浆方式。集中制浆时，泥浆池的容积宜为同时施工钻孔容积的 1.2～1.5 倍，一般不小于 10m³。

2.1.2.3 正循环回转钻孔

1. 正循环回转钻孔的原理和特点

正循环回转钻孔是以钻机的回转装置带动钻具旋转切削岩土，同时利用泥浆泵向钻杆输送泥浆（或清水）冲洗孔底，携带岩屑的冲洗液沿钻杆与孔壁之间的环状空间上升，从孔口流向沉淀池，净化后再供使用，反复运行，由此形成正循环排渣系统；随着钻渣的不断排出，钻孔不断地向下延伸，直至达到预定的孔深。这种排渣方式与地质勘探钻孔的排渣方式相同，正循环回转钻孔的工作原理如图 2-4（a）所示。相反，反循环回转钻孔的工作原理如图 2-4（b）所示。

采用泥浆正循环回转钻孔排渣时，其排渣能力主要取决于泥浆泵的流量、孔径和泥浆的性能。泥浆的流速、密度、黏度越大，能够携带的钻渣粒径也越大。由于孔径远大于钻杆内径，泥浆由孔内返回的流速较小，一般只有 0.05～0.20m/s；所以泥浆正循环的携渣能力较低，砾石和卵石不易排出。为了避免钻进困难和卵砾石堆集于孔底，正循环回转钻孔一般只用于桩径较小（小于 φ1000mm）、地层颗粒较细（砾石含量不大于 15%、粒径不大于 10mm）的情况。遇有卵砾石夹层时，需要在钻头上加装特制的取石装置。

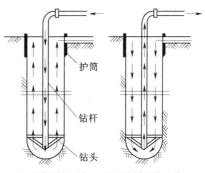

（a）正循环施工法　（b）反循环施工法

图 2-4　回转式钻孔排渣工作原理

正循环回转钻孔设备的体积、重量、功率均较小，移动方便，适合在狭窄场地、基坑底部及山地施工。同时，正循环回转钻孔的管路没有严格的真空度要求，有少量泄漏时排渣过程不会中断，启动也较简便。

2. 正循环回转钻孔机具

（1）钻机。用于灌注桩施工的大口径钻孔设备应具有足够的功率、扭矩和提升力，并要求钻机转盘有适应孔径的通孔（或可移式转盘）和多级变速等技术性能，钻塔也应具有足够的高度和承载力。

正循环钻机按回转机构的传动方式不同，可分为立轴式、转盘式和动力头式三大类；按移动方式不同，可分为车装式、牵引式、步履式、组装式等类型。

（2）钻头。钻头的作用是以旋转运动切削、破碎地层，以取得钻孔进尺，其结构及破岩能力应与地层条件和钻孔直径相适应。

　　灌注桩回转钻进常用的钻头可分为软地层（黏性土、粉土、砂土等）钻头和硬地层（卵砾石及基岩）钻头两大类。N 值小于 150 的土层均可采用硬质合金刮刀钻头全断面钻进，刮刀钻头有鱼尾钻头、翼形钻头、阶梯钻头、笼式钻头、筒式钻头等多种结构形式，刮刀钻头的底刃有平底和锥底两种形式。卵砾石层及基岩一般采用滚刀钻头或组合式牙轮钻头钻进；对于坚硬、完整的基岩，当孔径较小时也可采用钢粒钻头取芯钻进或全断面钻进。

　　（3）其他机具。除上述机具外，其他正循环回转钻进配套机具主要有：水泵、动力机、电焊机、气焊式具、链式起重机、提引钩、钻杆提引器、钻杆夹持器、锁接头提引器、锁接头垫叉、钻杆活动扳手、套管钳、链条钳、钻架、滑车、扶正器、打捞工具等，根据需要选择适当的类型和规格。

　　3. 正循环回转钻孔工艺

　　（1）一般操作要领。

　　1）钻进开始前应全面检查钻机，并进行润滑。

　　2）下钻至孔底后，应提起 50～80mm；先启动泥浆泵，使泥浆循环 2～3min，再开动转盘；然后慢慢将钻头放到孔底，轻压慢转数分钟后再逐渐增加钻压和转速。

　　3）在初钻时应稍提吊钻杆，低档慢速钻进，孔深未超过 10m 时不应加压，以免发生孔斜。

　　4）当护筒底部出现漏浆时，应提起钻头，向孔内倒入黏土块，再放入钻头倒转，直至胶泥挤入孔壁堵住漏浆后，方可继续钻进。

　　5）加接钻杆时应先将钻具提离孔底，待泥浆循环 3～5min 后，再拧卸、加接钻杆。

　　6）在松散、软弱土层中钻进应少加压或不加压（一般用钻具自重加压即可），并根据泥浆补给情况适当控制钻进速度。

　　7）在易塌孔地层中钻进时，应适当加大泥浆的密度和黏度。

　　8）钻进一般岩层，转速应不超过 80r/min；钻进较硬岩层和卵砾石层，转速应不超过 40r/min。

　　9）在基岩中钻进一般需通过配重加压；利用钻杆加压时，在钻具中应加设扶正器。

　　（2）钻进。

　　1）覆盖层钻进。

　　a. 黏性土层钻进。黏性土层中钻进的特点是可利用钻头的旋转在孔内自行造浆，钻进速度较快。但黏土容易糊钻，造成钻头包泥，增大了钻具的回转阻力；在较软的黏性土中还存在缩径问题。因此，钻进中要适当控制钻进速度，经常上下活动钻具扫孔，并冲洗钻具，以提高钻进效率。黏性土层中的钻屑尺寸较大，宜选用排屑通畅的长齿尖底翼形刮刀钻头，并采用低钻压、中等转速、大泵量、稀泥浆的钻进方法。随着钻孔深度增加，泥浆黏度也逐渐增大，应注意不断稀释泥浆，将泥浆黏度降至适当范围。

　　b. 砂层钻进。砂层钻进的特点是回转阻力较小，钻进速度快；但岩屑量大，孔口返浆含砂量大；孔壁稳定性差，易发生塌孔、埋钻事故。因此，钻进中必须采用密度和黏度较高的泥浆护壁；并注意控制升降钻具的速度，减少对孔壁的抽吸和冲击。砂层钻进宜选用稳定性较好的长齿平底翼形刮刀钻头，并采用低钻压、中低转速、大泵量的钻进方法。

c. 卵砾石层钻进。卵砾石层钻进的特点是回转阻力较大，钻进速度慢，钻具经常跳动，容易发生憋车、憋泵、孔斜、漏浆、塌孔等故障；同时，在正循环回转钻进的过程中，卵砾石既不易破碎，也不易排出，往往跟随钻头下行，堆集于孔底。因此，卵砾石层宜采用冲击反循环法钻进；当卵砾石层占的比例不大时，也可采用滚刀钻头、组合牙轮钻头或冲击钻头钻进。

2）基岩钻进。

a. 大口径钢粒取心钻进：大口径钢粒取心钻进多用于坚硬岩层。钻进的转速，按线速度计，一般在 1.5～2.0m/s；钻压应根据岩性和动力机的功率确定。冲洗液量一般根据岩性变化和钻头直径等因素适当调整。采用多次投砂法时，根据岩性不同每次投砂量约为 30～50kg。钻进中，三班的投砂量要大体一致，中途补砂要均匀，补砂时要活动钻具。应尽量采用较长的钻具和孔底加压的方法钻进。回次终了时，应将钻具提离孔底 0.2～0.3m，进行冲孔后，再提升钻具。

b. 组合牙轮钻头和滚刀钻头全断面钻进：组合牙轮钻头和滚刀钻头全断面钻进是基岩钻进常用的钻进方法，这种钻进方法需要较大的钻压。

（3）清孔。正循环钻进终孔后，将钻头提离孔底 80～100mm，采用大泵量向孔内输入密度为 1.05～1.08g/cm³ 的泥浆，保持正常循环 30min 以上，把孔内悬浮大量钻渣的泥浆置换出来，直到孔底沉渣厚度达到规范要求，且使泥浆含砂量小于 4％ 为止。正循环清孔时，孔内泥浆上返速度不应小于 0.25m/s。

当孔底沉渣的粒径较大，正循环泥浆清孔难以将其携带上来时，或长时间清孔孔底沉渣厚度仍超过规定要求时，应改用其他方法清孔。

（4）泥浆循环与净化。正循环回转钻进的泥浆用量不大，可利用泥浆流槽、沉淀池、沉淀井等组成地面循环系统净化泥浆。

泥浆流槽与护筒的出浆口相连接，由钻孔溢出的携渣泥浆在流经流槽时，一部分钻渣沉淀下来，最后流进沉淀池。流槽可用砖砌，也可用木板制作；其断面尺寸和坡度应保证槽内泥浆的流速不大于 10cm/s，且不会外溢。流槽的坡比通常为 1/100～1/200，长度不小于 15m。

也有沿流槽全长设置 3～5 个沉淀井的做法。沉淀井同流槽一样宽，深度由槽底向下为 0.5m 左右。钻进过程中，随时清除井中的沉淀物。

沉淀池的数量和容积应根据钻孔直径、深度和土质决定，应能保证有足够的时间让泥浆中的细颗粒钻渣在沉淀池中沉淀下来。沉淀池不宜少于 2 个，可串联或并联使用；但至少有两个并联的沉淀池，以便替换使用和替换清渣。沉淀池的总容积可按同时施工钻孔完成后的总排渣体积的 1/2～1/3 计算，每个沉淀池的容积应不小于 6m³。

沉淀池可用砖或浆砌块石砌筑，池内侧抹水泥砂浆护面。沉淀池不得建筑在新堆积的土层上，以防止下陷开裂，漏失泥浆。对于施工场地狭窄或对环境要求较高的场地，泥浆池、沉淀池也可用钢板焊接成箱体，以便周转使用和施工现场管理。

应注意及时清除泥浆流槽和沉淀池内的沉积物；清除的钻渣应及时运出场外，防止钻渣和废浆污染施工现场。

2.1.2.4　反循环回转钻孔

1. 反循环回转钻孔的原理和特点

（1）反循环回转钻孔的原理。反循环回转钻孔的破岩方式与正循环回转钻孔相同，但排渣方式不同，孔内泥浆的流向相反。反循环钻孔工作时，钻杆（排渣管）内泥浆的压力小于钻杆外泥浆的压力；在内外压力差的作用下，孔内泥浆沿钻具与孔壁之间的环状空间流向孔底，与岩屑一起进入钻头吸渣口，通过钻杆内腔返回地面，经沉淀或机械净化处理后再流进孔内，从而形成循环，如图 2-4（b）所示。在钻进过程中，随着孔深的增加，不断向孔内补充新鲜泥浆。泥浆反循环的排渣能力主要取决于排渣管内外的压力差、排渣流量和排渣系统的通径。

（2）反循环回转钻孔的特点。

反循环回转钻孔主要有以下优点：

1）泥浆的回流速度比正循环要大得多，一般可达到 2～4m/s；而且不受孔径大小的影响；因此它能直接排出粒径较大的钻渣，能满足大口径钻孔的排渣要求。

2）减少了钻渣的重复破碎，排渣速度快，钻进效率高，钻头寿命长。

3）钻孔环状空间冲洗液的流速慢，对孔壁的破坏作用小；钻孔的超径率比正循环小，减少了混凝土的灌注量。

4）可自行清孔，清孔效果好，淤积厚度可不超过 5cm，有利于保证桩端承载力。

5）除砂层和卵砾石层外，一般可用清水直接造孔，利用钻头的旋转在孔内自行造浆。

反循环回转钻孔主要有以下缺点：

1）泥浆用量多，泥浆净化及废浆处理的工作量大，相应的动力消耗也较大；当钻进速度较慢、排渣量不大时，经济效益较差。

2）当卵石粒径接近或超过排渣管路通径时，容易发生吸渣口和管路堵塞故障，处理较困难，影响钻进效率。

3）对排渣系统的密封性要求较高，因泄漏引起的故障和工时消耗较多。

4）配套设备较多，需占用较大的施工场地。

2. 反循环回转钻孔的类型和适用条件

按反循环成因和动力来源不同，反循环回转钻孔可分为泵吸法、气举法和射流法三种。孔深 40m 以内泵吸法和射流法的排渣效率优于气举法；孔深超过 40m 时，气举法的排渣效率较高，且适用深度不受大气压的限制，但孔深 10m 以内气举法的排渣效果很差，不宜采用。

反循环回转钻孔理想的应用条件是：①有较充足的水源；②地层中没有大于钻杆内径 4/5 的卵石或杂物，卵石含量不大于 20%；③地下水位适当，地下水位过高或过低都会带来不利影响；④没有自重湿陷性黄土层；⑤孔径 600～3000mm，孔深不大于 100m。

3. 反循环回转钻孔机具

反循环回转钻孔所用的钻机和钻具，除增加了反循环排渣系统外，其他与正循环回转钻孔所用的机具类似，但不完全相同。为了适应大口径钻孔和大粒径卵石直接排出孔外的要求，反循环回转钻孔所用钻具的外形尺寸和排渣通径都比较大；故钻孔与排渣设备的功率、体积和质量也相应较大；这是反循环回转钻孔机具的主要特点。

4. 反循环回转钻孔工艺

（1）泵吸反循环回转钻孔工艺。

1）启动砂石泵。启动砂石泵前将钻头提离孔底 0.2m 以上。

2）待反循环正常后，才能开动钻机慢速回转下放钻头至孔底。开始钻进时，应先轻压慢转，待钻头正常工作后，逐渐加大转速，调整压力，以不造成钻头吸入口堵塞为限。

3）钻进时应仔细观察进尺情况和砂石泵出渣情况；排量减少或钻渣含量较多时，应控制给进速度，防止因泥浆密度太大或管路堵塞而中断反循环。

4）在砂砾石、砂卵石、卵砾石地层中钻进时，为防止钻渣过多，卵砾石堵塞管路，可采用间断钻进、间断回转的方法来控制钻进速度。

5）加接钻杆时，应先停止钻进，将钻具提离孔底 80～100mm，维持冲洗液循环 1～2min，以清洗孔底并将管道内的钻渣携出排净，然后停泵加接钻杆。钻杆连接应拧紧上牢，在接头法兰之间应垫厚 3～5mm 的橡胶垫圈，防止螺栓、拧卸工具等掉入孔内。钻杆接好后，先将钻头提离孔底 200～300mm，开动反循环系统，待泥浆流动正常后再下降钻具继续钻进。

6）钻进时如孔内出现坍孔、涌砂等异常情况，应立即将钻具提离孔底，控制泵量，保持泥浆循环，吸除坍落物和涌砂；同时向孔内输送性能符合要求的泥浆，保持浆柱压力以抑制继续涌砂和坍孔。恢复钻进后，泵的排量不宜过大，以防吸坍孔壁。

7）砂石泵排量要考虑孔径大小和地层情况灵活选择、调整，一般外环间隙泥浆流速不宜大于 10m/min，钻杆内泥浆上返流速应大于 2.4m/s。

桩孔直径较大时，钻压宜选用上限，钻头转速宜选用下限，获得下限钻进速度；桩孔直径较小时，钻压宜选用下限，钻头转速宜选用上限，获得上限钻进速度。

8）钻进达到设计孔深停钻时，仍要维持泥浆正常循环，吸除孔底沉渣直到返出泥浆的钻渣含量小于 4％为止。起钻操作要平稳，防止钻头拖刮孔壁，并向孔内补入适量泥浆，保持孔内浆面高度。

（2）气举反循环钻进。

1）气水混合室沉没深度。浅孔阶段混合室的沉没比至少要大于 0.5，深孔阶段混合室的沉没深度应根据风压大小、孔深及泥浆密度确定。气水混合室之间的间距与最大容许沉没深度、风压的关系可参考表 2-4。

表 2-4　气水混合室间距与最大容许沉没深度、风压关系表

风压/MPa	0.6	0.8	1.0	1.2	2.0
混合室间距/m	24	35	45	55	90
混合室最大容许沉没深度/m	50	70	88	105	180

2）尾管长度的选定。气举反循环装置的尾管长度 L_w 越小，管内浆柱压力越小，排渣效率越高；但需要的风压也越大。试验表明，尾管长度不大于 3 倍混合室沉没深度才能保证气举反循环正常运行。

（3）反循环系统故障的预防与处理。

1) 反循环系统启动后运转不正常。检查钻杆法兰、砂石泵盘根、水龙头压盖等有无松动、漏水、漏气。

2) 管路堵塞，泥浆突然中断。在砂卵石层中钻进时，应防止抽吸钻渣过多使混合浆液的比重过大。宜采用钻进一段后，稍停片刻再钻的方法。为防止大卵石吸进管内，钻头吸入口的直径应小于钻杆内径 10～20mm；也可在钻头吸入口中央横焊一根直径 6mm 的短钢筋，但这种方法对排渣粒径的限制过大。发生堵管时，将钻头略微提升，用锤敲打钻杆及管路中的各处弯头，或反复启闭出浆控制阀门，使管内压力突增、突减，将堵塞物冲出。

2.1.2.5　冲抓成孔

1. 冲抓成孔的特点及适用范围

（1）冲抓成孔的特点。冲抓成孔是在泥浆护壁的条件下，用特制的多瓣冲抓锥直接抓取岩土成孔。它的冲击作用使锥瓣能更深地切入土石中，而不以击碎石块为主要目的。孔中的泥浆只起护壁作用；地层较稳定时，也可用清水在孔内造浆护壁。冲抓成孔具有以下特点：

1) 设备和机具简单，投资少，成本低。

2) 工艺简单，操作技术容易掌握，适于在小型灌注桩工程中推广应用。

3) 对地层和孔径的适应性较强，较大的卵石可直接抓出孔外。

4) 泥浆不循环，也不需泥浆携渣，因而泥浆和动力的消耗均较少。

（2）冲抓成孔的适用范围。

冲抓成孔适用于黏土、砂土、黄土、较松散的砂砾、卵石和卵石夹小漂石等地层。它的钻进速度因锥重、地层、孔深、孔径不同而有差异。冲抓锥在漂石层和基岩中钻孔需与冲击钻头配合，先砸后抓，不适于单独使用。冲抓成孔的施工孔径一般为 700～1200mm，最大可达 1600mm；成孔深度一般为 20m，最大可达 40m。

2. 冲抓成孔机具

冲抓成孔机具包括钻架、卷扬机、冲抓锥（器）、出渣车等。

3. 冲抓成孔工艺

（1）对于较软的黏土层冲程不宜过大；若土质较密实，可增大冲程至 2～3m，并连续冲击数次后再抓，这样可以抓得多些。冲抓黏土层一般可不用泥浆，仅保持水头高度就能满足护壁要求；但在疏松的粉质黏土中造孔应使用泥浆。

（2）在砂层中成孔时容易塌孔，宜采用 1.0～1.5m 的小冲程。为保持孔壁稳定，除保持孔内泥浆密度和浆面高度外，每抓一次都要往孔内投入一定量的黏土；目的是防止流砂，加快钻孔进度。

（3）在卵石层中冲抓成孔时应适当增加锥瓣的厚度和耐磨性，并采用较大的冲程。也可采用多冲抓几次再提出的办法，以提高成孔工效。对于漂石，则宜采用小冲程先松动，后抓出的办法。冲程过大容易损坏锥瓣。

（4）当遇到坚硬土层、大漂石、探头石等复杂地层，单一冲抓方法成孔较困难时，可结合采用重锤冲击、爆破、高压射水等方法进行处理。

2.1.2.6　其他成孔方式及特点

风力发电工程中，泥浆护壁钻孔灌注桩的成孔方式主要以正循环回转钻孔、反循环回转钻孔和冲抓成孔方式较为常见，其他成孔方式如潜水电钻成孔、旋挖钻机成孔等成孔方式较少使用，本节只做简单介绍。

1. 潜水电钻成孔

（1）潜水电钻成孔的特点及适用条件。

潜水电钻成孔属底动力钻进，电动机通过减速机构与钻头直接连接，一起潜入水（泥浆）下工作；其上部与钻杆连接，钻杆一般不兼作送浆、排渣管，只起提供旋转反力的作用。潜水钻机具有结构简单、重量轻、体积小、操作和维修方便等特点。由于其动力在孔底，钻杆不回转；故功率损耗小，钻进效率高，易于实现反循环；钻进时基本无噪声、振动，对孔壁的扰动很小。

潜水电钻成孔的原理与正、反循环回转钻机成孔的原理相同，既可正循环排渣，也可反循环排渣。当采用反循环排渣时，有泵吸反循环（砂石泵置于地面）、泵举反循环（砂石泵和潜水电钻安装在一起）和气举反循环三种方式。其中泵举反循环最为先进，砂石泵在孔底工作时，其反循环系统的工作压力不受大气压力的限制，可使用较高扬程的砂石泵，排渣效率更高，且能适应更大的钻孔深度。

潜水钻机适用于在淤泥、黏土、砂层、软岩、强风化岩及含有少量砾石的黏土层等地层中钻进，尤其适用于钻进地下水位较高的地层。其钻孔直径为 $450\sim2500mm$，最大钻孔深度为 80m。将数台潜水钻机的主机组合成群钻，可进行条形截面桩或地下连续墙的施工。

（2）潜水电钻成孔工艺。

正循环排渣法：

1）开机前准备。平整场地，接通水源、电源，确定桩位，挖掘泥浆池及排浆沟，确定钻机移位路线及移位方法，安装钻头、钻杆和主机。

2）开钻。将电钻、钻头吊入护筒内，关好钻机底座铁门，将方钻杆卡在导向装置的滚轮内；启动泥浆泵，把泥浆或清水从中心管或分叉管射向钻头，然后稍提钻头，启动电机空转；待泥浆循环正常后，下放钻头开始钻进。

3）钻进。钻进时应严密监视电流表所示电流大小，并据此调节钻进速度，电流不得超过规定值。根据钻杆进尺下放电缆和浆管，下放速度必须同步，防止拉断电缆和浆管。接长钻杆时先停电钻后提钻杆，泥浆循环不得中断。

4）停机移位。钻至设计深度后，停止钻机运转，泥浆循环继续进行，直至孔内泥浆密度降到 $1.15g/cm^3$ 以内，方可停泵提升钻机。然后迅速移位，进行水下混凝土浇筑，其间隔时间不宜超过 2h。

反循环排渣法：

泵吸反循环法成孔除启动时需抽气或注浆外，其他操作与正循环排渣法相同。

当采用泵举反循环排渣时，开钻前需先将潜水砂石泵与主机连接，开钻时采用正循环开孔，孔深超过砂石泵叶轮位置后，即可启动砂石泵电机，开始反循环钻进作业。

当采用气举反循环排渣时，需另配排气量至少 $3m^3/min$ 的空压机和足够长度的

ϕ38mm 高压风管。孔深 6m 以内采用正循环操作，液气混合室浸没深度达到 6～7m 后，可开始反循环操作，风压不宜超过 0.5MPa。

2. 旋挖钻机成孔

（1）旋挖钻机成孔的原理、特点及适用范围。

1）工作原理。在泥浆护壁的条件下，旋挖钻机上的转盘或动力头带动可伸缩式钻杆和钻杆底部的钻斗旋转，用钻斗底端和侧面开口上的切削刀具切削岩土，同时切削下来的岩土从开口处进入钻斗内；待钻斗装满钻屑后，通过伸缩钻杆把钻斗提至孔口，自动开底卸土，再把钻斗下至孔底继续钻进，如此反复，直至钻到设计孔深。

2）旋挖钻机成孔的特点。

a. 在一般地层中要使用泥浆护壁，在无地下水的黏土层中可不使用稳定液。

b. 泥浆不循环，钻渣由钻斗直接提出孔外，泥浆只起护壁作用；因此泥浆的耗量和处理工作量均较小，附属设施也较少。

c. 一般采用多层套装伸缩钻杆，钻进时无需接长钻杆，起、下钻速度快，操作简便，成孔效率高。一般在土层、砂层中的钻进速度可达 8～10m/h，在黏土层中可达 4～6m/h。

d. 一般采用履带吊车作为装载主机，钻机移动和安装方便；但占地面积较大，钻机的价格和台班费用较高。

e. 由于钻具需频繁在孔内上下，其抽吸、刮削作用对孔壁稳定不利；因此对泥浆质量和泥浆管理的要求较高。

f. 当地基中有较大的承压水时，护壁困难，且成桩质量不易保证。

3）适用范围。

a. 旋挖法在黏土、粉土、砂土等软土地层及粒径小于 10cm 的卵砾石层中均可施工，但在有承压水的地层中应用要慎重。

b. 旋挖钻孔直径一般为 800～2000mm，最大可达 3.0m；钻孔深度一般不超过 50m，最大可达 90m。当孔深超过 35m 时，宜将孔径限制在 900～1200mm 的范围内。

（2）旋挖钻机成孔工艺。

1）护筒埋设。泥浆护壁旋挖成孔需要埋设深度较大的护筒（一般为 3～5m），护筒用厚壁钢管制作，护筒内径大于桩径 50～100mm。埋设时，先用直径与护筒外径一致或稍小的钻头钻够护筒埋设深度，然后在孔口放置护筒，再用钻机和不带钻头只带压盘的钻杆将护筒压入孔内。

2）施工要点。

a. 钻进转速范围为 70～50r/min，一般小于 30r/min。孔径较小、地层较软时可用较大的转速，反之用较小的转速。

b. 对于粒径小于 100mm 的地层均可用常规钻削式钻斗取土钻进，钻进时应注意满斗后及时起钻卸土。

c. 钻进较软的地层应选用小切削角、小刃角的楔齿钻斗；钻进较硬的地层应选用大切削角的锥齿钻斗。

d. 当地层中含有粒径 100～200mm 的大卵石时，应采用单底刃大开口的取石钻斗钻进；或用冲击钻头击碎后再用钻削式钻斗钻进。

e. 遇到粒径大于 200mm 的漂石或孔壁上有较大的探头石时，应采用筒形取石钻斗捞取，或采用环形牙轮钻斗先从孔壁上切割下来再捞取。

2.1.2.7　清孔

1. 清孔的目的与质量标准

（1）清孔的目的：①清除孔底沉渣，提高桩端承载力；②清除孔壁泥皮，提高桩身摩阻力；③用新制泥浆或符合要求的再生泥浆换出孔内大部分污染泥浆，减小孔内泥浆的密度和黏度，以保证浇注水下混凝土的置换效果。

（2）清孔的质量标准。《建筑桩基技术规范》（JGJ 94—2008）规定的泥浆护壁成孔灌注桩清孔质量标准为：①孔底沉渣厚度。浇注混凝土前，孔底沉渣最大允许厚度为端承桩 50mm，摩擦端承、端承摩擦桩 100mm，摩擦桩 300mm；②清孔后孔内泥浆性能指标。浇注混凝土前，距孔底 500mm 以内的泥浆密度应小于 1.25；含砂量应不大于 8%；黏度应不大于 28s。

测量孔底沉渣厚度时注意：用平底钻头、冲击钻头施工的桩孔，沉渣厚度以钻头底部所达到的孔底平面为测量起点；用锥形钻头施工，孔底为圆锥形的桩孔，沉渣厚度以圆锥体中点标高为测量起点。

沉渣厚度使用圆台形测锤测定，锤底直径为 80～100mm，锤顶直径为 40～50mm，高 120～150mm，重 3～5kg。

2. 清孔方法

（1）正循环清孔。正循环清孔适用于孔径不大于 800mm 的桩孔。清孔时先将钻头提离孔底 80～100mm，然后输入比重 1.05～1.08 的新鲜泥浆进行循环，把孔内的含渣泥浆替换出来，并清洗孔底。孔内泥浆的上返流速应不小于 0.25m/s，返回孔内泥浆的比重不宜大于 1.08。当大颗粒钻渣不能携出时，或长时间清孔仍达不到要求时，应改换清孔方法。

（2）泵吸反循环清孔。泵吸反循环清孔一般用于孔径 600mm 以上的桩孔。泵吸反循环钻机施工的桩孔可直接用施工钻机清孔；清孔前先停钻，提钻 50～80mm，然后用砂石泵抽出孔内含渣泥浆，直至达到合格标准。清孔时，送入孔内的泥浆不得少于砂石泵排量，孔内泥浆面不得大幅度下降。砂石泵的出水阀门应根据情况适时调整，以免流量过大吸塌孔壁。

其他方法施工的桩孔用泵吸反循环清孔时，事先要测量沉渣顶面深度，排渣管先下放到距沉渣顶面 300～500mm 的位置，启动砂石泵后再缓慢下放，边下放边观察排渣情况是否正常；若泥浆中含渣量较少则继续下放，含渣量正常则暂停下放，含渣量过多或排渣不畅则稍稍上提。

（3）气举反循环清孔。气举反循环清孔适用于孔深大于 8m 的各种直径的桩孔。空压机的风压、风量应根据孔深、孔径等合理选择，一般为风压 0.7MPa，风量 6～9m³/min。送风管直径为 20～25mm，管路必须密封良好。排渣管底口距沉渣顶面宜为 200～300mm，排渣管底口宜加工成锯齿状。风压应稍大于孔底水头压力，风量应逐渐加大；当沉渣太厚或块度较大时，可适当加大风量，并摇动排渣管。

（4）掏渣法清孔。当用冲击钻机或冲抓法成孔时，可用抽渣筒清孔。抽渣筒清孔的效率比较低、效果较差；当对沉渣厚度的限制较严格时，不应完全依靠抽渣筒清孔。当采用掏渣法清孔时，清孔质量检查应在清孔结束 1h 后进行。

（5）潜水泵清孔。当成孔设备不适于清孔，而孔深和钻渣粒径又不太大时，可考虑用潜水式砂石泵或高扬程、大流量的潜污泵清孔。当钢筋笼吊放完毕发现孔底沉渣厚度超标时，采用这种方法重新清孔较方便。潜水泵的体积小、重量轻，下设和操作都很简便，排渣效率也较高，是一种较好的清孔方法，但一般的潜水泵能通过的粒径有限，清孔应采用专用潜水泵。

2.1.2.8　钢筋笼制作安装与混凝土浇筑

1. 钢筋笼制作安装

（1）钢筋笼的制作与安装应符合设计和相关标准要求。

（2）所用钢筋的规格及型号应符合设计要求；对进场钢筋进行抽样检查，一般 60t 为一批，按试验要求长度截取钢筋，做抗拉和抗弯试验，不合格的钢筋不得使用。

（3）钢筋笼宜加工成整体；为了便于运输和安装，当钢筋笼全长超过 12m 时宜分段制作，分段下设，在孔口逐段焊接。

（4）分节制作的钢筋笼，主筋接头宜采用焊接。单面搭接焊缝长度应不小于 10 倍的钢筋直径，双面搭接焊缝长度应不小于 5 倍的钢筋直径。主筋接头应相互错开，错开长度应大于 50cm，同一截面内的钢筋接头数目不得大于主筋总数的 50%。

（5）用导管灌注水下混凝土时，钢筋笼的内径应比导管接头处外径大 100mm；保护层设计厚度应大于明浇混凝土，一般为 50~8mm，钢筋笼上应设置保护层垫块。沉管灌注桩钢筋笼的外径应比钢管内径小 60~80mm。

（6）箍筋应设在主筋外侧；主筋一般不设弯钩，需要设弯钩时不得向内伸露。

（7）主筋净距必须大于混凝土最大骨料粒径 3 倍以上。

（8）钢筋笼在制作、运输、安装过程中不得发生变形，应有防止变形的措施。

（9）钢筋笼制作的偏差应在以下范围内：主筋间距±10mm；箍筋间距±20mm；钢筋笼直径±10mm；钢筋笼长度±50mm。

2. 混凝土浇筑

（1）桩身质量要求。

1）桩身混凝土的抗压、抗拉强度应满足设计要求。

2）桩身混凝土应均匀、密实、完整，不得有蜂窝、孔洞、裂隙、混浆、夹层、断桩等不良现象。

3）水泥砂浆与钢筋黏结良好，不得有脱黏和露筋现象。

4）桩长、桩径和桩顶高程应满足设计要求，不得有缩径和欠浇现象。

（2）混凝土配制要求。

1）混凝土的配合比应符合设计强度要求。

2）混凝土所用水泥、砂、石等原材料的质量应符合有关标准的规定。

3）混凝土具有良好的和易性，其流动性和初凝时间应能满足施工要求，并在运输和浇筑过程中不发生离析。

4）混凝土坍落度控制范围：水下灌注混凝土为 18～22cm；干作业混凝土为 8～10cm；沉管灌注混凝土为 6～8cm。

（3）混凝土灌注要求。

1）水下混凝土的灌注作业必须连续进行；因故中断时，中断时间不得超过 30min。

2）灌注过程中严禁将导管拔出混凝土面；发现导管拔出混凝土面时，应立即停止灌注，将孔内已浇混凝土清理干净后重新灌注。

3）实际灌入混凝土量不得少于设计桩身的理论体积；灌注桩的充盈系数不得小于1.0，也不宜大于 1.3。

4）认真、完整地填写混凝土灌注施工记录，并按要求绘制有关曲线。

（4）注意事项。

1）在灌注过程中，要注意观察孔内泥浆返出情况和导管内的混凝土面高度，以判断灌注是否正常。

2）在灌注过程中要经常上下活动导管，以加快混凝土的扩散和密实。

3）在灌注过程中要防止混凝土溢出漏斗，从漏斗外掉入孔内。

4）向漏斗中放料不可太快、太猛，以免将空气压入导管内，影响灌注压力和混凝土质量。

5）为防止钢筋笼上浮，当混凝土顶面上升到接近钢筋笼底部时，应降低混凝土灌注速度；当混凝土顶面上升到钢筋笼底部以上 4m 时，将导管底口提升至距钢筋笼底部 2m以上，即可恢复正常灌注速度。

6）在终灌阶段，由于导管内外的压力差减少，灌注速度也会下降；如出现下料困难时，可适当提升导管和稀释孔内泥浆。

7）提升导管时应保持轴线竖直、位置居中，如果导管卡挂钢筋笼，可转动导管，使其脱开钢筋笼，然后再提升。

8）拆卸导管的速度要快，时间不宜超过 10min；拆下的导管应立即冲洗干净，按拆卸顺序摆放整齐。

9）终灌高程应高于设计桩顶高程 0.5m 以上。

2.1.2.9　工程质量检查及验收

（1）钻孔灌注桩是隐蔽工程，不仅要对成桩质量进行检查，也要对施工过程中的成孔及清孔、钢筋笼制安、浇筑等各道工序进行质量检查。工序质量控制是成桩质量的保证。

（2）工序质量应根据不同桩型按照设计要求和表 2-1、表 2-2 规定的标准进行检查。

（3）为了确保单桩竖向极限承载力达到设计要求，工程桩应根据工程重要性、地质条件、设计要求及施工情况进行承载力检验。

（4）对于施工前未进行单桩静载试验的一级桩基，或地质条件复杂、成桩质量可靠性低、桩数多的二级桩基，应采用静载荷试验的方法进行检验；检验桩数应不少于总桩数的1%，且不少于 3 根；当总桩数少于 50 根时，应不少于 2 根。

（5）下列情况之一的桩基工程，可采用可靠的动测法进行单桩竖向承载力检测：

1）施工前已进行单桩静载试验的一级桩基。

2）施工前未进行单桩静载试验，但地质条件简单、施工质量较好、单桩竖向承载力可靠、桩数较少的二级桩基。

3）三级建筑桩基。

4）作为一、二级建筑桩基静载试验检测的辅助检测。

（6）桩身质量应进行检查。对于一级建筑桩基或地质条件复杂、成桩质量可靠性低的灌注桩，抽检数量应不少于总数的 30%，且不少于 20 根。其他桩基工程的抽检数量应不少于总桩数的 20%，且不少于 10 根。对于在地下水位以上终孔，且终孔后经过核验的灌注桩，检验数量应不少于总桩数的 10%，且不少于 10 根；每个柱子承台下不得少于 1根。桩身质量检查可采用较可靠的动测方法，对于大直径桩还可采用钻孔取芯、预埋管超声波检测等方法。

（7）对砂子、石子、水泥、钢材等原材料的质量、检验项目、批量和检验方法，均应符合国家现行有关标准的规定。

2.1.3　其他灌注桩

灌注桩除较常用的泥浆护壁钻孔灌注桩外，还有干作业钻孔灌注桩、沉管灌注桩、人工挖孔灌注桩、变截面及异形灌注桩等。由于后几种灌注桩型在风力发电基础施工中不常用，本节只做简单介绍。

2.1.3.1　干作业钻孔灌注桩

干作业钻孔灌注桩是指在不用泥浆和套管护壁的情况下，用人工钻具或机械钻孔，然后下设钢筋笼、灌注混凝土成桩。这类桩的主要优点有：成孔不用泥浆或套管；施工无噪声、无振动、无泥浆污染；机具设备简单，装卸移动方便，施工准备工作少，技术容易掌握；施工速度快、成本低等。适用于地下水位以上的一般黏性土、粉土、黄土以及密实的黏性土、砂土层中使用。穿过其他地层时，需采取特殊措施处理，施工速度有所降低。

干作业钻孔灌注桩按照钻孔原理和特点又可分为长螺旋钻孔灌注桩、长螺旋钻孔压灌混凝土桩、钻孔压浆灌注桩、CFG 桩（水泥粉煤灰碎石桩）、短螺旋钻孔灌注桩、全套管钻孔灌注桩等。这里主要介绍长螺旋钻孔灌注桩的原理及特点。

1. 长螺旋钻孔灌注桩的基本原理

长螺旋钻进与机加工和木工所用麻花钻头钻孔的工作原理相同。螺旋形的钻杆与钻头连成一体，在动力头的扭矩和垂直压力作用下，钻头不断向下破土钻进而成孔；切削下来的土渣由通长的螺旋钻杆直接输送到地面，不需采用泥浆循环排渣的方法。钻至设计深度后，原地空转清孔或用其他工具清孔，压灌混凝土后插入钢筋笼成桩。

2. 长螺旋钻孔灌注桩的施工特点

（1）长螺旋钻孔灌注桩全孔一次钻成，连续排渣，中途不需起下钻，也不需接卸钻杆，成孔速度极快。

（2）不使用泥浆，因而免去了泥浆循环、净化系统，节省了大量因使用泥浆而产生的费用，施工成本较低。

（3）施工现场无泥浆、无振动、低噪音，对周围环境的影响较小。

（4）由于采用一次成孔和全孔螺旋推进的排渣方式，因而功率消耗相对较大，钻孔直径相对较小；最大钻孔深度也受到钻架高度的限制。需要时可采用扩底的办法提高单桩的承载力。

（5）孔底残渣较少，而且容易采用压实、掺水泥浆搅拌等方法进行处理，也没有桩周夹泥的问题；因而成桩质量较好，承载力可靠。

3. 长螺旋灌注桩的适用范围

长螺旋钻进一般只适用于地下水位以上的土层、砂层及含有少量砾石的地层。遇地下水时，不仅孔壁容易坍塌；而且钻渣不能完全排出。最大钻孔深度根据钻机的钻架高度和动力大小而定，一般不超过 20m，最大可达 30m。钻孔直径一般为 400mm，最大可达 800mm。

2.1.3.2 沉管灌注桩

1. 沉管灌注桩的基本原理及类型

沉管灌注桩是采用振动沉管桩机或锤击沉管桩机等将带有封口桩尖的桩管直接打入地层至设计深度成孔，然后放入钢筋笼，边浇筑混凝土边拔出桩管而形成的混凝土灌注桩。

沉管灌注桩按沉管机具和方法不同，可分为振动沉管灌注桩、锤击沉管灌注桩和振动冲击沉管灌注桩。

2. 沉管灌注桩的特点

（1）施工设备简单，成桩速度快，工期短。

（2）孔形圆整性好，成桩质量高，超径系数小，节省材料。

（3）不用冲洗液，无泥浆排放问题，现场整洁。

（4）对地层和环境有挤土和振动影响。

（5）在软土中成桩易于产生缩颈缺陷。

3. 沉管灌注桩的适用范围

振动沉管灌注桩的桩径一般为 270～400mm，最大桩长为 20m。锤击沉管灌注桩的桩径一般为 300～500mm，最大桩长为 24m。

沉管灌注桩适用于一般黏性土、粉土、淤泥质土、松散至中密的砂土及人工填土层。不宜用于标准贯入击数 N 值大于 12 的砂土和 N 值大于 15 的黏性土以及碎石土。在厚度较大的高流塑淤泥层中不宜采用桩径小于 340mm 的沉管灌注桩。

2.1.3.3 变截面及异形灌注桩

变截面及异形灌注桩按照截面形成方式不同，又可分为钻孔挤扩桩、钻孔扩底桩、锤击扩底灌注桩、异形截面灌注桩等。这里主要介绍钻孔挤扩桩的原理及特点。

1. 钻孔挤扩桩的基本原理

钻孔挤扩桩也称为多分支承力盘灌注桩，简称 DX 桩。它是在普通钻孔灌注桩的基础上发展起来的一种新型变截面桩。钻孔挤扩桩是在钻（冲）孔完成后，向孔内下入专用的挤压扩孔装置，通过地面液压站控制该装置扩张和收缩，在孔壁的不同深度和部位挤压出多个三角形岔腔和（或）环状沟槽，然后放入钢筋笼、灌注混凝土形成的一种在桩身上带有多个分支和多个承力盘的"狼牙棒"形灌注桩。这种桩由桩身、分支、承力盘组成，并共同承载，如图 2-5 所示。

2. 钻孔挤扩桩的特点

（1）单桩承载力高。钻孔挤扩桩的单桩承载力由桩身承载力和多个分支、承力盘承载

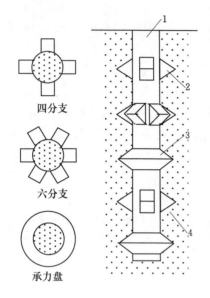

四分支

六分支

承力盘

图 2-5　挤扩桩示意图
1—桩身；2—分支；3—承力盘；
4—被挤密的土

力组成，与圆柱形灌注桩相比，承载面积与基土的作用范围增大很多；每 1m³ 混凝土的平均承载力大于 350kN，为普通混凝土灌注桩的 2～3 倍，为预制桩的 8 倍多，而且有良好的抗水平推切和抗拔能力。

（2）节省材料。在同等承载力情况下，桩长仅为普通灌注桩的 1/2～1/3，可节省约 30% 的材料。

（3）在成型分支和承力盘时，施工机具对桩周土体有压密作用，改善了基土的性质，提高了地基的强度和稳定性，增大了摩阻力和端承力，使地基成为复合地基，能更好地发挥桩土共同承载的作用。

（4）在挤扩施工的过程中，可进一步了解地层的厚薄、软硬情况；从而可正确选择持力层位置和调整挤扩设计，保证单桩承载力充分满足设计要求。

（5）可对直孔部分的成孔质量（孔径、孔深及垂直度的偏差等）进行第二次定性检测。

（6）施工速度快，成本低；可缩短工期 30%，节省资金 20%～30%。

（7）适应性强。可在多种土层中成桩，不受地下水位的限制，承载力适用范围大。

（8）施工机械化程度高，无振动，无噪音，操作维修方便，劳动强度低。

3. 钻孔挤扩桩的适用范围

钻孔挤扩桩主要适用于土层较厚，以黏性土为主的第四纪土层，也可在粉土、砂土、黄土、残积土层中应用，但要求土层有一定的承载力，容易挤压成形，因此不适合于淤泥质土、较密实的中粗砂层、卵砾石层及液化砂土层。

泥浆护壁、干作业及重锤捣扩成孔灌注桩均可利用挤扩工艺提高其承载力。当桩身为长螺旋钻成孔桩时，适用桩径为 300～600mm，桩长最大可达 31.5m；当桩身为泥浆护壁成孔桩时，适用桩径为 400～800mm，桩长最大可达 43m。挤扩直径与桩身直径之比为 1.8～2.6。

下列情况不能采用钻孔挤扩桩：

（1）有深厚的淤泥及淤泥质黏土层，在桩长范围内无适合挤扩的土层。

（2）基岩埋深较浅，地表下的软土层较薄，或两者之间虽有硬土层，但其厚度过小。

（3）由于有承压水而无法成直孔时。

2.2　打入桩基础施工

2.2.1　概述

打入桩是一种利用专用的沉桩设备克服土对桩的阻力，使预制桩沉到预定深度或达到持力层，并使其很好地发挥承受上部所传递的各种荷载的功能。打入桩工艺简单、流程少，在各个建筑领域的应用都十分广泛，在风力发电建设中主要用于风力发电机组基础和升压站基础等部位。

2.2.1.1 打入桩的分类、特点及应用范围

目前，建筑工程领域常用的打入桩主要有钢筋混凝土预制桩和钢桩，钢筋混凝土预制桩按预制形状又可分为方桩、管桩、板桩等。钢桩可分为钢管桩、钢板桩和 H 型钢桩。风力发电工程中较常用的为钢筋混凝土预制桩和钢管桩。

1. 钢筋混凝土预制桩

（1）非预应力方桩。一般适用于荷载比较小的工业民用建筑基础工程。

（2）预应力方桩。预应力方桩有空心和实心之分，此桩的应用范围较广，工民建、桥梁、水工建筑物等都可应用。但由于目前方桩断面边长一般在 400~600mm，混凝土强度等级为 C30~C50，故桩基的极限承载力和打桩拉应力都很难适应于各种土层和承载力比较大的结构物基础。

（3）先张法高强度预应力混凝土管桩（PHC 桩）。混凝土强度等级为 C80，也有 C60（PC 桩）可供选择。直径一般为 400~1200mm，有多种规格。一般直径 600mm 以下多为工业民用建筑基础用桩。由于是空心管桩，只有少量挤土，可贯入性较好，承载力较高，因是工业化生产，制作质量较稳定。目前该桩的应用范围有扩大的趋势。

（4）预应力混凝土大直径管桩（雷蒙特桩）。此桩目前常用桩径为 1200mm 和 1400mm，都用于水工建筑物中。由于混凝土强度等级为 C60，经辊压、振动、离心成型，桩的承载力和截面模量均较大，地质适应性强，可打至风化岩层。它和大直径 PHC 桩一样，有着良好的耐海水腐蚀和抗冻能力，一般可不作防腐处理。因此，这种桩正在大量地代替钢管桩。

（5）混凝土管桩与钢管桩组合而成的组合桩。利用混凝土管桩的耐腐蚀性、经济性，在其下部加一段钢管桩可以减轻自重，以利于超长桩整根施工。

（6）钢筋混凝土板桩。钢筋混凝土板桩有预应力和非预应力之分，主要用于挡土、挡水及围护结构中。

2. 钢桩

（1）钢管桩。钢管桩适用范围最广，可用于各种桩基工程，例如，可以做成围护结构、挡土结构的钢管板桩等。但在腐蚀环境中其防腐及今后的维护保养费用较高；加之钢管桩本身也较贵，使用成本和维护成本均较高，但重大工程都离不开它。

（2）钢板桩。钢板桩适用于挡土、挡水建筑物和临时挡水围堰等工程，有多种规格可供选择，同时还可根据需要组合成箱形、格形钢板桩以适应不同工程的需要。

（3）H 型钢桩。H 型钢桩适用于建筑基础、基坑支护的套板桩、立柱桩以及 SMW 工法（在水泥搅拌桩中打入混凝土桩或 H 型钢桩）。由于属非挤土桩，贯入能力较强，价格比钢管桩略便宜，故有一定的市场，但因其承载力较低，断面刚度较小，桩长不宜过长，否则横向容易失稳，同时在有地下障碍物的地区不宜采用。

2.2.1.2 打入桩沉桩方法

沉桩是桩基工程施工的主要手段之一，沉桩施工主要有锤击沉桩、水冲沉桩、振动沉

（拔）桩、静压沉桩和植桩等。选用原则是根据工程地质、设计要求、周边环境等因素综合考虑。目前风电项目常用的主要为锤击沉桩。

1. 锤击沉桩

锤击沉桩主要是利用柴油锤、液压锤、气动锤等将桩打入持力层，是目前使用最多的沉桩方式，其中又以柴油锤使用最多。目前 80 系列、100 系列以及更大型的柴油锤正被普遍使用，解决了许多重大工程的施工难题。但柴油锤排出的油污废气污染四周的环境，锤击噪声、振动和挤土也较大，使用上受到一定的限制，特别是在人口密集地区。

气动锤主要利用蒸汽或压缩空气作为动力。它需要配备大型锅炉或空压机，机动性差，目前较少使用。

液压锤克服了柴油锤的废气污染问题，是一种比较好的替代设备，它可以在陆上和水中使用；但目前基本上用于打直桩，由于一些具体的技术问题，对斜桩施工的适用性较差。

2. 水冲沉桩

水冲沉桩是凭借高压水及压缩空气破坏土体进行沉桩，主要适用于砂土地层，有内冲内排、内冲外排、外冲外排等方式。常用的为内冲内排方式，这样可以保证桩位的准确性。在桩尖进入较深砂层的地区，更多使用水冲锤击沉桩。

3. 振动沉（拔）桩

振动沉（拔）桩主要是利用电动或液压所产生的激振力将钢管桩或钢板桩沉至设计高程，也可将沉入地下的钢桩拔起，主要适用于砂性土地区。目前单台振动锤最大功率已达 500kW，且可多台并联使用，如下沉直径 5m 左右的格形钢板桩就可用 10 台振动锤并联同步下沉。拔桩是振动锤的一大特点，用它来拔除施工措施中临时使用的钢板桩、钢管桩、H 型钢桩及槽钢或老旧建筑物拆除时的旧桩基等是最佳的选择。

4. 静压沉桩

静压沉桩是近几年发展较快的一种沉桩工艺，其最大特点是无噪声、无振动、无污染，目前陆上最大的公称压桩力可达 12000kN 左右。水上压桩适用于边坡较陡、土质较敏感区域。

5. 植桩

植桩作为一种新型的沉桩工艺，在特别的场合使用有着广阔的前景。它是先在地基上钻（挖）孔，再将预制桩植入，经少许锤击或压桩后成桩，适用于周边有古旧建筑物或对振动影响较敏感的仪器设备的场合，对老城区改造工程特别有利。植桩基本上属非挤土桩，如中掘扩底施工法、植入式嵌岩桩等都属此类，比较适合于端承桩或端承摩擦桩。

2.2.2　先张法预应力混凝土管桩（PHC 管桩）施工

2.2.2.1　PHC 管桩的制作、运输和储存

1. 产品规格及型号

PHC 管桩按外径可分为 300mm、350mm、400mm、450mm、500mm、550mm、600mm、700mm、800mm、1000mm 和 1200mm 等规格。按管桩的抗弯性能或混凝土有效预压应力值分为 A 型、AB 型、B 型和 C 型。混凝土有效预压应力值：A 型为 4MPa，AB 型为 6MPa，B 型为 8MPa，C 型为 10MPa，其计算值应在各自规定值范围的±5% 内。

2．标识

管桩标识部位在桩两端起 0.5m 处，一侧标识。

标记示例：

PHC	A 500	100	12	GB 13476
品种型号	外径（mm）	壁厚（mm）	单节长度（m）	产品遵循的标准号

3．结构及构造要求

（1）先张法预应力混凝土管桩结构。先张法预应力混凝土管桩一般由螺旋筋、预应力主筋、锚筋、桩套箍等组成。

（2）构造要求。

1）预应力钢筋的加工：①钢筋应清除油污，不应有局部弯曲，且端面平整。单根管桩钢筋中，下料长度的相对差值应不大于 $L/5000$（L 为桩长）；②钢筋和螺旋筋的焊接点的强度损失不得大于该材料标准强度的 5%；③钢筋墩头强度不得低于母材标准强度的 90%。

2）钢筋骨架的加工：①预应力钢筋沿其圆周均匀配置，最小配筋率不低于 0.4%，并不得少于 6 根；②螺旋筋的直径应根据管桩规格而定，外径 450mm 以下的管桩，螺旋筋的直径不应小于 4mm；外径 500～600mm，螺旋筋的直径不应小于 5mm；外径 700～1200mm 的管桩，螺旋筋的直径不应小于 6mm。螺旋筋螺距最大不超过 110mm，两端 1000～1500mm 范围内螺距为 40～60mm；③端部锚固钢筋、架立圈应按设计图纸确定；④骨架成型后，各部分尺寸应符合：顶应力钢筋间距偏差不得超过 ±5mm；螺旋筋的螺距偏差不得超过 ±10mm；架立圈间距偏差不得超过 120mm，垂直度偏差不超过架立圈直径的 1/40。

3）接头。①管桩接头宜采用端板焊接、碗形端头焊接，也可用机械快速接头；②管桩接头端板的宽度应不小于管桩的壁厚；③接头的端面必须与桩身的轴线垂直；④接头的焊接坡口尺寸应按设计图纸确定。

4．制作

（1）混凝土预制桩可在施工现场预制，预制场地必须平整、坚实。

（2）制桩模板宜采用钢模板，模板应具有足够刚度，并应平整，尺寸应准确。

（3）钢筋骨架的主筋连接宜采用对焊和电弧焊，当钢筋直径不小于 20mm 时，宜采用机械接头连接。主筋接头配置在同一截面内的数量，应符合下列规定：

1）当采用对焊或电弧焊时，对于受拉钢筋，不得超过 50%。

2）相邻两根主筋接头截面的距离应大于 $35d_g$（主筋直径），并不应小于 500mm。

3）必须符合现行行业标准《钢筋焊接及验收规程》（JGJ 18）和《钢筋机械连接通用技术规程》（JGJ 107）的规定。

4）PHC 管桩钢筋骨架的容许偏差应符合表 2-5 的规定。

5）确定桩的单节长度时应符合的规定：①满足桩架的有效高度、制作场地条件、运输与装卸能力；②避免在桩尖接近或处于硬持力层中时接桩。

6）浇筑混凝土预制桩时，宜从桩顶开始灌筑，并应防止另一端的砂浆积聚过多。

7）锤击预制桩的骨料粒径宜为 5～40mm。

表 2 - 5　PHC 管桩钢筋骨架的容许偏差

项　目	容许偏差/mm	项　目	容许偏差/mm
主筋间距	±5	吊环露出桩表面的高度	±10
桩尖中心线	10	主筋距桩顶距离	±5
箍筋间距或螺旋筋的螺距	±20	桩顶钢筋网片位置	±10
吊环沿纵轴线方向	±20	多节桩桩顶预埋件位置	±3
吊环沿垂直于纵轴线方向	±20		

8) 应在强度与龄期均达到要求后，方可锤击预制桩。

9) 重叠法制作预制桩时，应符的规定：①桩与邻桩及底模之间的接触面不得粘连；②上层桩或邻桩的浇筑，必须在下层桩或邻桩的混凝土达到设计强度的 30％以上时，方可进行；③桩的重叠层数不应超过 4 层。

10) 混凝土预制桩的表面应平整、密实，制作容许偏差应符合表 2-6 的规定。

表 2 - 6　PHC 管桩制作容许偏差

项　目	容许偏差/mm	项　目	容许偏差/mm
直径	±5	桩身弯曲（度）矢高	$L/1000$
长度	±0.5％L	桩尖偏心	≤10
管壁厚度	−5	桩头板平整度	≤2
保护层厚度	+10，−5	桩头板偏心	≤2

11) PHC 管桩的其他要求及离心混凝土强度等级评定方法，应符合国家现行标准《先张法预应力混凝土管桩》（GB/T 13476）的规定。

5. 运输

(1) 管桩的厂内吊运。

1) 单节短管桩的吊运可采用两端钩吊法，吊扣的水平夹角不宜小于 60°。

2) 长管桩和拼接整桩吊运应根据桩长决定采用二点吊、三点吊或四点吊。

(2) 管桩工地吊运。

1) 工地吊运管桩时，吊扣必须采用捆扣，注意防滑。

2) 单节短管桩吊运可采用一点吊，接桩时拴扣方法宜采用油瓶扣，以利管桩垂直就位。

3) 长管桩和拼接桩吊运应根据桩长决定采用二点吊、三点吊、四点吊或多点吊。

(3) 管桩的运输。

1) 管桩的运输可使用货车、船舶、卡车及拖挂车等运输工具。

2) 管桩的运输应采取可靠的防滚、防滑和防损措施。

3) 管桩装运时应在木托架上钉上三角挡块，并在甲板、车厢两侧设置挡杆或挡板。

4) 单节短管桩运输可采用两点支撑，每层间可不设支垫。长管桩和拼接整桩宜采用多支点支撑，支垫材料宜用一木楞，每层支撑点所用材料应一致，上下支撑应设置在同一垂线上。各支撑点的高程应在同一平面上。

5) 运输时装载层次应视运输工具的载重能力及其配载规定确定。

6) 装卸时宜采用起重机械装卸，吊运过程应平稳，不应发生碰撞。

6. 堆放

（1）堆放场地应平整坚实，最下层与地面接触的垫木应有足够的宽度和高度。堆放时桩应稳固，不得滚动。

（2）应按不同规格、长度及施工流水顺序分别堆放。

（3）当场地条件许可时，宜单层堆放；当叠层堆放时，外径为 500～600mm 的桩不宜超过 4 层，外径为 300～400mm 的桩不宜超过 5 层。

（4）叠层堆放桩时，应在垂直于桩长度方向的地面上设置 2 道垫木，垫木应分别位于距桩端 0.2 倍桩长处；底层最外缘的桩应在垫木处用木楔塞紧。

（5）垫木宜选用耐压的长木枋或枕木，不得使用有棱角的金属构件。

7. 取桩要求

（1）当桩叠层堆放超过 2 层时，应采用吊机取桩，严禁拖拉取桩。

（2）三点支撑自行式打桩机不应拖拉取桩。

2.2.2.2 预应力混凝土管桩（PHC 管桩）施工

1. 吊桩

（1）预制混凝土管桩的起吊和运输，应在混凝土达到 100% 设计强度后进行。

（2）单节管节长度在 15m 以内的混凝土管桩，在起吊搬运时，可以采用两端钩吊法，吊索的水平夹角不宜小于 60°。

（3）长管节混凝土管桩起吊时，吊点位置应符合设计和规范的规定。

（4）桩起吊以前应检查桩身质量，如端板、裙板、桩身表面等位置有无缺陷；吊索具与桩间应加防滑措施；起吊时应平稳提升，吊点同时离地，避免损坏棱角。

（5）桩采用捆绑法起吊时，如果吊索与桩的交角小于 60°，应设置吊架或扁担。

（6）桩采用多点起吊时，各吊点的索具可以通过滑车连接，使各吊点受力均衡、高度自动调节。

（7）桩在运输过程中，底层应设置垫木，保持垫木高度在同一平面上。管节运输时，当单节长度小于 15m 时，各层管节间可不设垫木。当不采用钩吊法吊桩时，各层混凝土管桩间应设垫木，且要求各层垫木上下对齐。

（8）打桩运输时堆放层数，不宜超过 4 层。

（9）桩运到现场后，应进行外观检查，合格后进行堆放。

（10）桩的现场堆放应遵守下列规定：

1）地面必须平整、坚实。

2）垫木必须放在吊点正下方，并在同一平面上。

3）各层垫木应位于同一垂直线上，最下层垫木应加强。

4）堆放层数应根据地面容许承载力确定，一般情况下堆放层数不宜超过 3 层。

5）不同规格的桩应分别堆放。

2. 沉桩

（1）沉桩工艺要求。

1）沉桩之前应在桩的侧面画上标尺，以便了解沉桩过程中的贯入量，作沉桩记录。

2）沉桩过程中，用两台经纬仪在互成 90° 的 2 个方向对桩的垂直度进行观测，1 台水准仪观测桩的贯入度和高程。

3）吊桩进龙口时，桩尖不得着地，桩顶进入桩帽后，锤缓慢放下，但不得将全部质量压在桩上，只有在桩尖入土位置正确，桩身垂直以后，才能逐渐将锤压到桩顶。

4）沉桩时应采用桩与锤相适应的桩帽和弹性桩垫，并及时更换因击打而失去弹性或变形的桩垫材料。桩锤、桩帽和桩身应控制在同一轴线上。桩的垂直度应符合规范规定。

5）开始锤击时能量要小，观察桩的下沉情况，确认贯入度正常后，再将能量提高到正常值。

6）每一根桩施工作业，应尽可能连续沉桩到设计高程。需要接桩时，下节桩桩尖尽可能停在软土层（制作长度设计时应按此原则考虑），接完桩后将上节桩沉到设计高程，避免在硬土层中停留时间过长而增加桩的摩阻力。

7）陆上斜桩角度不宜大于 12°，沉桩时要根据打桩机性能合理安排流程，尽量减少变更打桩机倾斜度和平面扭角的作业次数，避免相互干扰。

8）当打桩机在有斜坡的地基上作业时，应沿斜坡方向逐排由上往下打桩，并采取有效的防滑措施。

（2）锤击沉桩法。

1）施工程序：确定桩位和沉桩顺序→打桩机就位→吊桩插桩→校正→锤击沉桩→接桩→再锤击沉桩→送桩→收锤→切割桩头。

2）打桩时，应用导板夹具或桩箍将桩嵌固在桩架内。经水平度和垂直度校正后，将桩锤和桩帽压在桩顶，开始沉桩。

3）开始沉桩时应短距轻击，待桩入土一定深度并稳定后，再按要求和落距沉桩。

4）正式打桩时宜用"重锤低击""低提重打"，可取得良好效果。

5）桩的入土深度的控制，对于承受轴向荷载的摩擦桩，以标高为主，贯入度作为参考；端承桩则以贯入度为主，以标高作为参考。

6）施工时，应注意做好施工记录。

7）打桩时还应注意观察打桩入土的速度、打桩架的垂直度、桩锤回弹情况、贯入度变化情况等。

8）打入桩（预制混凝土方桩、预应力混凝土空心桩、钢桩）的桩位偏差，应符合表 2-7 的规定。斜桩倾斜度的偏差不得大于倾斜角正切值的 15%（倾斜角系桩的纵向中心线与铅垂线间夹角）。

表 2-7　打入桩桩位的容许偏差

项　　　目		容许偏差/mm
带有基础梁的桩	垂直基础梁的中心线	$100+0.01H$
	沿基础梁的中心线	$150+0.01H$
桩数为 1～3 根桩基中的桩		100
桩数为 4～16 根桩基中的桩		1/2 桩径或边长
桩数大于 16 根桩基中的桩	最外边的桩	1/3 桩径或边长
	中间桩	1/2 桩径或边长

注：H 为施工现场地面标高与桩顶设计标高的距离。

9）桩终止锤击的控制应符合下列规定：

a. 当桩端位于一般土层时，应以控制桩端设计标高为主，贯入度为辅。

b. 桩端到达坚硬、硬塑的黏性土、中密以上粉土、砂土、碎石类土及风化岩时，应以贯入度控制为主，桩端标高为辅。

c. 贯入度已达到设计要求而桩端标高未达到时，应继续锤击3阵，且确认每阵10击的实际贯入度不应大于设计规定的数值，必要时，施工控制贯入度应通过试验确定。

（3）静压沉桩法。

1）静压沉桩的施工一般采取分段压入，逐段接长的方法。施工程序为：测量定位→打桩机就位→吊桩插桩→桩身对中调直→静压沉桩→接桩→再静压沉桩→终止压桩→切割桩头。

2）压桩时，用起重机将预制桩吊运或用汽车运至打桩机附近，再利用打桩机自身设置的起重机将其吊入夹持器中，夹持油缸将桩从侧面夹紧，即可开动压桩油缸，先将桩压入土中1cm左右后停止，矫正桩在互相垂直的两个方向的垂直度后，压桩油缸继续伸程动作，把桩压入土层中。伸长完后，夹持油缸回程松夹，压桩油缸回程，重复上述动作，可实现连续压桩操作，直至把桩压入预定深度土层中。

3）压同一根（枝）桩时应连续进行。

4）在压桩过程中要认真记录桩入土深度与压力表读数的关系，以判断桩的质量及承载力。

5）当压力表读数达到预先规定值，便可停止压桩。

6）打入桩（预制混凝土方桩、预应力混凝土空心桩、钢桩）的桩位偏差，应符合表2-7的规定。

2.2.3 钢管桩施工

2.2.3.1 钢管桩的制作、运输

1. 钢材质量要求

钢管桩所用材质应由设计决定。常用的有Q235、Q345以及耐腐蚀钢（如16MnCu）等。对于到货钢材，应按规定进行质量验证，其内容如下：

（1）钢材牌号。钢材牌号应符合设计要求，如需材料代用，必须事先征得设计部门同意，但如生产厂提供的质保书中缺少设计部门提出的部分性能要求时，应做补充试验。当采用进口钢材时，必须验证其化学成分和机械性能是否满足相应钢号的标准。

（2）材料质保书。钢材必须具有生产厂提供的符合设计文件要求的质量证明书，标明钢材炉号批次、化学成分和机械性能。如对钢材质量有疑义或设计文件有规定要求时，应抽样检验。检验结果必须符合国家有关标准规定和设计文件要求。钢管桩钢材的化学成分和机械性能见《碳素结构钢》（GB 700）和《低合金高强度结构钢》（GB/T 1591）标准中有关要求。

（3）表面质量检查。钢材表面不得有气泡、结疤、裂纹、折叠、分层、夹杂等缺陷、锈蚀、麻点，或划痕的缺陷深度不得超过钢板厚度负公差的一半。对于低合金钢，缺陷处的实际厚度不得低于最小容许厚度。

2. 制作工艺流程

钢管桩（节）由钢板或钢带卷制而成。按成形方法可分为直缝钢管桩和螺旋焊缝钢管桩两种。这两种桩（节）一般均在专业工厂成批生产。

（1）直缝钢管桩制作工艺流程简介。对于整桩出厂，且有防腐措施的钢管桩，其制桩工艺流程如图 2-6 所示。

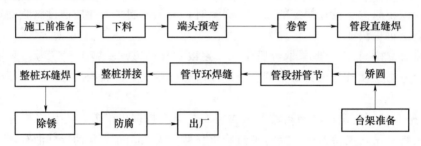

图 2-6　直缝钢管桩制作工艺流程

（管段为一张下料钢板卷制成的圆柱体；管节为数个管段拼接成的圆柱体）

（2）螺旋焊缝钢管桩制作工艺流程简介。螺旋焊缝钢管桩在我国已大量生产和使用。整个生产过程为机械化流水线作业，工艺流程如图 2-7 所示。对于需要整桩出厂或有防腐要求的螺旋焊缝钢管桩而言，其管节拼装之后的工艺流程仍可参见图 2-6 有关部分。

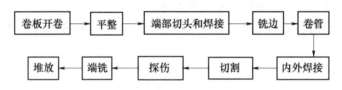

图 2-7　螺旋焊缝钢管桩制作工艺流程

3. 焊接

焊接是钢管桩生产过程中非常重要的工艺过程，必须引起高度重视。影响焊接质量的因素很多，比较重要的因素有以下几方面：

（1）焊接材料。

1）低碳钢焊条。低碳钢焊条的含碳量不大于 25%，产生焊接裂纹倾向小，焊接性能良好，一般按焊缝金属与母材等强度原则选择焊条。通常 Q235 钢材，可选用 E43 系列 E4313～E4315 型号焊条。但对于重要工程或需要在低温下焊接的工程，必须选用抗裂性较好的低氢焊条，如 E4316、E4315。

2）低合金高强度钢焊条。选用的原则为使焊缝金属的机械性能与母材基本相同，即不宜使焊缝金属的实际抗拉强度高出母材 50MPa 以上，以确保焊缝金属有良好的塑性、韧性和抗裂性。常用低合金钢母材（如 16Mn、15MnV）可选用 E50 系列 E5001～E5016 型号焊条。同样，对于重要工程或需要在低温下焊接的工程，必须采用抗裂性较好的低氢焊条，如 E6016、E5015。

3）埋弧焊丝和焊剂。埋弧焊所用焊丝和焊剂应根据母材的牌号来确定。

（2）焊缝坡口。钢管桩板材的对接，必须是全熔透焊缝，选择何种形式的坡口主要取决于板材厚度、焊接方法、焊接位置和焊接工艺，同时也要考虑控制变形、节省焊材以及坡口加工费用等因素。

坡口形式可参照《气焊、焊条、气体保护焊和高能束焊的推荐坡口》（GB 985.1—2008）及《埋弧焊焊缝坡口的基本形式和尺寸》（GB 985.2—2008）加以选用。

（3）现场接桩。由于运输和打桩设备等原因，经常需要现场手工焊接桩。现场接桩通常采用内衬环或内衬套，其材质应和管桩母材相同。接桩时在上节桩上开设单边 V 形坡口，坡口角度 45°～55°，下节桩不开坡口。

气温在 0℃ 以下时，原则上不得焊接，但自焊接部分算起，距离焊缝 100mm 以内的母材部分加热至 36℃ 以上时，仍可允许焊接。施工时遇降雨、雪，应对被焊部位进行防护，并采取加热、去潮等措施。

（4）焊接工艺要求。

1）必须清除桩端部的浮锈、油污等脏物，保持干燥；下节桩顶经锤击后变形的部分应割除。

2）上下节桩焊接时应校正垂直度，对口的间隙宜为 2～3mm。

3）焊丝（自动焊）或焊条应烘干。

4）焊接应对称进行。

5）应采用多层焊，钢管桩各层焊缝的接头应错开，焊渣应清除。

6）当气温低于 0℃、雨雪天、无可靠措施确保焊接质量时，不得焊接。

7）每个接头焊接完毕，应冷却 1min 后方可锤击。

8）焊接质量应符合国家现行标准《钢结构工程施工质量验收规范》（GB 50205—2001）和《钢结构焊接规范》（GB 50661—2011）的规定。每个接头除应按表 2-8 规定进行外观检查外，还应按接头总数的 5% 进行超声或 2% 进行 X 射线拍片检查；对于同一工程，进行探伤抽样检验的接头不得少于 3 个。

表 2-8　接桩焊缝外观容许偏差

项　　目		容许偏差/mm
上下节桩错口	钢管桩外径≥700mm	3
	钢管桩外径<700mm	2
H 型钢桩		1
咬边深度（焊缝）		0.5
加强层高度（焊缝）		0～2
加强层宽度（焊缝）		0～3

4. 钢管桩制作质量检验标准

钢管桩制作的容许偏差应符合表 2-9 的规定，钢桩的分段长度应满足相关标准的规定，且不宜大于 15m。

表 2-9 钢管桩制作的容许偏差

项 目		容许偏差/mm
外径或断面尺寸	桩端部	±0.5%外径或边长
	桩身	±0.1%外径或边长
长度		>0
矢高		≤1‰桩长
端部平整度		≤2（H 型桩≤1）
端部平面与桩身中心线的倾斜值		≤2

5. 钢管桩（节）堆存及运输

钢管桩（节）的堆存和运输应遵循以下要求：

（1）钢管桩（节）要按规格和型号分堆存放，并做好标识。堆放高度和层数应避免产生纵向弯曲和局部挤压变形，同时应考虑吊装作业安全。直径 400mm 以下钢管桩（节）堆放层数不宜超过 6 层，直径 400mm 以上钢管桩（节）堆放层数不宜超过 4 层。

（2）钢管桩（节）堆放场地应平整，地基要满足荷重要求，不应产生影响桩身平直和局部凹陷地基下沉，最底层钢管桩（节）外侧应塞上木楔，防止产生桩（节）滚动，现场应排水良好。

（3）在搬运和堆存过程中，应采取保护措施，避免产生碰撞、摩擦滑移造成防腐层破损、管端变形和其他破坏。

（4）长细比较大的钢管桩要考虑水平吊运时的强度和刚度，可结合打桩要求设置吊耳。

（5）直径较大桩（节）两端要增设临时支撑，防止管端变形。

（6）水上运输宜采用驳船运输，亦可采用密封浮运或其他方式运输。采用驳船运输时应设置专用支架或用缆索紧固，避免船舶摇摆或风浪力作用使桩（节）滚动、滑移。采用密封浮运时应满足水密要求并考虑水流影响，密封装置应便于安装和拆卸。

2.2.3.2 钢管桩施工工艺与方法

1. 沉桩工艺要求

（1）沉桩之前应在桩的侧面画上标尺，以便了解沉桩过程中的贯入量、作沉桩记录。

（2）沉桩过程中，用两台经纬仪在互成 90°的两个方向对桩的垂直度进行观测，1 台水准仪观测桩的贯入量和高程。

（3）吊桩进龙口时，桩尖不得着地，桩顶进入桩帽后，锤缓慢放下，但不得将全部质量压在桩上，只有在桩尖入土位置正确，桩身垂直以后，才能逐渐将锤压到桩顶。

（4）沉桩时应采用桩与锤相适应的桩帽和弹性桩垫，并及时更换因击打而失去弹性或变形的桩垫材料。桩锤、桩帽和桩身应控制在同一轴线上。桩的垂直度应符合标准规定。

（5）开始锤击时能量要小，观察桩的下沉情况，确认贯入度正常后，再将能量提高到正常值。

（6）每一根桩施工作业，应尽可能连续沉桩到设计高程。需要接桩时，下节桩桩尖尽可能停在软土层（制作长度设计时应按此原则考虑），接完桩后将上节桩沉到设计高程，避免在硬土层中停留时间过长而增加桩的摩阻力。

（7）陆上斜桩角度不宜大于 $12°$，沉桩时要根据沉桩机性能合理安排流程，尽量减少变更沉桩机倾斜度和平面扭角的作业次数，避免相互干扰。

（8）当沉桩机在有斜坡的地基上作业时，应沿斜坡方向逐排由上往下打桩，并采取有效的防滑措施。

（9）对敞口钢管桩，当锤击沉桩有困难时，可在管内取土助沉。

（10）锤击 H 型钢桩时，锤重不宜大于 4.5t 级（柴油锤），且在锤击过程中桩架前应有横向约束装置。

（11）当持力层较硬时，H 型钢桩不宜送桩。

（12）当地表层遇有大块石、混凝土块等回填物时，应在插入 H 型钢桩前进行触探，并应清除桩位上的障碍物。

2. 沉桩方法

钢管桩沉桩常用的方法主要为锤击沉桩和静压沉桩，施工工艺与 PHC 管桩的基本相同，详见 2.2.2 节相关内容。

2.3 板 筏 基 础 施 工

2.3.1 概述

风力发电机组塔筒属于高耸建筑，作为塔筒的基础，其所承受上部的水平风力和倾覆力矩较大，基础型式通常采用板筏基础和桩基基础两种形式。板筏基础也称为扩展基础，目前我国陆上风电场板筏基础的平面结构型式通常采用正八边形或圆形。

2.3.1.1 适用范围

板筏基础适用于地形条件稳定，浅表地层均匀、承载力较高，非液化土层、软弱下卧层埋深较厚的土基和地质条件简单（岩层层面较平、结构面不发育、力学性质稳定）的岩基。一般而言，当风力发电机组基础坐落于地基承载力特征值大于 $160\sim180kPa$、压缩模量大于 10MPa 的砂土或全（强）风化岩土上，且地下水位较低，则可考虑采用板筏基础。

2.3.1.2 结构型式

板筏基础的结构型式较为简单，从下到上依次为：地基处理及换填层、素混凝土垫层、钢筋混凝土承台、风力发电机组基础环及其他附属设备。主要平面型式有圆形和正八边形两种，结构示意如图 2-8、图 2-9 所示。

2.3.1.3 板筏基础特点

（1）板筏基础的工程造价一般比桩基础要低。

（2）板筏基础对地基要求较高，适用于地质条件稳定，地下水埋深较深的地区。

（3）板筏基础结构简单、施工工艺流程少，易形成流水线施工和选择施工单位。

（4）板筏基础承台混凝土工程量大，温控要求高，尤其是承台，需一次性浇筑成型，不允许间断，对施工单位管理水平要求较高。

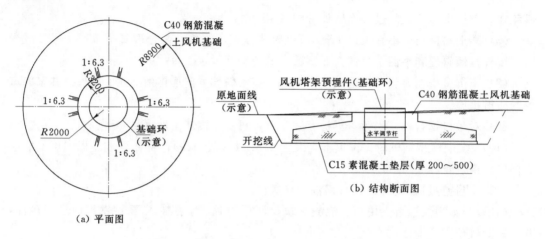

图 2-8　圆形板筏基础结构示意图（单位：mm）

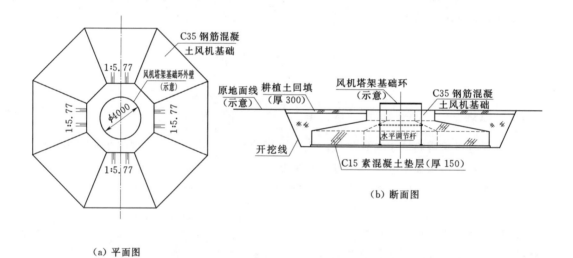

图 2-9　正八边形板筏基础结构示意图（单位：mm）

2.3.2　板筏基础施工

2.3.2.1　工艺流程

　　板筏基础施工工艺流程：土方开挖→垫层施工→基础环安装固定→钢筋制作安装→模板安装→混凝土浇筑→模板拆除→验收清理→土方回填。

2.3.2.2　土方开挖及回填

　　（1）根据测量人员定出的中心线，现场选定比例放坡，预留 800～1800mm 工作面。

　　（2）基础开挖土方采用反铲开挖，用于回填的土方临时堆放于附近，待混凝土浇筑并养护后进行土方回填。

　　（3）挖土应自上而下进行，边挖边检查坑底宽度及坡度，不够时及时修整，当开挖距基底 20～30cm 时采用人工清基，以防扰动土层，检查坑底宽和标高，要求坑底凹凸不超过 15mm。

（4）在基坑周圈距基坑边沿 0.5m 处修一个 500mm 高挡水堰，防止雨天地面水流入基坑内。

（5）基坑周围设 4 个控制桩，用来确认基坑边线。

2.3.2.3　垫层施工

（1）基坑开挖完，应做好地基验槽并做好隐蔽记录。

（2）清理干净基坑松土及杂物。

（3）支设垫层边模，中点做灰饼控制标高。

（4）浇筑垫层混凝土至设计标高，垫层由平板振捣器振捣密实。

2.3.2.4　基础环的安装及固定

（1）施工顺序：支座与调整座连接为整体→基础环起吊→基础环与支座连接为整体→基础环吊装就位→基础环中心位置校正→基础环调整座与垫层混凝土预埋件焊接加固→基础环标高校正。

（2）起重机械选择 50t 及以上履带吊。

（3）吊装准备。

1）起吊前将预制件上的预埋件表面清理干净，弹设中心线。

2）支座与调整座连接为整体，高度控制为 1m。

（4）构件吊装。基础环吊装采用 3 点起吊，先试吊，离地面高度 200mm 左右，各项性能合格后再正式起吊。基础环起吊至 1.5m 高度，待基础环空中稳定后，将事先连接好的基础环支座迅速与基础环进行可靠连接。吊车缓慢起吊，棕绳牵引，吊至规定部位，撬棍两侧校正，轴线位置合格后做最后固定，焊接固定时焊缝高度不小于 8mm，用 E5015 焊条，通长满焊；焊接牢固后水准仪进行标高抄测，用调整支座进行精密调整。验收合格后进行下道工序施工。

（5）基础环的加固。基础环加固完毕，接着进行基础环平整度的调整，通过调节支撑下部的可调节螺母，调整基础环上法兰的平整度，使其保证在 3mm 之内。

2.3.2.5　钢筋制作及安装

（1）钢筋运到现场后，分别按规格、型号分类堆放整齐，底部垫方木以防泥水污染，并挂好标示牌，注明规格、型号、使用部位及试验状态，同时提前做好准备；下雨前用塑料纸将钢筋覆盖好，防止下雨造成钢筋锈蚀，若出现部分锈蚀现象，用钢丝刷将锈蚀面层锈片清理干净。

（2）钢筋制作前要索取所需规格钢筋的出厂合格证、抗拉强度及其他实验报告，并做好钢筋跟踪工作。

（3）钢筋断料时，应严格按图纸翻样表执行，并应合理利用材料，尽量减少废料口。

（4）钢筋连接采用直螺纹连接，连接完毕后报验收，并根据标准要求送样抽检。

（5）钢筋安装位置的容许偏差及检验方法见表 2-10。

表 2－10　钢筋安装位置的容许偏差及检验方法

项　　目		容许偏差/mm	检验方法
绑扎钢筋网	长、宽	±10	钢尺检查
	网眼尺寸	±20	钢尺连续三档，取最大值
绑扎钢筋骨架	长	±10	钢尺检查
	宽、高	±5	钢尺检查

注：1. 检查预埋件中心线位置时，应沿纵、横两个方向测量，并取其中的较大值。
　　2. 表中梁类、板类构件上部纵向受力钢筋保护层厚度的合格点率应不小于 90%，且不得有超过表中数值 1.5 倍的尺寸偏差。

2.3.2.6　模板施工

（1）安装模板前先用经纬仪投出基础的中心线，再根据中心线，定出基础的边线，用红油漆标好三角，以便于模板的安装和校正。

（2）用水准仪把水平标高根据实际要求，直接引测到模板安装位置。

（3）按模板配板图拼装模板，模板要错缝搭接，拼装尺寸须准确，安装完毕后用经纬仪或线锤校正。

（4）安装对拉螺栓，螺栓一定要平直，为保证牢固可靠，采用对拉螺栓加双螺母固定。

（5）模板拼缝要严密，接缝间贴双面胶带，胶带铆接牢固并刮腻子处理，以防漏浆。

（6）使用的模板及其支撑系统必须具有足够的承载能力、刚度和稳定性，能可靠承受新浇筑混凝土的自重和侧压力。

（7）为保证混凝土表面光洁，模板在使用前应均匀涂刷模板油，不得漏刷，模板油不得污染钢筋。

2.3.2.7　承台混凝土浇筑

承台混凝土浇筑时一般采用混凝土泵车入仓，垫层由平板振捣器振捣密实，底板和墙身由插入式振捣器振捣密实，在基础混凝土浇筑前要做好预埋件的准确定位及安装，振捣过程中注意保护好预埋件，如发现变形、移位时应及时进行处理。每个风力发电机组承台基础的混凝土浇筑采取连续施工，一次完成，确保整体质量，并在风机基础承台混凝土中按设计文件要求掺入适量聚丙烯腈纤维。在混凝土基础达到设计强度后才可以安装上部风力发电机组塔筒。

按照风力发电机组基础设计要求，承台需一次浇筑成型，在浇筑过程中的混凝土浇筑结合面不允许产生初凝现象，即混凝土不能形成施工冷缝。浇筑过程中已浇筑的仓面用草袋遮盖阳光，延缓混凝土初凝，另外在混凝土配合比设计时也考虑添加缓凝剂，延长混凝土的凝结时间。一旦出现混凝土施工缝，如果已浇筑部分不多可考虑凿除，全部重新浇筑混凝土；如果已浇筑了大部分混凝土，应在出现施工缝的表面凿毛并用高压水枪去除表面松散部分，并植筋使上下混凝土面牢固接触。

根据《混凝土泵送施工技术规程》（JGJ/T 10—2011），混凝土浇筑分层厚度，宜为 $300\sim500\text{mm}$，当水平结构的混凝土浇筑厚度超过 500mm 时，可按 1：6～1：10 坡度分层。

混凝土达到终凝后，表面应及时养护，保持湿润养护 7 天。自混凝土浇筑 3~5 天后，可拆除侧向支撑，并做好外观验收。混凝土养护主要依靠铺塑料薄膜的方式，该方式能保持混凝土内部水分和湿度，同时减少了养护用水量和运输水的难度。

2.3.2.8 质量检查及验收

1. 模板工程质量标准

（1）模板及支撑结构必须具有足够的强度、刚度和稳定性，严禁产生不允许的变形。

（2）预埋件、预留孔（洞）应齐全、正确、牢固。

（3）模板接缝宽度不大于 1.5mm。

（4）模板与混凝土接触面无黏浆，隔离剂涂刷均匀。

（5）模板内部清理干净，无杂物。

（6）预埋件制作安装应符合相关规定的要求。

（7）轴线位移不大于 5mm。

（8）截面尺寸偏差 -5~±4mm。

（9）表面平整度不大于 5mm。

2. 钢筋工程质量标准

（1）钢筋品种和质量必须符合设计要求和有关现行标准的规定。

（2）钢筋接头必须符合设计要求和有关现行标准的规定。

（3）钢筋规格、数量和位置必须符合设计要求和有关现行标准的规定。

（4）钢筋应平直、洁净。

（5）调直钢筋表面不应有划伤、锤痕。

（6）钢筋的弯钩长度与角度应符合设计要求和有关现行标准规定。

（7）钢筋网骨架的绑扎不应有变形，缺扣、松扣数量不大于 10% 且不应集中。

（8）骨架和受力钢筋长度偏差 ±10mm，宽度和高度偏差 ±5mm，受力筋的间距偏差 ±10mm，受力筋的排距偏差 ±5mm。

（9）钢筋网片长度偏差 ±10mm，对角线偏差不大于 10mm，网眼几何尺寸偏差 ±20mm。

（10）箍筋和副筋间距偏差 ±10mm，主筋保护层偏差 ±3mm。

3. 混凝土工程质量标准

（1）混凝土组成材料的品种规格和质量必须符合设计要求和有关现行标准的规定。

（2）混凝土强度必须符合《电力建设施工质量验收及评价规程 第 1 部分：土建工程》（DL/T 5210.1—2012）中的相关规定。

（3）结构裂缝必须符合设计要求和有关现行标准的规定。

（4）混凝土搅拌，施工缝留置处理和养护必须符合设计要求和有关现行标准的规定。

（5）混凝土配合比及组成材料的计量偏差必须符合《电力建设施工质量验收及评价规程 第 1 部分：土建工程》（DL/T 5210.1—2012）中的相关规定。

（6）混凝土表面质量蜂窝面积一处不大于 400cm²，累计不大于 800cm²，不应有孔洞漏筋及缝隙夹渣层。

（7）轴线位移不大于 15mm。

（8）截面尺寸偏差－5～＋8mm。

（9）表面平整度偏差不大于 8mm。

（10）预埋件埋设符合《电力工程建设施工质量验收及评价规程　第 1 部分：土建工程》（DL/T 5210.1—2012）中的相关规定。

4. 填方质量标准

（1）基底处理必须符合设计要求及有关现行标准的规定。

（2）填方土料必须符合现行标准的规定及设计要求。

（3）干密度合格率不小于 90%，不合格偏差不应大于 0.08g/cm³，且不应集中。

（4）顶面标高偏差±5mm。

（5）表面平整偏差不大于 20mm。

2.4　新型基础施工

随着我国风电事业的快速发展，风力发电工程施工技术不断提高和完善，尤其是新型风力发电机组基础结构型式不断涌现，使得风电工程逐步实现造价降低、工期缩短、施工工艺简化等，为风电事业的后续发展提供动力。

目前，国内风电工程中出现的新型风力发电机组基础主要有由传统的钻孔灌注桩发展而来的钻孔扩底灌注桩（简称钻孔扩底桩），对传统灌注桩进行改进的后压浆灌注桩，由板筏基础发展而来的梁板式预应力锚栓基础。下面对以上几种新型基础型式及施工方法作简单介绍。

2.4.1　钻孔扩底桩

2.4.1.1　概述

钻孔扩底桩是在用各种回转钻机正常成孔后，用专门的扩底钻头将其底部扩大，然后下设钢筋笼、浇筑混凝土所形成的灌注桩。钻孔扩底桩的上部呈圆柱形，底部呈圆台形。在桩基设计中，为了增加单桩的桩端承载力，采用扩底桩是一种经济有效的方法。

钻孔扩底桩的扩底方法可分为正循环回转钻孔扩底法、反循环钻孔扩底法和螺旋钻孔扩底法三种。反循环钻孔扩底法适用于可塑至硬塑状态的黏性土、粉土、中密至密实砂土和碎石土层；螺旋钻孔扩底法适用于地下水位以上的一般黏性土、红黏土、粉土、湿陷性黄土和密实的砂土层。正循环钻孔时的泥浆上返流速较小，故只适合在细颗粒地层中扩孔，且扩孔直径较小。另外，装有硬质合金滚刀的扩孔钻头也可在基岩中扩孔。

扩底直径为桩径的 1.5～3.0 倍，最大扩底直径为 4m。桩底扩大头的边坡线与垂直线间的夹角一般不大于 14°，即边坡坡度不小于 4:1。

钻孔扩底桩施工具有以下特点：

（1）只有在稳定地层才能进行扩底。

（2）可以进行单节扩底和多节扩底。

（3）必须使用专门的扩底钻头。

（4）一般钻孔深度较浅。

2.4.1.2 设备和机具

1. 钻机

扩底方法依赖于回转钻进方法，故其使用的钻机与前述回转钻进所用的钻机相同。当采用液压扩孔钻头时，需要增加配套的液压系统。

2. 扩底钻头

目前国内外扩底钻头的类型较多；按扩底刀具的驱动力不同，可分为自重式、油压式、水压式三大类；按扩底刀具的开闭方式不同，有上开式、下开式、滑降式、推出式等类型，其示意如图 2-10 所示。

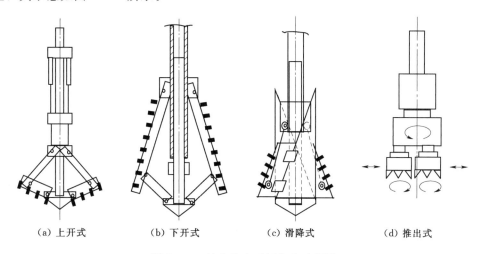

|（a）上开式|（b）下开式|（c）滑降式|（d）推出式|

图 2-10 扩底钻头开闭方式示意图

3. 扩底施工要点

（1）正、反循环回转钻孔桩扩底。

1）扩底钻头的最大扩孔直径应与设计扩底直径一致。当采用自重式扩底钻头时，翼片张开后的高度和坡度还必须与设计扩底形状一致。

2）下扩底钻头之前应检查扩底钻头翼板的张开和收拢是否灵活。

3）扩底钻头下到孔底后，应先保持空转不进尺，然后逐渐张开扩刀切土扩底。

4）扩底速度不宜过快，并注意控制钻机扭矩在钻头强度允许的范围内。

5）扩底时应保持泥浆循环，并适当调高泥浆的密度和黏度，泥浆流量应与排渣量相适应，正循环排渣流量不宜小于 $120m^3/h$；扩底转速一般为 $10\sim20r/min$。

6）扩底完毕后，应继续空转和循环泥浆一段时间，以清除孔底沉渣。

7）黏土、粉土、碎石层扩孔可采用一般刮刀扩孔钻头，卵石和岩石地层扩孔应采用滚刀扩孔钻头。

（2）螺旋钻孔桩扩底。

1）螺旋钻孔扩底桩由桩身、扩大头和桩根组成，如图 2-11 所示。由于螺旋钻孔是干作业，扩孔时的钻渣不能及时排出，故必须在钻孔底部留出一段暂存扩孔钻渣的空间，不能将扩大头置于桩的最底端。

2）用螺旋钻具钻完桩孔后，提出螺旋钻具，将扩底工具下至设计深度的持力层中进

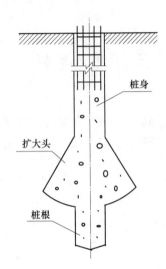

图 2-11　螺旋钻孔扩底桩

行扩底，形成扩大头空腔，扩底时切下的渣土集中到下部的桩根空腔内。

3）把带有取土装置的螺旋钻具下到桩根部位旋转，将集中在此处的渣土取出，清底后再钻深 100mm，桩根应不留虚土。

4）扩底应分次进行，每次剥土量应根据桩根空腔体积确定，满腔后将扩底工具提出，再下螺旋钻具取土。

5）扩底位置和形状，应在钻机设专门标志线进行检查。

6）遇漂石应暂停扩底，待用其他方法取出漂石后再继续扩底操作。

2.4.2　后压浆灌注桩

灌注桩后压浆工法可用于各类钻、挖、冲孔灌注桩及地下连续墙的沉渣（虚土）、泥皮和桩底、桩侧一定范围土体的加固。

2.4.2.1　施工工艺要求

1. 后压浆装置的设置规定

（1）后压浆导管应采用钢管，且应与钢筋笼加劲筋绑扎固定或焊接。

（2）桩端后压浆导管及注浆阀数量宜根据桩径大小设置。对于直径不大于 1200mm 的桩，宜沿钢筋笼圆周对称设置 2 根；对于直径大于 1200mm 而不大于 2500mm 的桩，宜对称设置 3 根。

（3）对于桩长超过 15m 且承载力增幅要求较高者，宜采用桩端桩侧复式注浆。桩侧后压浆管阀设置数量应综合地层情况、桩长和承载力增幅要求等因素确定，可在离桩底 5～15m 以上、桩顶 8m 以下，每隔 6～12m 设置一道桩侧注浆阀，当有粗粒土时，宜将注浆阀设置于粗粒土层下部，对于干作业成孔灌注桩宜设于粗粒土层中部。

（4）对于非通长配筋桩，下部应有不少于 2 根与注浆管等长的主筋组成的钢筋笼通底。

（5）钢筋笼应沉放到底，不得悬吊，下笼受阻时不得撞笼、墩笼、扭笼。

2. 压浆设备

后压浆阀应具备下列性能：

（1）注浆阀应能承受 1MPa 以上静水压力；注浆阀外部保护层应能抵抗砂石等硬质物的刮撞而不致使管阀受损。

（2）注浆阀应具备逆止功能。

3. 注浆施工

浆液配比、终止注浆压力、流量、注浆量等参数设计应符合下列规定：

（1）浆液的水灰比应根据土的饱和度、渗透性确定，对于饱和土水灰比宜为 0.45～0.65，对于非饱和土水灰比宜为 0.7～0.9（松散碎石土、砂砾宜为 0.5～0.6）；低水灰比浆液宜掺入减水剂。

（2）桩端注浆终止注浆压力应根据土层性质及注浆点深度确定，对于风化岩、非饱和黏性土及粉土，注浆压力宜为 3～10MPa；对于饱和土层注浆压力宜为 1.2～4MPa，软土宜取低值，密实黏性土宜取高值。

（3）注浆流量不宜超过 75L/min。

（4）单桩注浆量的设计应根据桩径、桩长、桩端桩侧土层性质、单桩承载力增幅及是否复式注浆等因素确定，其估算公式为

$$G_c = \alpha_p d + \alpha_s n d \tag{2-1}$$

式中　α_p、α_s——桩端、桩侧注浆量经验系数，α_p 取 1.5～1.8，α_s 取 0.5～0.7；对于卵、砾石、中粗砂取较高值；

　　　　n——桩侧注浆断面数；

　　　　d——基桩设计直径，m；

　　　　G_c——注浆量，以水泥质量计，t。

对独立单桩、桩距大于 $6d$ 的群桩和群桩初始注浆的数根基桩的注浆量应按上述估算值乘以 1.2 的系数。

（5）后压浆作业开始前，宜进行注浆试验，优化并最终确定注浆参数。

4. 作业时间

后压浆作业起始时间、顺序和速率应符合下列规定：

（1）注浆作业宜于成桩 2 天后开始。

（2）注浆作业与成孔作业点的距离不宜小于 8～10m。

（3）对于饱和土中的复式注浆顺序宜先桩侧后桩端；对于非饱和土宜先桩端后桩侧；多断面桩侧注浆应先上后下；桩侧桩端注浆间隔时间不宜少于 2h。

（4）桩端注浆应对同一根桩的各注浆导管依次实施等量注浆。

（5）对于桩群注浆宜先外围、后内部。

5. 终止注浆条件

当满足下列条件之一时可终止注浆：

（1）注浆总量和注浆压力均达到设计要求。

（2）注浆总量已达到设计值的 75%，且注浆压力超过设计值。

6. 其他

（1）当注浆压力长时间低于正常值或地面出现冒浆或周围桩孔串浆，应改为间歇注浆，间歇时间宜为 30～60min，或调低浆液水灰比。

（2）后压浆施工过程中，应经常对后压浆的各项工艺参数进行检查，发现异常应采取相应处理措施。当注浆量等主要参数达不到设计值时，应根据工程具体情况采取相应措施。

2.4.2.2　质量检查及验收

后压浆桩基工程质量检查和验收应符合下列要求：

（1）后压浆施工完成后应提供水泥材质检验报告、压力表检定证书、试注浆记录、设计工艺参数、后压浆作业记录、特殊情况处理记录等资料。

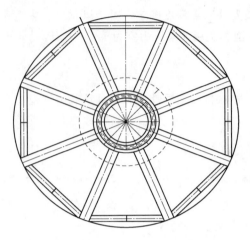

图 2-12　梁板式预应力锚栓基础平面图

（2）在桩身混凝土强度达到设计要求的条件下，承载力检验应在后压浆 20 天后进行，浆液中掺入早强剂时可于注浆 15 天后进行。

2.4.3　梁板式预应力锚栓基础

随着陆上风力发电机组的大型化，而大功率风力发电机组的基础要承受较大的弯矩，基础范围往往比较大，因而悬挑长度大，经济性差。针对传统板式基础在设计、施工、耐久性等方面存在的问题，采用新型梁板式预应力锚栓基础代替传统板筏基础是未来陆上风机基础的主要发展方向。新型梁板式预应力锚栓基础示意如图2-12、图2-13所示。

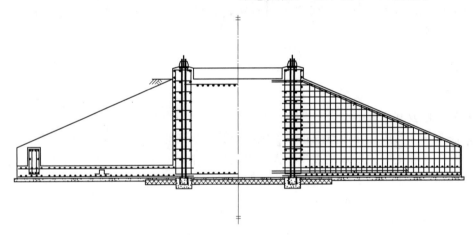

图 2-13　梁板式预应力锚栓基础剖面图

2.4.3.1　优点

梁板式预应力锚栓具有以下优点：

（1）锚栓贯穿基础整个高度，直达基础底板，基础整体性好，无薄弱环节。

（2）采用高强螺栓液压张拉器对锚栓施加准确的预拉力，使上、下锚板对钢筋混凝土施加压力，基础受弯时，混凝土压应力有所释放但始终处于受压状态，不会出现裂缝。

（3）基础墩柱中竖向钢筋几乎不受力，仅需按构造配置预应力钢筋混凝土中的非预应力钢筋。

（4）锚筋和锚栓交叉架设，不影响相互穿插，基础整体性好，施工更便利。

2.4.3.2　梁板式预应力锚栓基础施工工艺

梁板式预应力锚栓基础施工工艺：基础垫层施工→基础防水施工→预埋件埋设→测量放线→地梁钢筋绑扎→底板钢筋绑扎→后浇带止水钢板设置及外墙止水钢板设置（地下部分的）→外墙吊模支设→底板混凝土浇筑→外墙混凝土浇筑。

2.5 基 础 环 安 装 工 程

2.5.1 调节螺栓安装方向

调节螺栓上的螺母可以上下调节，用于调整基础环水平。调节螺栓下设支架，支架按图纸加工。为保证支架刚度，支架须焊接在预埋钢板上。

2.5.2 基础环安装要求

（1）混凝土浇筑完成后，要求基础环顶面在一个水平面内，其误差不超过±1mm，并尽量减小安装误差。

（2）基础底层钢筋绑扎前先安装调节螺栓支架，然后绑扎底层钢筋网，再将调节螺栓与基础环相连，用吊车吊入基坑，放置在调节螺栓支架上。

（3）基础环可靠放置好后，将水平尺放置在基础环上法兰面上，调节下部的调节螺栓，初步将基础环调水平。

（4）绑扎钢筋，包括穿孔钢筋，任何钢筋都不宜与基础环直接接触，任何钢筋的重量都不应作用在基础环上，而应该通过钢筋网自身或架立钢筋放置在垫层上。

（5）全部钢筋绑扎完成及预埋管安装完成后，对基础环进行第一次精确调整，要求采用精密水平尺，对基础环上法兰表面各个部位进行检查，保证各部位的安装误差都达到要求。

（6）分层浇筑混凝土，当混凝土浇筑至基础环下法兰200mm处时，进行第二次精确调整，保证基础环上法兰各部位的安装误差都达到要求。

（7）浇筑基础环四周及内部混凝土时，下料及振捣需十分注意，下料时不得直接对着基础环本体，振捣器也不得直接与基础环接触，施工人员不得站在基础环上，其他施工机械也应避免与基础环相碰。

（8）每铺筑一层混凝土即检查一次基础环平整度，发现误差随时调整。

2.5.3 基础环止水

2.5.3.1 止水材料

第一道止水是指在塔筒与混凝土的接缝处，采用 Sikaflex - 11FC 单组分聚氨酯密封膏，下设直径12mm的泡沫棒。第二道止水是指上层的止水措施，采用两层复合土工膜。

2.5.3.2 施工要求

混凝土浇筑前，应在塔筒外周粘贴一道厚10mm、宽大于20mm的橡皮条，粘贴在混凝土与塔筒的交接处并深入混凝土20mm，待混凝土浇筑完成后，揭去该橡皮条，以形成一个 10mm×20mm 的预留槽。混凝土和钢表面应保持干燥，并清除油污，混凝土表面松散物应用铁刷刷除并用压缩空气吹扫干净。槽底垫直径12mm的闭孔泡沫条。槽内填充聚氨酯密封膏，填充时注意不得夹杂气泡，填充完成后注意养护。混凝土及钢表面清洗干净，然后按要求在接头两侧各200mm范围内铺设二胶二膜（复合土工膜和聚氨酯胶结剂），转角处两边各 30mm 不涂底胶。铺设完成后采用砖护面。每道止水片至少养护 24h 后才允许护砖、填土。

2.6　基础环水平度偏差产生的原因及处理方法

随着风电场的大规模开发，建设过程中的困难和问题也逐步暴露，其中之一就是风力发电机组基础环水平度控制。因风力发电机组属于高耸建筑物，基础环在水平方向上有较小的倾斜都将引起塔筒顶端较大的水平偏心距。根据 1.5MW 风力发电机组的相关参数，可以计算出塔筒顶部的水平偏心距约为基础环竖向最大偏差的 17 倍左右；故基础环安装精度成为各施工单位的一大难点和质量控制重点。

2.6.1　基础环水平度超差的原因分析

2.6.1.1　基础环制造、运输、存放过程中出现的问题

（1）因基础环直径较大，加工工艺相对复杂，在控制水平度上本身就存有一定的困难，在加工时难免会出现一定的加工误差。

（2）基础环在运输、吊装等过程中，因其结构相对简单，往往被粗放型管理，难免因碰撞发生变形，使水平度很难得到保证。

（3）当基础环被搁置在凹凸不平的地面上，因其自重影响，也将发生一定的变形。

2.6.1.2　基础环安装及调平问题

（1）施工前设计考虑不周，使得在软弱地基上修建基础时未对基础环坐落位置进行准确定位，而直接坐落在厚度较薄的混凝土垫层上，在软弱地基上混凝土垫层受基础环和基础的压力发生变形，导致上部基础环变形倾斜。

（2）在施工过程中，当施工人员在进行基础环调试时，没有严格按照设计要求进行调平，或者调平后没有及时校核，或者固定不牢使得浇筑过程中受混凝土侧向压载，都有可能引起基础环水平度超差。

2.6.1.3　基础不均匀沉降出现的水平度超差

造成风力发电机组基础不均匀沉降的原因较多，主要有以下几类：

（1）"阴阳"地基。由于选址及地勘工作的局限性，使风力发电机组基础坐落于所谓的"阴阳"地层，基础承台出现不均匀沉降，致使基础环水平度超差。

（2）地基处理欠密实。当风力发电机组基础条件较差时，一般通过基础处理达到设计要求的基础强度，但因处理方案及碾压手段的局限性，都将造成地基处理欠密实的状况，从而使风力发电机组基础混凝土浇筑完成后发生再次沉降及不均匀沉降，使基础环水平度超差。

（3）周围施工对地层的影响。当临近道路等进行施工或工地重载车辆来回跑动时，风力发电机组基础周围往往有振动荷载存在；而原先固结的土层在这些振动荷载的作用下可能发生再次固结，从而引起土层的再次沉降，导致不均匀沉降，使基础环水平度超差。

（4）地下建筑物影响。由于勘探工作的局限性，有可能使风机基础坐落于地下建筑物之上，如地下工事、地下岩洞等，随着地面建筑物的施工，使地层发生徐变，导致风力发

电机组基础发生不均匀沉降，使基础环水平度超差。

2.6.2 基础环水平度纠偏方法

当风力发电机组基础混凝土浇筑完成后，发现基础环水平度超差超过设计容许值时，采用凿除重建显然对工期要求和经济效益来说都是不可取的，应按照设计要求对基础环或者塔筒进行严格处理，以保证风力发电机组塔筒的最终竖直度。目前，风力发电机组基础环水平纠偏普遍采用打磨基础环上法兰和打磨底段塔筒下法兰或配对加工法兰垫圈两种处理方法。

2.6.2.1 打磨基础环上法兰

打磨基础环上法兰，对绝对高差小于5mm的基础环采用人工打磨，满足打磨后基础环的水平度小于±2mm的设计要求。具体打磨方法如下：

（1）复测数据，在基础环法兰面上分24等分，内外划线确定打磨量。

（2）用刚玉砂轮人工粗打磨留线，保持好打磨面平整度。

（3）测量水平面，每点做好记录后进行细打磨，确保达到水平度要求的基准面。

（4）以24个基准面为基准打磨其他平面，反复测量打磨以达到水平度要求，同时注意保持好内倾角。

2.6.2.2 打磨底段塔筒下法兰或配对加工法兰垫圈

对绝对高差5～10mm的基础环采用在工厂加工方式，一对一地配对加工塔筒下法兰或单独加工法兰垫圈，这样可达到"基础环的水平度小于±1.5mm安装标准"，或更高的标准。具体处理方式如下：

（1）根据现场基础环法兰的水平度测量，确定塔筒下法兰或法兰垫圈加工尺寸并一对一地编号，将编号标示在加工图上。

（2）加工后的塔筒下法兰或法兰垫圈连同塔筒运到现场合配在基础环上法兰上，穿上8只螺栓并拧紧（以法兰外侧完全密闭为准），为保证下部塔筒安装方便，必须检查所有螺栓孔是否能方便穿螺栓。

（3）测量塔筒下法兰上表面水平度，满足要求后开始对其他螺栓拧紧作业。

（4）由于塔筒下法兰或法兰垫圈做了特殊加工，理论上应对法兰的结合面有轻微倾斜，建议对法兰面仍采用钢质修补剂替代普通密封胶，以增加法兰结合面的摩擦力和稳定性能。

由于风力发电机组是一个动态设备，在对原塔筒改变尺寸或者加了垫圈后，对整体是有影响的，任何对原有基础环和塔筒的改变需要征得风力发电机组厂家的复核与同意才能进行下一步的吊装。对基础环的纠偏属于事后措施，作为基础施工方，应该把技术和管理力量放在事前和事中控制，防止基础环水平度超过偏差。

第3章 潮间带风力发电机组基础施工技术

潮间带为多年平均大潮高潮位以下至理论最低潮位以下 5m 水深内的海域，在此区域之间建设的风电场工程，无论是运输方案、基础施工方案，还是风力发电机组吊装方案，都与陆上及海上风电场不同。根据对潮间带区域施工条件的研究，以及对已有潮间带工程施工经验的总结，本章对潮间带风电场工程的施工特点及难点作出了总结，对单桩基础、导管架基础、低桩承台群桩基础、高桩承台群桩基础等几种典型潮间带风力发电机组基础施工技术进行简要介绍。

3.1 潮间带风电场的施工特点

（1）海上潮间带施工受潮汐及天气影响。潮间带工程施工受涨落潮影响大，潮间带大部分区域往往涨潮有一定的水深，落潮则露滩，且场区内水深不断变化，对施工船舶设备有不同程度的影响；施工区域风浪大、流态复杂，据收集的海上天气相关资料显示，海上平均风力在 6～7 级以上，对海上施工影响较大。

（2）施工机械设备的选择和改造复杂。与陆上风电场和海上风电场相比较，其地理位置处于潮水涨落区域之间，频繁的涨落潮和与之对应的短时间的有水和露滩状态，常规的陆上和海上施工机械均难以完全适应其工作环境；所以对于潮间带风电场的施工，施工机械设备的选择和改造是施工方案中的重点。

（3）施工船舶及与之配套船舶多。对于潮间带风电场的施工，钢结构基础承台需配套各种专业性强的施工船舶，且为之配套的辅助船舶较多。单台风力发电机组基础承台按流水线作业需配备 4～5 艘作业船舶，单台基础施工作业面小，所以需要合理地组织各施工船舶定位、抛（起）锚、移位等。

（4）潮间带施工情况复杂。潮间带施工受到各种海上不利条件，如潮、浪、风等限制，年有效工作日不到一半，施工进度的控制将面临较大的挑战。

3.2 潮间带风力发电机组基础概况

国外海上风电起步较早，20 世纪 90 年代起就开始研究和建设海上试验风电场，2000 年以后，随着风力发电机组技术的发展，风力发电机组的单机容量迅速发展，机组可靠性也进一步提高，大型海上风电场开始出现。目前，在国内，随着近几年对海上风电的研究开发，江苏沿海已经有规模化的潮间带风电场建成，积累了宝贵的经验，可以为将来的潮间带风电场建设所借鉴。在潮间带风电场建设的研究中，应吸取国外海上风电场的建设经验以及国内外潮间带或近海的码头、桥梁、导管架平台等建筑物的设计和施工经验。本章仅对几种典型潮间带风力发电机组基础进行简要介绍。

3.2.1 单桩基础

单桩基础为国外近海风力发电机组基础的最常用结构型式，其结构相对简单，主要由一根钢管桩及连接段组成。在基础与塔筒之间的连接段钢管四周设置靠船设施、钢爬梯及平台等，连接段钢管顶面设有风力发电机组塔筒的预埋法兰系统。

单桩基础结构型式为：用单根直径 4.0～6.0m 钢管桩定位于海底，承受波浪、海流荷载及风力发电机组塔筒传递的风荷载，入土深度约 30～50m（根据基础承受荷载和地基承载能力确定），桩顶与连接段钢管通过高强灌浆进行连接，连接钢管与上部塔筒通过法兰系统进行连接，连接长度约为（1.3～1.5）D（D 为桩径）。连接段顶部需要同上部塔筒通过法兰连接，为方便连接，将连接段直径设计成与上部塔筒底直径一致，但此时与连接段相配套的桩径不一定能满足设计要求，故可设置一段变截面锥管。单桩基础示意如图 3－1 所示。

图 3－1 单桩基础示意图

为防止桩周冲刷，沿单桩轴线约 10～15m 半径范围内进行抛石处理。

3.2.2 导管架基础

导管架基础在海上石油平台、海上灯塔建设中已得到广泛应用，据了解，我国在渤海、东海水深 15～80m 海域设立的海上石油导管架结构，均采用此类基础。在近海风电场基础设计领域，当单机容量较大、水深较深时，也有采用导管架基础型式的实例。桩数量一般采用三、四、五、六桩为宜，这里以三桩导管架基础为例进行介绍。

拟定的三桩导管架基础结构方案为：用 3 根钢管桩定位于海底，3 根桩呈正三角形均匀布设，桩顶通过钢套管支撑上部三角架式结构，构成组合式基础。三桩导管架承受上部风力发电机组塔架荷载、波浪、水流等环境荷载及自重，并将所有荷载通过斜撑钢管传递给 3 根垂直打入海底的钢管桩，3 根桩沿直径 18～30m 的圆周均匀分布，桩径 1.8～3.0m，入土平均深度根据上部风力发电机组荷载和下部地质参数确定。钢管桩与钢套管的环形空间内通过高强灌浆材料连接。三桩导管架基础的概念图及实物图如图 3－2 所示。

3.2.3 低桩承台群桩基础

低桩承台群桩基础即群桩式低承台墩柱式基础，基础上部为现浇混凝土墩柱结构，墩柱直径为 5.0～6.5m，其顶部为满足抗冲切要求及与风力发电机组塔筒基础环固端连接的需要，直径扩大至 6.0～7.0m；墩柱以下为圆盘形现浇混凝土承台结构，承台底面直径为 18.0～25.0m，承台边缘一般埋设于泥面以下 1～2m 深度，承台将墩柱传递的上部结构

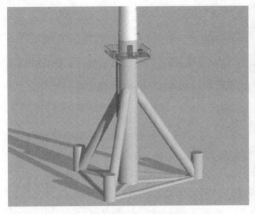

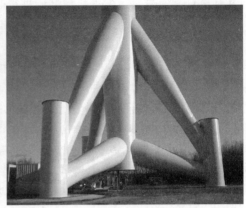

（a）三桩导管架基础概念图　　　　　　　　　　（b）德国某三桩导管架基础

图 3-2　三桩导管架基础

荷载及自重等荷载作用传递给底部的桩基。低桩承台基础概念如图 3-3 所示。

桩基均匀布置于承台底，与承台固端连接，形成承台、桩、土共同受力，按典型的 3MW 风力发电机组荷载、直径 800mm 的 PHC 桩初步计算，共采用约 40～50 根桩，桩长根据土层形状，按单桩承载力确定。

图 3-3　低桩承台基础概念图　　　　　图 3-4　高桩承台群桩基础概念图

为防止基础周边冲刷，自承台边沿往外约 5.0m 圆周范围内采用抛填块石和碎石防护。

3.2.4　高桩承台群桩基础

高桩承台基础即群桩式高承台基础，是海岸码头和桥墩基础的常见结构，由基桩和承台组成。承台一般为现浇高性能海工混凝土圆盘形结构，直径与风力发电机组塔筒一致的连接段钢管位于承台中心，底端通过基础环埋入承台混凝土中，以保证与承台的固端连接。

采用 6～8 根直径为 1.4～2.2m 的钢管桩，桩径、桩长根据上部风力发电机组荷载和地质参数计算确定。为提高结构的水平刚度，钢管桩一般拟采用 8:1～5:1 的斜桩。高桩承台群桩基础概念如图 3-4 所示。

3.3 低桩承台基础施工

3.3.1 低桩承台施工方案的特点

低桩承台基础施工工序较复杂，施工需要围堰，周期长，但施工难度较小，单根桩的直径和重量均较小，在潮间带运输和打桩难度小，混凝土浇筑施工技术成熟、防腐性能较好，低桩承台基础用钢量最小。低桩承台基础示意如图3-5所示。由于低桩承台基础需大量的围堰周转材料、大量承台钢筋混凝土结构材料需水上运输进场，同时承台施工需设置临时止水围堰。由于止水围堰施工周期较长、需要作业面较多，所以该方案更适用于近岸潮间带。低桩承台基础结构借鉴了陆上风力发电机组基础的设计，可以大量节省钢材，混凝土施工工艺成熟。若设计合理，可有效解决潮间带运输、围堰等问题，该方案为较经济稳定的基础方案。

低桩承台的施工方案包括钢板桩围堰挡水施工方案、筑岛施工方案等。其中筑岛施工方案需要大量的土方运输，提高了现场施工成本。下文仅对当前适宜的钢板桩围堰挡水的施工方案进行研究分析。

图3-5 低桩承台基础示意图

3.3.2 施工工艺流程

低桩承台基础施工在潮间带区域时，可采用浅吃水船机搁浅坐滩施工工艺；遇上浅滩区域，海床面较高，船舶乘潮亦难以就位时，则经施工挖泥后，也可采用浅吃水船机搁浅坐滩施工工艺。PHC桩采用浅吃水的起重船或者浅吃水驳船上载履带式起重机起吊，配置柴油或液压打桩锤进行打桩作业；承台混凝土可通过浅吃水混凝土搅拌船或浅吃水驳船上配备混凝土搅拌站实现，采用泵送混凝土浇筑；基础施工时采用钢板桩围堰挡水，变水中施工为干地施工。

低桩承台基础施工工艺流程如图3-6所示。

3.3.3 PHC桩的施工

3.3.3.1 PHC桩的制作

低桩承台基础的PHC桩混凝土强度等级为C80，采用先张预应力离心成型，经过常压蒸汽养护和高压蒸汽养护工艺。近年来，由于生产工艺的进步，PHC桩的直径最大可达到1.2m，在江苏沿海潮间带，从打桩可行性、经济性与PHC桩的供应上考虑，优先

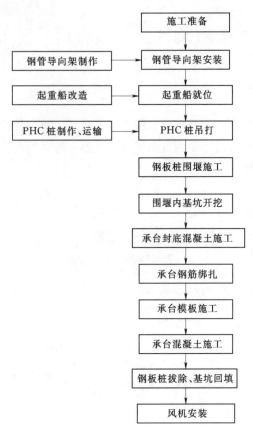

图 3-6　低桩承台基础施工工艺流程图

采用直径 800mm、1000mm 规格的 PHC 桩。

为保证在潮间带工程区域上进行风力发电机组基础施工的连续性和进度，临时生产区内设置管桩堆场，PHC 管桩从预制厂运输至生产区内的堆场进行临时储备。考虑打桩设备的能力、运输的便利性及起吊作业时桩身强度的需要，建议长度 15m 以下的 PHC 桩在工厂完成预制后运输至施工现场或运至岸边施工基地储存，长度 15m 以上的 PHC 桩在现场接桩处理。制作现场如图 3-7 所示。

3.3.3.2　PHC 桩的运输

潮间带风电场由于具有地基承载力低的特点，且一日两潮，有水无水状况交替出现，运输材料设备及施工作业受潮水影响较大。故现阶段，较为成熟的方式是采用浅吃水平底驳船，趁高潮位时运输 PHC 桩管桩进场。

因目前国内常规的拖轮吃水较深，平底驳船的拖航建议采用小型锚艇实现，兼起拖航及抛锚的功能。在机位之间的移动，若条件受限时，也可采用锚艇抛锚后，涨潮后绞锚的方式移动船舶位置。

3.3.3.3　PHC 桩沉桩作业

1. 工艺流程

打桩作业程序为：测量定位→桩机就位→复核桩位→吊装插桩→锤击沉桩→接桩→再锤击沉桩→送桩→终止压桩→沉桩质量检测→管桩内充填一定长度的桩芯混凝土。

2. 沉桩作业

目前，国内近海风电场或其他水上作业常用的打桩设备为专业的打桩船。专业的打桩船在甲板的端部装有打桩架，打桩就位前抛锚固定船位再进行沉桩作业。某码头 PHC 桩沉桩施工现场如图 3-8 所示。

针对潮间带场区的特点，一般大型打桩船吃水深度过大，难以进入潮间带场区；且有相当一部分打桩船不能满足坐滩沉桩的要求，仅有极少数的浅吃水打桩船可适宜于 PHC 桩的打桩作业。另外，亦可对平底方驳进行适当改造，配备柴油或液压打桩锤的方式进行打桩作业。潮间带 PHC 桩沉桩示意如图 3-9 所示。

为减少桩基之间的相互影响，打桩顺序建议先内圈后外圈，同圈内打桩时宜跳打。桩长为 15m 以内的短桩不需接桩，超过 15m 的长桩建议采用钢端板焊接法进行接桩处理，接桩时下段管桩桩顶超出滩面 1m 左右即可。管桩接头处外露钢圈采用环氧粉末涂层防

（a）清模、装笼

（b）质量检验

（c）钢筋笼制作

（d）成品堆放

图 3-7 PHC 桩制作现场

腐，以保证接桩处的耐久性。

3.3.4 现浇混凝土承台施工

低桩承台基础的承台为现浇混凝土结构，起连接上部塔筒与底部桩基的作用，可将上部载荷传递给底部的桩基础。但混凝土现场浇注受海水、潮汐的影响，必须要建造围堰挡水，变水下施工为干地施工。

目前，在桥梁深水基础修建中，钢板桩围堰是较为常见的一种施工围堰。在潮间带风电场修建中，相对筑岛施工方法，钢板桩围堰更为方便、快捷。

图 3-8 某码头 PHC 桩沉桩施工现场

3.3.4.1 工程实例

在国内桥梁基础施工中，钢板桩围堰应用相当广泛。图 3-10 为某桥梁承台钢板桩围堰的设计图，图 3-11、图 3-12 为钢板桩围堰施工现场图。

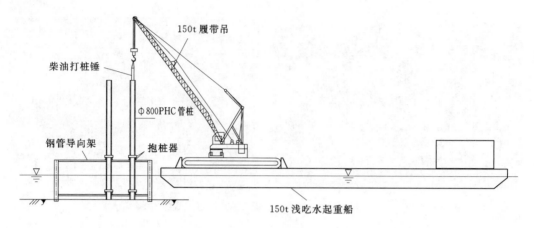

图 3-9　潮间带 PHC 桩沉桩示意图

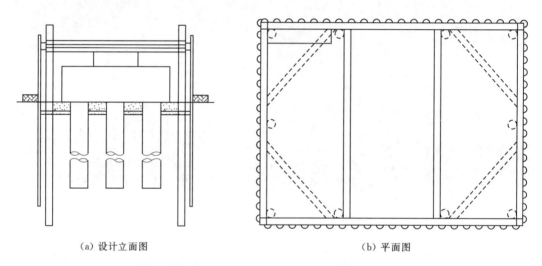

（a）设计立面图　　　　　　　　　　　（b）平面图

图 3-10　某桥梁承台钢板桩围堰设计立面与平面图

图 3-11　京沪高铁某桥梁钢板桩围堰　　图 3-12　郑州黄河大桥钢板桩围堰施工

3.3.4.2　施工临时围堰的设计与施工

1. 围堰设计防潮标准

围堰设计防潮标准参考《海上风电场工程施工组织设计技术规定》（NB/T 31033—

2012），潮间带风电场工程围堰为单个基础围堰，围堰级别为 5 级。采用钢板桩围堰时，防洪潮位重现期为 5 年。

堰顶高程按重现期分时累计频率为 1‰高潮位＋累计频率为 1‰设计波高＋安全超高确定。

2. 钢板桩围堰设计

根据沿海潮间带的水文条件、地基土体物理力学，结合钢板桩性能，经强度、变形计算分析，大部分区域所需钢板桩桩长为 15～18m，平面圆形或方形布置，视钢板桩围堰的高度设置 1～2 层角撑系统。

钢板桩围堰分热轧钢板桩围堰和冷弯钢板桩围堰两种型式，二者性能差异较大。热轧钢板桩由于一次成型，添加合金元素能显著增加钢板桩尤其是转角、锁口处的力学抗弯性能及抗腐蚀能力；其锁口小、锁口间隙也小，在受力后能紧密贴实，显著减小锁口渗水量；且热轧工艺稳定，生产出的锁口形状规则，尺寸偏离小，垂直度较好，施工容易，打桩阻力小，锁口平顺，不脱口。而冷弯钢板桩由于受到弯曲机械及弯折应力的影响，恶化了转角、锁口处材质，无法生产高强度的冷弯板桩；耐腐蚀性较差；其锁口由于受到冷弯机械及钢材最小弯心半径的限制，与热轧钢板桩相比，锁口间隙大很多，止水效果较差，在水头作用及长期渗透下，很多土颗粒会从锁口中漏出而引起地面沉降；冷弯因工艺原因，锁口尺寸偏差大，桩垂直度控制难度大，弯曲偏差大，打桩阻力大，打桩偏差控制难度大，锁口咬合困难。故工程所需钢板桩围堰选用热轧钢板桩进行施工。

热轧钢板桩主要分为 U 形、Z 形、直线形、Ω 形，如图 3-13 所示。Z 形、直线形、Ω 形钢板桩的生产、加工及安装较为复杂，价格较 U 形围堰高出约 1/3，欧美使用较多。综合考虑前述因素，建议采用 U 形钢板桩。

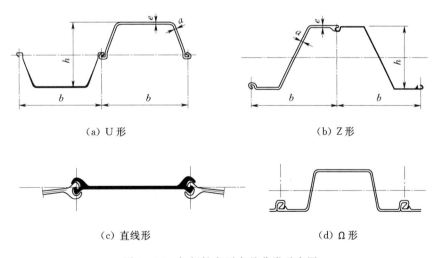

(a) U 形   (b) Z 形

(c) 直线形   (d) Ω 形

图 3-13 钢板桩主要产品分类示意图

3. 钢板桩围堰的施工

钢板桩围堰的施工工序：施工准备→定位测量→导框安装→钢板桩逐根插打→围堰合拢→围堰支撑安装。

钢板桩检查合格后，采用浅吃水平底驳船运输进场，由驳船上预先配备的液压振动沉拔桩锤进行沉拔桩作业。钢板桩采用单根插打法。

在施工混凝土承台的施工过程中，应对钢板桩支撑系统进行监测；主要监测支撑的变形、钢板桩的变形、基坑内流动水量及围堰的位移、抽水深度的控制等。

图3-14　钢板桩围堰施工示意图

钢板桩的拔除与插打的工序相反，钢板桩拔桩前，从下到上依次拆除内支撑。选择一块较易拔除的钢板桩，用液压钳配合振拔桩锤先振动几分钟，再慢慢向上拔起，不可硬拔；如不易拔起，反复几次拔起插打即可拔除钢板桩。现场施工如图3-14所示。

3.3.4.3　承台施工流程

1. 基坑开挖

钢板桩围堰施工和承台基坑土方开挖同时进行，待承台基坑封闭抽水后再人工清理至设计开挖面。

2. 施工工艺流程

混凝土浇筑建议采用浅吃水混凝土搅拌船或者浅吃水平底方驳上配置搅拌站组成混凝土搅拌系统，采用泵送混凝土浇筑。

混凝土浇筑方式为薄层连续浇筑，承台混凝土浇筑的施工工艺为：浇筑仓面准备（立模、绑扎钢筋）→混凝土搅拌船就位→一期混凝土输送入仓→振捣→养护→二期混凝土仓面准备（表层凿毛、立模、绑扎钢筋）→混凝土搅拌船复位→二期混凝土输送入仓→振捣→养护→拆模→质量检查→修补缺陷。

混凝土在养护到设计龄期并验收合格之后，进行环氧树脂防腐涂层的施工。在防腐涂层达到设计强度后进行基础的土方分层回填并压实。

3.4　导管架基础施工

3.4.1　导管架基础施工特点及难点

导管架基础是海上风电场中应用较为广泛的一种基础型式，上部导管架由专业厂家制作、拼装、防腐处理、检测后，再采用船舶整体运至潮间带施工现场，起重设备进行起吊安装。导管架与钢管桩之间一般通过高强灌浆材料或焊接的方式进行连接。导管架基础的优势在于海上施工工序较少，工期较短，临时工程量较少，且施工船机配备较少等。

根据施工流程的不同，导管架基础可采用"先放导管架后打桩"或"先打桩后放导管架"的施工工艺。"先放导管架后打桩"的施工工艺即导管架运至现场，在机位处海床进行适当整平、加固处理后，放置导管架，在通过导管之间的孔位往下打桩，"先打桩后放导管架"的施工工艺则指先根据设计位置测量定位后打桩，再将运至现场的导管架套接于钢管桩上部。两种方式均可行，因考虑到"先放导管架后打桩"的方式海床面整平及导管架调平的工作量要大一些，故这里建议在潮间带风电场施工时采用"先打桩后放导管架"的方式；但在近海海域则应针对具体情况，进行方案比选确定。

考虑到两种方式对打桩精度要求均较高，有条件时建议采用液压打桩锤打桩。若采用柴油打桩锤，尤其注意对打桩精确度的控制，否则容易对导管架造成损伤或导管架无法套接安装的情况。

根据桩基数量，导管架基础可分为三桩、四桩、五桩、六桩导管架基础。桩数过多则施工较麻烦，且精度更难控制。图 3-15 为三桩导管架基础形式示意图。

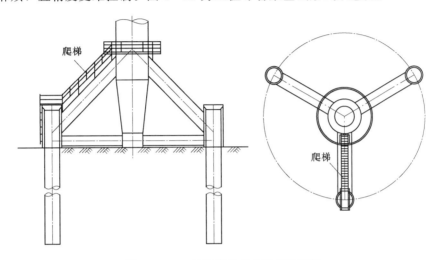

图 3-15 三桩导管架基础形式示意图

目前，国内已有潮间带试验风电场实施导管架基础施工的经验，且国内海洋石油天然气行业中，导管架基础应用非常广泛。据统计，我国东南沿海及渤海油田 15～80m 水深内的石油平台基础基本采用导管架基础。国内能制作、生产大型海上导管架结构的厂商主要有中国海洋石油总公司、中国石油天然气集团公司、上海振华重工（集团）股份有限公司、各大型造船厂等。且国内具备与之相配套的大型起重、运输、打桩船舶设备及施工经验，在对潮间带风电场及导管架基础特性深入了解后，从施工技术上讲是完全可以满足风力发电机组基础施工要求的。

3.4.2 导管架制作

导管架主要由大直径钢管构成，应采用适应其特性的适当的加工设备和程序制作。制作时，需选择合适的制作程序，特别是对节点处的处理尤应注意，制作过程中应尽可能避免高空作业，确保安全和质量。

导管架制作流程示意如图 3-16 所示，其制作现场如图 3-17 所示。

导管架制作一般应遵循以下程序进行：

（1）钢管卷制。导管架主筒体、各连接撑管、桩套管为主受力构件，均应采用直缝焊管或无缝钢管，不可使用螺旋缝焊管，焊缝应与母材等强，并满足相关技术要求。

（2）切割。

（3）拼装。

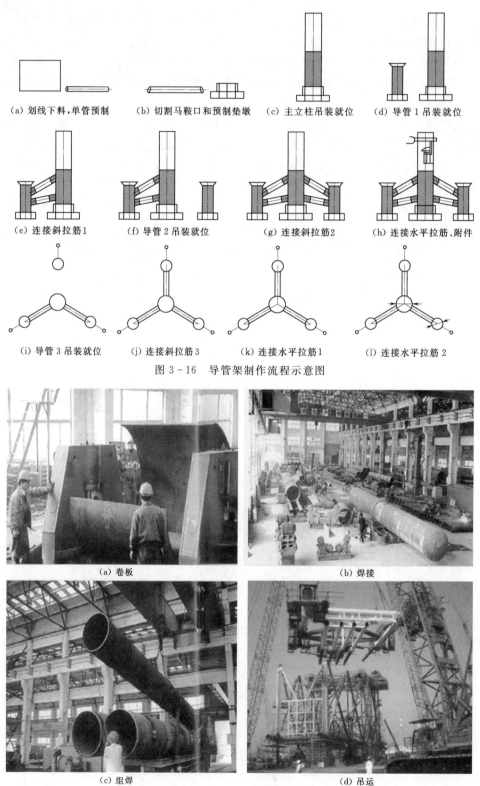

（a）划线下料，单管预制　　（b）切割马鞍口和预制垫墩　　（c）主立柱吊装就位　　（d）导管1吊装就位

（e）连接斜拉筋1　　（f）导管2吊装就位　　（g）连接斜拉筋2　　（h）连接水平拉筋、附件

（i）导管3吊装就位　　（j）连接斜拉筋3　　（k）连接水平拉筋1　　（l）连接水平拉筋2

图3-16　导管架制作流程示意图

（a）卷板

（b）焊接

（c）组焊

（d）吊运

图3-17　导管架结构制作现场图

（4）焊接。导管架各构件焊接应在工厂内完成，焊接环境温度应大于 0℃（低于 0℃时，需在施焊处两侧 200mm 范围内加热到 15℃以上或再进行焊接施工），相对湿度小于 90％，且焊接工作区应采取适当的措施防风、防雨。

（5）防腐处理。在进行防腐处理前需要对钢结构表面进行处理以达到涂装要求，防腐油漆可采用环氧类重防腐涂层。可优先采用专门针对海上工程的改性环氧防腐油漆。

（6）焊缝检测。焊完的焊缝均需经过在线连续超声波自动伤仪检测，保证 100％的螺旋焊缝的无损检测覆盖率。若有缺陷，自动报警并喷涂标记，生产工人依此随时调整工艺参数，及时消除缺陷。

（7）防腐涂层检测。防腐涂层检测应按相关标准规范中规定的方法进行涂膜针孔检测，针孔数不应超过检测点总数的 20％。当不符合上述要求时，应进行修补。

3.4.3 钢管桩制作

根据施工工艺的不同，在国内，钢管桩的卷制可通过直缝卷制，自动埋弧焊或气体保护焊焊接而成。考虑到潮间带风电场风力发电机组基础的重要性，钢管桩卷制完成后，应对焊缝进行 100％超声波（UT）探伤检测，对超声波检测发现有缺陷的焊缝应进行 X 射线检测，有必要的情况下，还应抽样进行磁粉检测（MT）或涡流检测（ET）。钢管桩制作示意如图 3-18 所示。

（a）瓦片

（b）卷板

（c）焊接

（d）组节

图 3-18（一） 钢管桩制作示意图

（e）防腐　　　　　　　　　　　　　（f）漆膜检查

图 3-18（二）　钢管桩制作示意图

钢管桩制作完成后的储存、转运过程中，应注意对其表面防腐涂层的保护，一般不允许直接接触硬质索具，存放过程中底层地垫物应尽量采用柔性地垫物，防止因硬质垫层导致涂层受损。

3.4.4　钢管桩沉桩

钢管桩吊打沉桩示意图如图 3-19 所示。打桩可以采用桩架上配置柴油或液压打桩锤打桩，可用浅吃水起重船配液压振动锤进行吊桩、插桩、振动下沉，待桩站稳后，换柴油打桩锤进行沉桩。

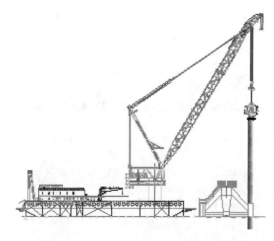

图 3-19　钢管桩吊打沉桩示意图

目前国内打桩船上一般均配备 GPS 打桩定位系统，打桩过程中，根据接收到的坐标数据通过专业软件处理后，直接显示在电脑显示屏上，实现人机对话。可事先将钢管桩中心坐标输入电脑中，工作人员可以根据电脑显示的数据实时指挥移船就位，达到精确定位的目的，该系统目前应用非常广泛。若采用平底驳船改造以满足潮间带打桩作业需要，亦可考虑配置类似 GPS 打桩定位系统。

打桩定位的目的是通过测定桩身的位置、方位和倾斜度，一般是在船体上安装三台 GPS（RTK）接收机（流动站）和一台倾斜仪以确定船体的位置和姿态，进而可确定船体上桩的位置，从而实现对桩的定位和定向。

导管架基础沉桩一般以桩端标高控制为主，并以贯入度控制为辅。建议在潮间带风电场开发前，制定打桩平面位置、高程、垂直度等控制标准及验收标准。

3.4.5 导管架安放

这里建议的"先打桩后放导管架"的施工工艺，导管架的安放相对简单，主要是针对导管架的结构特性、重量、重心位置设计好吊点，选择好起重设备，布置好揽风绳，并做好施工组织与人员布置，在预起吊后即可正式起吊安装。

为使导管架基础顶面达到上部风力发电机组运行要求的水平度，在钢管桩沉桩、导管架安装完成后，均要进行调平。可通过导管架的导管结构与钢管桩之间的调节螺栓、液压千斤顶或其他调平设施进行调平，以调整至规定的水平度。调平装置根据具体的潮间带风电场项目、施工承包方、施工船舶机具等经比较研究确定。

3.4.6 桩基与导管架之间的连接

导管架作为连接桩基与上部塔筒之间的连接段，与塔筒之间一般通过法兰及一系列螺栓连接，目前这种连接方式工艺成熟、施工简单便捷。但导管架与桩基之间的连接则要相对复杂一些，可采取焊接或灌浆连接。

焊接是一种传统的施工工艺，即导管架与桩基就位后，通过型钢、钢板等将导管架与钢管桩现场焊接连接起来，这种方式连接牢固、可靠；但缺点比较明显，现场焊接质量不易保证，作业条件差，且对防腐涂层产生破坏。灌浆连接是海洋工程中近20年采用较多的连接方式，指钢管桩与导管之间的环形空间内通过灌注高强灌浆材料，待材料固化后，即将两者牢固连接为整体，同时该方式可修补钢管桩在施打后产生的垂直度偏差。灌浆施工由驳船上所载的灌浆泵高压泵送灌注专用的灌浆材料，灌浆作业前，应进行原材料作业和配合比设计，并进行相关的试验工作。导管架的导管外侧装有灌浆管，灌浆管从导管的下部通入导管与钢桩的环向间隙内，环向间隙下端用密封圈进行密封，灌浆泵及浆体搅拌机置于工作船上。灌浆时用高压软管将灌浆泵与导管架导管外侧的灌浆管连接，开动灌浆泵直至浆体从导管上端溢出为止。

3.5 单 桩 基 础 施 工

3.5.1 单桩基础施工特点及难点

单桩基础是目前在欧洲应用最为广泛的一种风力发电机组基础型式，其优点主要为结构简单、受力特征明显，主要钢结构加工均在工厂完成，施工质量易保证，海上施工工序较少、施工快捷、工期短，经济性好，单桩基础形式示意如图3-20所示。但在国内应用较少，除杭州湾大桥、苏通大桥的钢护筒以及少量风力发电机组基础采用单桩基础外，其他领域几乎没有应用；因需要进一步解决打桩设备问题及关键施工技术。

单桩基础施工主要难点：钢管桩尺寸、重量大，在潮间带风电场中起吊、运输难度较大；对打桩设备要求较高。一般采用大功率液压打桩锤进行打桩，目前这种超大型液压打桩锤主要由荷兰的IHC公司、德国的MENCK公司等生产，采用的运输、安装船舶均为浅吃水坐滩施工船舶、并配备抱桩式扶正导向装置以控制打桩的垂直度。

图 3-20　单桩基础示意图

3.5.2　单桩制作

国内能制作、生产单桩基础结构的厂商主要有中国海洋石油总公司、中国石油天然气集团公司、上海振华重工（集团）股份有限公司、各大型造船厂及部分塔筒生产厂家等。2010 年上半年，上海振华重工（集团）股份有限公司刚完成英国 Great Gabbard 风电场单桩基础及上部连接段的制作，并运至英国的交付港口。随着国内潮间带风电场及海上风电场的发展，以及单桩基础的优势不断发掘，还会有更多有能力的钢结构生产企业投入到超大型钢管桩的生产中。图 3-21 为典型的单桩基础制作情况。

3.5.3　单桩沉桩

沉桩前，首先对机位处进行探海，检查风电场场区内尤其是各机位处是否有干扰性的因素，如海底管线、养殖场、孤石等。

（a）单桩基础板带制作

（b）单桩基础各板块焊接

（c）单桩基础防腐涂层涂装

（d）单桩基础的连接段制作完毕

图 3-21　单桩基础制作示意图

当单桩基础由驳船或其他浅吃水运输船乘潮运至安装点后，通过起重设备进行起吊，并通过扶正导向结构夹紧桩身，调平扶正后，单桩可在自身重量的作用下插入海床一定深度，桩顶的液压打桩锤放置后，锤重亦可让单桩基础下沉一定的深度。在正式打桩前，应采用小功率轻打，并在打桩过程中，随时监测桩身的垂直度，再逐步加大功率至额定功率打桩。

目前，可施打潮间带风力发电机组的单桩基础（直径4～6m）的超大型液压打桩锤仅荷兰的IHC公司、德国的MENCK公司可生产，造价较为昂贵，国内仅有少数几家大型施工企业购进了此种设备。这种打桩设备打桩能量大、效率高，且打桩过程中，可实现无级调节，完全根据实际需要调节打桩的能量。

考虑到单桩基础目前缺乏施工经验，建议在潮间带风电场项目实施时，着重控制钢管桩的垂直度，尤其是靠自重、锤重自沉一定深度以及开始打桩的初期，垂直度控制相对容易，且初期的垂直度控制对于控制桩身最终垂直度的敏感性非常大。一旦发现倾斜超过允许值，应立即停止沉桩，上拔，通过抱桩扶正装置进行纠偏。

3.5.4 上部连接段钢套筒的施工安装

单桩基础上部连接段套筒外套在基础钢管桩外侧，连接段钢管顶面设有塔筒的预埋法兰系统。连接段可利用浅吃水驳船载起重设备进行起吊安装，未来也可采用目前正在研发的浅吃水起重船或两栖起重设备进行起吊安装。

连接段安装完成后，通过钢套管连接段与钢管桩之间的细微调节装置进行细部调整至设计要求精度。

3.5.5 桩基与连接段钢筒的连接

桩基与连接段的连接方式有多种，如焊接、法兰螺栓连接、灌浆材料连接等。焊接是一种传统的施工工艺，即连接段与桩基就位后，通过型钢、钢板等将连接段与钢管桩现场焊接连接起来，这种方式连接牢固、可靠，但缺点比较明显，现场焊接质量不易保证，作业条件差，且对防腐涂层产生破坏。法兰螺栓连接即通过螺栓将连接段与钢管桩进行连接，这种方式对螺栓拧紧操作要求高，且现场施工时间较长。目前，灌浆材料连接方式在国外采用最广泛，指钢管桩与导管之间的环形空间内通过灌注高强灌浆材料，待材料固化后，即将两者牢固连接为整体，同时该方式可修补钢管桩在施打后产生的垂直度偏差。塔筒连接钢管内侧装有灌浆管，灌浆管从套管的下部通入套管与钢桩的环向间隙内，环向间隙下端用密封圈进行密封，灌浆泵及浆体搅拌机置于工作船上。灌浆时用高压软管将灌浆泵与连接钢管内侧的灌浆管连接，开动灌浆泵直至浆体从导管上端溢出为止。

3.6 高桩承台基础施工

3.6.1 高桩承台基础施工特点及难点

高桩承台为海岸码头和桥墩基础的常见结构，由基桩和承台组成，承台为现浇混凝土，基桩为钢管桩，桩径为较常规的 1.4～1.8m。高桩承台基础施工难度相对较小，上部混凝土承台比较厚重，由于所需单桩抗拔力较大，因而钢材用量相对较多。目前，国内大型打桩船大多能满足此直径钢管桩的施工需求，并且国内已有多艘混凝土搅拌船，海上混凝土施工难度也不大。国内许多施工企业已经积累了相当丰富的大型海工结构的施工经验，潮间带风力发电机组高桩承台群桩基础从施工技术上是较为成熟可行的，在近岸和离岸潮间带均适用。高桩承台基础形式示意如图 3-22 所示。

图 3-22　高桩承台基础示意图

随着国内众多港口工程的建设以及海上交通事业的发展，如杭州湾跨海大桥、东海跨海大桥等相关工程的建设，并有东海大桥示范风电场工程、响水近海风力发电机组项目的建设完成，国内众多海上施工企业如中国交通建设集团第一、第二、第三、第四航务工程局有限公司、中铁大桥局集团有限公司等相关海上施工企业已经积累了相当丰富的大型混凝土承台结构的施工经验，这对进行潮间带风电场高桩承台基础的施工无疑具有重要的借鉴意义。因此，潮间带风力发电机组高桩承台群桩基础从施工技术上是较为成熟可行的。

3.6.2　围堰设计与施工

目前，大型桥梁深水桩基础承台的尺寸越来越大，为实现承台的干地施工，需要采取防水措施，根据对国内桥梁工程中高桩承台基础施工方案的了解，目前应用较为广泛的挡水措施主要有钢板桩围堰和钢套箱围堰两种方式。钢套箱围堰兼顾了挡水围堰和混凝土浇筑模板两种作用；而钢板桩仅起到围堰作用，内部需再采用模板。采用钢套箱围堰来作承台修建，就是在桩基完成后，用起吊设备将内装有扁担梁且已拼成整体的钢套箱围堰，悬挂在定位桩桩顶，然后灌注水下混凝土封底，抽水后浇筑承台混凝土。这时，钢套箱围堰的作用就是为了实现承台的干地施工，其底板是封底混凝土的控制面，侧板为浇筑封底混凝土及承台混凝土的侧模，同时套箱围堰的顶面也作为混凝土浇筑施工的工作作业面。钢板桩围堰的应用实例及施工方法详见 5.1 节。本节仅介绍钢套箱围堰的设计、施工方法与实例。

3.6.2.1　钢套箱围堰的设计与施工

钢套箱围堰由底板与侧壁箱体组成。底板为常规施工，即在沉桩后首先安装承重围囹系统，对桩基进行支撑，然后再安装底板。侧壁箱体采用整体式吊装。

钢套箱计算包括：①起吊时结构强度及钢丝绳受力；②浇筑封底混凝土时的结构强度；③承台混凝土浇筑后钢套箱的结构强度（钢套箱在涌潮、抽水时套箱结构内力分析）。

综合工况条件和计算内容，按装配式钢套箱最不利受力工况对装配式钢套箱整体进行计算分析，计算环向受力框、内支撑、面板等的受力情况。

钢套箱围堰结构示意如图 3-23 所示。

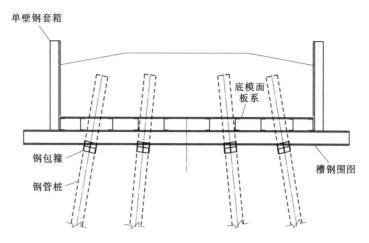

图 3-23 高桩承台有底单壁钢套箱示意图

钢套箱结构建议在专门的钢结构预制厂进行制作，通过船舶运输至现场，由浅吃水起重船或浅吃水驳船上载运的履带式起重机起吊、安装。图 3-24 为高桩承台钢套箱现场图。

3.6.2.2 工程实例

我国最新建成的杭州湾跨海大桥和东海跨海大桥，基础较多地采用了高桩承台基础结构。杭州湾跨海大桥北端为嘉兴市，南端为慈溪市。大桥全长 36km，海上桥梁长度 35.7km 如图 3-25 所示。

图 3-24 高桩承台钢套箱安装现场图

（a）钢管桩打桩后

（b）钢套箱安装完成

图 3-25 杭州湾跨海大桥钢套箱承台施工图

3.6.3 沉桩施工

针对潮间带场区的特点，一般大型打桩船吃水深度过大，难以进入潮间带场区；另有相当一部分打桩船则不能满足坐滩沉桩的要求,仅有极少数量的浅吃水打桩船可适用于钢管桩的打桩作业。可通过对平底方驳进行适当改造,配备柴油或液压打桩锤的方式进行打桩作业。

3.6.4　承台施工工艺

1. 围图夹设

装配式钢套箱承重围图系统采取现场安装。拟在钢管桩上夹设钢包箍,钢包箍与钢套箱底板之间采用螺栓连接。钢包箍既是钢套箱及承台混凝土支承结构,又在钢套箱内抽水时抵抗浮力的作用。

2. 钢套箱围堰安装

钢套箱底模板及侧壁板采用工厂分块制作,底模板根据沉桩偏位预留孔洞,现场组拼成整体,侧壁板工厂组拼为两个半圆体,而后整体运输、整体吊装。钢套箱安装定位前,对钢管桩外侧清洁程度应进行检查,如有苔藓或海蛎子等,务必清除干净。钢套箱安装前,应用测量仪器再一次校核基桩平面位置与倾斜度,对钢管桩间临时连接系、支承梁标高及强度等,逐一进行检查。钢套箱用大型吊机整体吊装安放在运输船只上运至基础位置,并用起重船整体安装至设计位置。

3. 承台封底混凝土施工

承台封底混凝土施工是及时、有效形成承台干施工环境、防止海水侵蚀的关键工序,为此,为确保封底施工的成功,承台封底混凝土按一次性浇筑进行施工。由于封底混凝土设计标高会高于低潮位;因此,应采取低潮位时一次性干施工的总体工艺。

4. 钢围堰底板与钢管桩之间缝隙的封堵

钢套箱调整到位并固定后,安装开孔处封堵板,每套封堵板均由 4 块 1/4 圆弧组成,封堵板与钢围堰底板间加压橡胶条进行止水。

5. 承台钢筋工程

承台钢筋一般在陆上施工基地钢筋加工场地进行加工,水运至现场。

钢筋保护层垫块采用预制的圆筒形砂浆垫块,以保证垫块与模板是点接触,砂浆垫块按 0.5m 间距梅花状布置。

6. 承台混凝土工程

承台混凝土一次性浇筑。浅吃水搅拌船需搁浅施工,浇注混凝土时应从承台中心向四周分层浇注,采用插入式振捣器振捣密实。下灰时,切忌猛烈冲击预埋钢筋和模板支撑。对每一振动部位,必须振动到该部位混凝土密实为止,密实的标志是混凝土停止下沉,不再冒气泡,表面呈现平坦、泛浆。严禁"过振"和"欠振"。混凝土的浇筑应连续进行。对混凝土表面操作应仔细,使砂浆紧贴模板,以使混凝土表面光滑,且无蜂窝、麻面现象。浇筑过程中,应设专人检查模板的稳固情况,并填写好施工记录。当混凝土浇筑到顶部时,要用平板振动器配合振捣,为防止松顶需在混凝土初凝前采用二次振捣,然后人工压光收面。当达到混凝土凿毛强度时,进行承台上墩身范围内混凝土的凿毛。

第4章 风力发电机组的安装

由于风力发电机组尺寸的差异及安装环境的多样性,每次施工、安装过程均不尽相同。本章主要阐述风力发电机组的普遍安装技术并配以施工实例,并在原有的安装经验基础上进行优化,总结出潮间带风力发电机组的安装方法。

4.1 风力发电机组的吊装技术

塔筒是风力发电机组的主要承载部件,随着风力发电机组的容量和高度的增加,其重要性越来越明显。在风力发电机组中,塔筒的质量占风力发电机组总质量的 1/2 左右,其成本占风力发电机组制造成本的 15% 左右。塔筒的主要功能是支承风力发电机组的机械部件和发电系统,承受风轮引起的振动载荷,包括启动和停机的周期性影响、突风变化、塔影效应等,承受风轮的作用力和风作用在塔筒上的力(弯矩、推力及对塔筒的扭力);由此可见塔筒在风力发电机组设计与制造中的重要性。

4.1.1 吊装设备选择

根据风电场风力发电机组设备的重量、外形尺寸、吊装高度及其结构特点,以及现场吊装条件,结合施工单位现有的起重设备、业主的工期要求和施工成本,决定吊装设备型号和数量。

4.1.2 吊装前准备工作

(1)风力发电机组基础必须已经施工验收完毕,并且在塔筒吊装前再次复测基础环的水平度,确保基础环水平度满足设计和安装要求;检查基础环内接地装置的接地电阻是否合格,需要沉降观测的基础观测桩施工验收完毕并有初始观测记录;根据设计要求在基础环上标记出塔筒门的位置,清理基础环内、基础环上的杂物,并涂抹润滑剂;在各节塔筒连接法兰上做记号,保证电缆和爬梯吊装对接位置正确。

(2)吊装平台满足吊装要求,吊装设备组装完毕,机械性能良好,具有合格的特种设备检验检测资料,能够满足吊装要求;特种作业人员(起重工、电工、焊工)满足施工要求;安装所需的工器具(专用吊具、电动扳手、力矩扳手、发电机、电工工具、安全措施用具等)满足施工要求。

(3)风力发电机组设备的安装由设备制造厂的安装指导人员进行技术交底和安全交底,项目部和班组再次进行了技术交底和安全交底,并形成文字签名记录。

(4)风力发电机组设备已经到达安装现场并清点完毕,油漆损坏部位现场补漆,满足吊装条件。

4.1.3　塔筒吊装

4.1.3.1　底部塔筒吊装

（1）利用水准仪复测基础环顶部法兰中线的水平度，可均布选 6 点或 8 点。

（2）检查吊具、卸扣，应完好、没有印痕和裂纹；检查钢丝绳、吊带，应完好、无断股或磨损；检查吊具螺栓、螺母，应完好、无弯曲或螺纹损坏；拆除塔筒上下部包装及支架，清洁法兰表面的油脂和灰尘。

（3）吊装底部塔筒内的环网柜、变压器等附属设备。

（4）清点塔筒与基础环连接的螺栓、螺母、垫圈数量，对应基础环螺孔一一摆放在基础环内，并涂抹润滑脂，须将垫圈倒角面向外；准备安装使用工具放置在基础环内，引入电源，在基础环法兰面的螺孔内、外部区域周圈上连续、均匀涂上适量的密封胶。

（5）在底部塔筒的两端法兰合适的螺孔上分别装上专用吊具，并用吊带或钢丝绳固定在主吊、辅吊吊钩上；主吊端是塔筒的顶端，辅吊溜尾端为塔筒的底端。在塔筒的底部两侧螺孔处拴上缆风绳，控制塔筒的水平摆动；用适当的容器将安装第二节塔筒需要的连接法兰螺栓、垫圈、螺母等固定在底塔筒的顶部平台处。当使用主吊、辅吊同时提升塔筒到适合高度时，主吊、辅吊配合调控将塔筒翻身到竖直状态，然后利用主吊下降塔筒高度到适合工人拆除底端辅吊吊具的位置，拆除辅吊吊具。

（6）根据主吊风速仪显示，风速在小于 12m/s（有的厂家要求风速小于 10m/s）时，利用主吊提升塔筒到比环网柜高出 0.5m 左右时，旋转主吊至基础环正上方，在基础环内工人的扶持下缓慢向下移动塔筒，防止塔筒刮伤、撞击环网柜或变压器等附件，直到塔筒下放到离基础环法兰面 2cm 左右，在内外工人的合力下人工旋转塔筒至塔筒门对齐基础环标记的门方向时，先对称插入 4 根螺栓定位，再下放塔筒到基础环上。整个吊装期间，利用两根对称缆风绳调整、稳定塔筒，在塔筒即将下放到基础环前拆除缆风绳。

（7）塔筒完全放置在基础环上后，将剩余连接螺栓、螺母全部套上后，注意，螺栓一般都是从下往上穿。先利用 2 把或 4 把电动扳手迅速十字对称地初步拧紧全部螺栓，然后更换成力矩扳手，调整好力矩值（需要提前计算好三遍力矩值，分别为要求力矩的 50%、75%、100%，并做好标记），迅速十字对称地分遍打力矩，另一遍力矩打到 50% 时，主吊可以摘钩并准备第二节塔筒吊装；第二遍力矩打到规定值的 75% 时（也有部分厂家要求打到 100%），可以吊装第二节塔筒及以上设备，在所有设备吊装完成后；第三遍从上到下打满力矩至 100%，打满时要及时用记号笔画上所有螺栓螺母的防松线。最后一遍打力矩时要特别注意，不允许打超。

（8）在初始打力矩的过程中，外部人员需要做好以下工作：安装底节塔筒的内外爬梯，做好第二节塔筒吊装前的所有准备工作。

（9）塔筒安装的垂直度保证是依靠基础环安装的上法兰水平度和塔筒的法兰平整度来实现的。因此，吊装底塔筒前复测基础上法兰水平度（一般要求水平度控制在 ±1.5mm，根据不同的机型验算，也有要求在 ±2mm）是非常重要的工序。而塔筒的法兰平整度是由制造厂控制的，在吊装、存放、运输过程中，塔架两端的法兰处都必须安装有支架，预防塔筒及法兰变形。

底部塔筒吊装现场图如图 4-1 所示。

4.1.3.2 第二节塔筒吊装

（1）拆除塔筒上下部包装、支架，清洁法兰表面的油脂和灰尘，塔筒外部清洁补漆，需要铺设电缆的先根据布线表布线，若采用导电轨连接则需要将过度导电轨先捆扎在连接处，安装吊具、吊带或钢丝绳，用适当的容器将安装第三节塔筒需要的连接法兰螺栓、垫圈、螺母等固定在第二节塔筒的顶部平台处。这些工作都是在底节塔筒打力矩的过程中完成的，不允许占用吊装的关键工期。

图 4-1 底部塔筒吊装图

（2）在底部塔筒的顶部平台一一对应摆放好所有连接螺栓、螺母，并将垫圈套上，须将倒角面向外，螺栓涂上润滑脂，塔筒法兰面的螺孔内外部区域周圈上连续、均匀涂上适量的密封胶，安装用的电动扳手、力矩扳手等工器具在该平台上准备完成。

（3）第二节塔筒的吊装过程同底部塔筒，塔筒对中、缓慢下放到距离底部塔筒法兰2cm 左右时停止下放，人工旋转、调整塔筒方位，保证上下塔筒的爬梯、电缆或导电轨方向一致。对称穿入 4 个螺栓定位后缓慢下放塔筒至底节法兰面上。

（4）由下而上穿上所有连接螺栓，螺栓紧固过程与底节塔筒相同。打力矩的过程中同样做好第三节塔筒的吊装准备工作。

4.1.3.3 第三节塔筒安装

（1）若有第四节塔筒的风力发电机组，第三节塔筒安装过程与第二节相同。只有 3 节塔筒的风力发电机组，第三节塔筒吊装时要首先考虑当天能否吊装压上机舱，否则过夜后时间太长，受刮风、下雨等不确定性因素影响，可能对风力发电机组造成安全隐患。因此，第三节塔筒和机舱应该在同一天连续吊装完成。

（2）把连接机舱的螺栓、螺母、垫圈等放入适当的容器内固定在塔筒的顶部平台上，一起吊装。安装过程同第二节塔筒。

（3）在塔筒安装过程中，做好机舱吊装前的准备工作。

4.1.4 机舱吊装

（1）双馈式风力发电机机舱内安装有发电机（直驱式风力发电机机舱与发电机是分体的，吊装时需要先吊装机舱与顶节机舱对接，然后再吊装发电机与机舱对接，其他安装工艺与双馈式基本相同，本文主要介绍双馈式），是整台风力发电机的最重件，也是主吊吊装能力选型的重要依据。机舱运输到吊装平台后，首先需要拆除机舱支架与运输平板车的连接螺栓或切割掉点焊在平板车上的加固位置，打开机舱顶部的吊装孔，安装上厂家提供的专用吊具，利用起重能力足够的一辆吊车或两辆吊车抬吊进行卸车。具体如图 4-2 所示。

（2）在塔筒安装过程中，机舱需做以下吊装前的准备工作：清洁机舱外部、补漆，拆除端部保护罩，组装好机舱外壳剩余部分，在机舱顶部安装好测风仪器，机舱内部电缆布线等，将机舱与轮毂连接的螺栓、螺母、垫圈等包装好固定在机舱内部适当位置。并在机

图 4-2　机舱现场卸车图

舱首尾各栓一根长度足够的揽风绳。顶节塔筒平台上一一对应螺孔摆放好螺栓、螺母，并套上垫圈，涂抹好润滑脂，顶部塔筒的法兰螺孔内外部周圈均匀涂上密封胶。

（3）根据主吊的吊装能力和吊装平台情况，调整好主吊的位置，安装好专用吊具，机舱起吊时，首先配合主吊起吊拆除机舱支架，然后主吊缓缓将机舱提升至顶部塔筒的上法兰高程以上 0.5m 左右时，在塔筒顶部起重指挥人员的对讲机指挥下，主吊司机缓慢旋转主吊臂，将机舱旋转到塔筒的正上方，再缓缓下降机舱到塔筒上法兰面适当高度（约 10cm），用定位棒导正后慢慢放下机

舱至法兰面接触，对称装上安装部分螺栓、螺母及垫圈后，然后放下机舱至两法兰完全接触。撤除定位螺栓，从下往上安装完成全部螺栓。整个吊装过程，两根揽风绳要时刻根据不同的高程、风向和机舱偏移方向调整揽风绳的位置和力量，确保机舱平稳起升、平稳对接。机舱起升前必须查看主吊的风速仪，风速在一定范围内起吊机舱。

（4）螺栓装完后，先利用 2 把或 4 把电动扳手迅速十字对称地初步拧紧全部螺栓，此时主吊可以适当将提升力降低为机舱重量的一半。然后更换成力矩扳手，调整好力矩值（需要提前计算好三遍力矩值，分别为要求力矩的 50%、75%、100%，并做好标记），迅速对称地分遍打力矩，第一遍力矩打满 50% 时，主吊的提升力可以降到 10t 左右；第二遍力矩打满规定值的 75% 时（也有部分厂家要求打到 3 遍 100%），主吊可以摘钩准备叶轮吊装。

机舱吊装如图 4-3 所示。

4.1.5　轮毂叶片组对和整体吊装

（1）利用现有吊装平台，选择好轮毂、叶片的组装位置，在叶片互成 120° 的三个方向上要有足够的叶片拼装空间。适当调整轮毂摆放的平台，以便叶片组装，组装叶片除需主吊外，还需要配置辅助吊车，其中一台吊车在叶轮起吊时具备溜尾功能，另一台辅助吊车仅仅是在叶片组装过程中起到一个叶片的支撑平衡作用。

（2）拆除轮毂的外包装，利用专用吊具将轮毂吊装到组装位置后，清洁低速轴与轮毂接触面的脏物和防锈剂；清洁叶片，油漆破损部位需补漆，检查叶片根部外露的螺柱长度（或

图 4-3　机舱吊装图

现场安装双头螺柱），须在安装手册允许的长度范围，并在螺柱上涂抹适当的润滑脂。在叶根和叶尖支架部位各绑 1 根揽风绳。

（3）利用主吊、专用吊带单吊点吊装叶片的平衡部位或采用厂家提供的平衡梁，具体先组装哪一片，需根据现场吊装平台和溜尾吊车的站位来定。第一个叶片与轮毂对接后，首先利用电动扳手十字对称预紧螺栓，然后更换成力矩扳手，调整好力矩值（需要提前计算好 3 遍力矩值，分别为要求力矩的 50％、75％、100％，并做好标记），迅速对称地分遍打力矩。第一遍力矩打满规定值 50％ 时，可以用辅助吊车替换下主吊，让主吊吊装第二片叶片，辅助吊车维持适当的提升力起到叶片轮毂的平衡作用即可。第二遍力矩打满规定值的 75％ 时，可进行叶轮吊装，吊装完成后在空中完成第三遍 100％ 力矩施工。但也有部分厂家要求在地面组装叶片时须完成 3 遍 100％ 的力矩施工，才能进行叶轮吊装。叶片吊装过程中利用首尾两根揽风绳维持叶片的平稳。叶片组装时的瞬时风速应不大于 10m/s。

（4）第二、第三个叶片的组装过程与第一个相同。叶片与轮毂的组装要特别注意"0"刻度线位置对中。第三个叶片力矩打满 75％ 时，可以松开主吊吊钩，并准备叶轮的吊装。

（5）在第三个叶片打力矩过程中，需要利用铆枪分别在叶根安装三个叶片的挡雨环，安装轮毂的导流罩，拆除三个叶片的支架，移开不需要溜尾的辅助吊车，需要在地面变桨的叶片应先变桨。溜尾吊车在叶尖适当部位换上溜尾护套并绑扎好拉绳，另外两个叶片在叶尖适当部位利用叶片护套绑扎好长度足够的揽风绳。利用叶轮专用吊带套在非溜尾的两个叶片的叶根适当部位，并分别挂套在主吊吊钩上。在机舱中的人员应将轮毂与机舱的连接螺栓、垫圈涂抹好润滑脂。

（6）叶轮起吊时，需配合拆除轮毂支架。然后在一个起重指挥人员的指挥下，缓慢起升主吊和溜尾辅吊，起升到溜尾叶片叶尖距离地面 1m 左右高时，主吊停止起升，辅吊下放钢丝绳松钩，利用溜尾拉绳拉下溜尾护套后，主吊继续起升到轮毂与机舱的对接高程。然后回转主吊到轮毂基本与机舱正对时，缓慢趴杆对接，并利用 2 根揽风绳协助调整对接倾角。在整个起升过程中揽风绳同样起到稳固叶轮、防止叶片撞击塔筒、机舱及主吊吊臂的作用。叶轮起升前必须查看主吊的风速仪，叶轮起吊风速宜在 10m/s 以下进行。

（7）叶轮对接时，对接倾角应该是上小下大，在上部定位杆或定位螺栓对接后，利用揽风绳协助对接下部定位杆或定位螺栓。定位杆或定位螺栓全部对接后，迅速装入其他螺栓、螺母及垫圈。首先利用电动扳手十字对称预紧螺栓，然后更换成力矩扳手，调整好力矩值（需要提前计算好三遍力矩值，分别为要求力矩的 50％、75％、100％，并做好标记），迅速十字对称地分遍打力矩，除干涉部位不能打力矩的螺栓采用手工扳手预紧外，其他螺栓力矩打满三遍后，方可松钩拆除主吊吊带，此时主吊可以转场到下一个机位。然后将叶轮尽快盘车到不干涉部位，将预紧后的螺栓分遍打满 100％ 力矩。所有打满力矩的螺栓都应画上防松线。

（8）叶轮打力矩过程中安装传感器和电缆等附属设备。

叶轮整体吊装如图 4-4 所示。

图 4-4 叶轮整体吊装图

4.2　风力发电机组的吊装实例

现以某沿海风电场风力发电机组吊装为例，介绍风力发电机组吊装技术。该风电场主要风力发电机组设备参数见表 4-1。

表 4-1　风力发电机组设备参数

序号	项目	尺寸/m	重量/t	备　注
1	底部塔筒	30.247	34.22	
2	第二节塔筒	21.486	39.211	
3	第三节塔筒	10.14	27.91	
4	机舱	10.2×3.91×3.725	64	
5	叶轮	77	33.1	轮毂和叶片组装后

风力发电机组吊装平台尺寸为 30m×50m，平台外场内道路可以临时利用，按业主对安装工期的推算，吊装每台风力发电机组的工期约 3 天。为了节约吊装成本，又能保证安全的情况下，依据机舱参数，主吊可以选择 1 台 400t 履带式起重机，辅助吊车可以选择 1 台 50t 汽车吊和 1 台 25t 汽车吊。根据现场气候环境，主吊采用 400t 履带式起重机在 3 天内可以完成 1 台风力发电机组吊装并完成主吊转场，满足工期要求；若主吊采用 500t 汽车吊，1.5 天可以完成 1 台风力发电机组吊装，但 500t 汽车吊成本比 400t 履带式起重机成本大许多，经济上不合理。

所选 400t 履带式标准轻型主臂起重量见表 4-2。

表 4-2　标准轻型主臂起重量表

吊装半径/m	起　重　量/t							
	48m/14*	54m/12*	60m/11*	66m/10*	72m/9*	78m/8*	84m/7*	90m/7*
9	180							
10	177	142						
11	169	134	124	114				
12	156	127	117	109	107	106		
14	133	116	106	102	102	101	97	84
16	115	108	95	92	95	96	92	82
18	100	94	85	83	89	85	81	78.5
20	87	83	78	73	79	76	73.5	72
22	77	75	72	64	71	68	65	63.3
24	68	67	65	60	64	62	59	57.3
26	61	60	57	54	58	56	54	52.3

注：后配重 140t，车身压重 40t，360°全回转。

*　臂长/倍率。

50t 汽车吊吊装性能参数见表 4-3。

表 4-3 50t 汽车吊吊装性能参数表

吊装半径 /m	主臂					主臂＋副臂 (41m＋9.2m)			主臂＋副臂 (41m＋15m)		
	11m	18.5m	26m	33.5m	41m	5°	15°	30°	5°	15°	30°
3.0	60000										
3.5	50500										
4.0	43500										
5.0	36000	28000	19200								
6.0	25600	23500	18300	13800							
7.0	20000	19400	17200	13600							
8.0	16000	15000	15500	12800	8500						
9.0		12000	13000	11700	8200						
10.0		9600	10800	10600	7800	3500					
11.0		7900	9000	9300	7400	3200					
12.0		6800	7700	8200	7000	3000	2400		2400		
14.0		4800	5800	6300	6200	2700	2200	2000	2300	1500	
16.0			4400	4800	5100	2500	2000	1800	2000	1400	
18.0			3300	3800	4000	2200	1800	1700	1800	1300	1000
20.0			2500	3000	3300	2000	1700	1600	1600	1200	1000
22.0				2300	2600	1800	1500	1400	1400	1100	900
24.0				1800	2100	1500	1400	1300	1200	1000	900
26.0				1400	1600	1200	1200	1100	1100	1000	850
28.0					1200	900	1000	900	1000	900	800
30.0						600	700	700	800	800	750
32.0							500	600	700	700	700
34.0										500	700

注： 支腿全伸，后方侧方作业；支腿全伸，第五支腿 360°作业。

4.2.1 塔架吊装参数计算

根据表 4-1 风电场主要风机设备参数表，主吊选用 400t 履带吊，辅助吊车选用 50t 汽车吊辅助塔筒溜尾翻身，且第二节塔筒是最重件，所以塔筒吊装重量计算参数可以只选取第二节塔筒，若第二节塔筒满足要求，则第一节、第三节塔筒在同等吊装条件下也能满足吊装要求。起吊能力计算如下所述。

4.2.1.1 400t 履带主吊起重量的验算

根据表 4-2，400t 履带吊臂长 90m，吊装半径 20m 工况时，起重量为 72t。

$$Q_{起}=72t$$

$$Q_{实}=(Q+q)\times 1.1=(39.211+2.5)\times 1.1=45.88t$$

$$Q_{起}=72t>Q_{实}=45.88t$$

式中　1.1——起重吊装动载系数;

　　　　Q——第二节塔筒重量（最重件）,$Q=39.211t$;

　　　　q——吊具及钢丝绳重量,$q=2.5t$。

　　所以,400t 履带式起重机起重量满足该塔筒的吊装需要。

4.2.1.2　50t 汽车吊起重量的验算

　　$Q_{起}=28t$（查表 4-3,50t 汽车吊臂长 18.5m,吊装半径 5m 工况时,起重量为 28t）

$$Q_{实}=(Q+q)\times 1.1\times 0.6=(39.211+1.5)\times 1.1\times 0.6=26.87t$$

式中　1.1——起重吊装动载系数;

　　　　0.6——2 个起重机抬吊系数;

　　　　Q——中段塔筒重量（最重件）,$Q=39.211t$;

　　　　q——吊具及钢丝绳重量,$q=1.5t$。

$$Q_{起}=28t>Q_{实}=26.87t$$

　　所以,50t 汽车吊起重量满足塔筒的吊装需要。

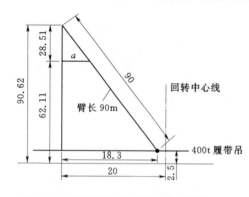

图 4-5　塔筒吊装尺寸计算图（单位:m）

4.2.1.3　起升高度的验算

　　起升高度的验算需选用最高节塔筒计算,计算图如图 4-5 所示。

$$H_{起}=2.5+[90^2-(20-1.7)^2]^{1/2}$$
$$=90.62m$$

式中　2.5——400t 履带吊吊臂销子离地高度（车身高）,m;

　　　　90——400t 履带吊主臂长度,m;

　　　　20——400t 履带吊工作半径,m;

　　　　1.7——400t 履带吊吊臂销子离回转中心距离,m。

$$H_{实}=h_1+h_2+h_3+h_4=62.11+0.5+3+1.5=67.11m$$

式中　62.11——3 节塔筒总高度,m;

　　　　0.5——吊钩吊装安全距离,m;

　　　　3——吊装吊绳高度,m;

　　　　1.5——主吊吊钩高度,m。

$$H_{起}=90.62m>H_{实}=67.11m$$

　　所以,400t 履带式起重机起升高度满足塔筒吊高需要。

4.2.1.4　吊装时塔筒筒体是否碰撞吊臂验算

$$a=18.3\times 28.51\div 90.62=5.76m$$

$$a=5.76m>（吊臂厚度+顶节塔筒直径）/2=(1.8+3.6)/2=2.7m$$

　　所以,吊装时塔筒不会碰撞吊臂,因而该吊装方法安全可靠。

4.2.2 机舱吊装

根据表4-1风电场主要风机设备参数表，主吊选用400t履带吊，机舱的现场吊装工况为：主臂长90m，工作半径为18m，吊车的额定起重量为78.5t。起重性能参数计算如下：

4.2.2.1 起重量的验算

根据表4-2，主臂长90m，吊装半径18m工况时，起重量为78.5t。

$$Q_{起} = 78.5t$$

$$Q_{实} = (Q+q) \times 1.1 = (64+2.5) \times 1.1 = 73.15t$$

$$Q_{起} = 78.5t > Q_{实} = 73.15t$$

式中　Q——机舱起吊净重，$Q=64t$；

　　　q——吊具、索具重量（估算），$q=2.5t$；

　　　1.1——起重吊装动载系数。

所以，400t履带式起重机起重量满足该机舱的吊装需要。

4.2.2.2 起升高度的验算

机舱吊装尺寸计算图如图4-6所示。

$$H_{起} = 2.5 + [90^2 - (18-1.7)^2]^{1/2} = 91.01m$$

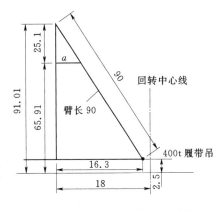

式中　2.5——400t履带吊吊臂销子离地高度（车身高），m；

　　　90——400t履带吊吊臂长度，m；

　　　18——400t履带吊工作半径，m；

　　　1.7——400t履带吊吊臂销子离回转中心距离，m。

$$H_{实} = h_1 + h_2 + h_3 + h_4 + h_5$$
$$= 65.91 + 0.5 + 3.91 + 3 + 1.5 = 74.82m$$

图4-6　机舱吊装尺寸计算图（单位：m）

式中　65.91——塔筒总高度，m；

　　　0.5——吊装高程安全距离，m；

　　　3.91——机舱高度，m；

　　　3——吊装吊绳高度，m；

　　　1.5——主吊吊钩高度，m。

$$H_{起} = 91.01m > H_{实} = 74.82m$$

所以，400t履带式起重机起升高度满足该机舱的吊装需要。

4.2.2.3 吊装时机舱是否碰撞吊臂验算

$$a = 16.3 \times 25.1 \div 90.62 = 4.5m$$

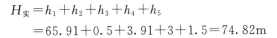

$$a = 4.5m > (吊臂厚度+机舱宽度)/2 = (1.8+3.725)/2 = 2.76m$$

图 4-7　机舱吊装现场图

所以，吊装时机舱不会碰撞吊臂，因而该吊装方法安全可靠。

图 4-7 为机舱吊装现场图。

4.2.3　轮毂叶片整体吊装

根据表 4-1 风电场主要风机设备参数表，主吊用 400t 履带吊，叶轮吊装工况选为：主臂长 90m，吊装半径为 20m。查表 4-2 可知，400t 履带吊的额定起重量为 72t。叶片与轮毂的组装可以采用 50t 汽车吊和 25t 汽车吊辅助完成。叶轮起重性能参数计算如下所述。

4.2.3.1　起重量的验算

$$Q_{起} = 72t$$

$$Q_{实} = (Q+q) \times 1.1 = (33.1+2.5) \times 1.1 = 39.16t$$

$$Q_{起} = 72t > Q_{实} = 39.16t$$

式中　Q——轮毂叶片整体吊装的净重量，$Q = 33.1t$；

　　　q——吊具、索具重量，$q = 1.5t$；

　　1.1——起重吊装动载系数。

所以，400t 履带式起重机起重性能满足该轮毂叶片整体的吊装需要。

4.2.3.2　起升高度的验算

叶轮吊装尺寸计算图如图 4-7 所示。

$$H_{起} = 2.5 + [90^2 - (20-1.7)^2]^{1/2} = 90.62m$$

式中　2.5——400t 履带吊吊臂销子离地高度（车身高），m；

　　90——400t 履带吊主臂长度，m；

　　20——400t 履带吊工作半径，m；

　　1.7——400t 履带吊吊臂销子离回转中心距离，m。

$$H_{实} = h_1 + h_2 + h_3 = 65 + 5 + 2 = 72m$$

式中　65——轮毂安装中心高度，m；

　　5——吊装吊绳高度，m；

　　2——吊钩高度，m；

$$H_{起} = 90.62m > H_{实} = 72m$$

所以，400t 履带式起重机起升高度满足该轮毂叶片整体的吊装需要。

4.2.3.3　吊装时轮毂叶片整体是否碰撞吊臂验算

$$a = 18.3 \times 25.62 \div 90.62 = 5.17m$$

$$a=5.17\text{m}>\text{吊臂厚度}/2+\text{轮毂宽度}=1.8/2+3.2=4.1\text{m}$$

所以，吊装时轮毂叶片整体不会碰撞吊臂，因而该吊装方法安全可靠。

4.2.4　吊装基本要求

（1）所有进场参加风力发电机组吊装作业人员，必须进行三级安全教育培训，并经考试合格，方可上岗。

（2）凡是参加高处作业的人员应进行体格检查，经医生诊断患有不宜从事高处作业病症的人员不得参加高处作业。

（3）作业人员必须佩戴个人防护用具（安全帽、安全靴和手套等），在风力发电机组内部或顶部以及离地 2m 以上高处作业时，必须佩安全带，安全带应钩挂在作业点上方的牢固可靠处，高处作业人员应衣着灵便，衣袖、裤角应扎紧，穿软底鞋。特殊工作要求佩戴特殊防护装置（如磨削、气割和焊接作业）。

（4）高处作业人员应配带工具袋，较大的工具应系保险绳，传递物品应用传递绳，严禁抛掷。

（5）遇有六级以上大风或恶劣气候时应停止露天高处作业，在雨天进行高处作业时，应采取防滑措施。

（6）起重工作区内无关人员不得停留或通过。

（7）起吊前应检查起重设备及其安全装置。

（8）起吊物应绑牢，并有防止倾倒措施。严禁偏拉斜吊，吊物未固定好，严禁松钩。

（9）起重机的操作人员必须经培训考试取得合格证，方可上岗。30t 以上的大型起重机操作人员还必须有经省级及以上行政部门发放的机械操作证。

（10）当阵风风速超过 12m/s 时，不得进行风力发电机组各部件的吊装作业。

（11）进行塔筒下段吊装，引导基础螺栓进入塔筒时，切勿把手放在螺栓杆上。

（12）为了避免损坏塔筒漆层，在紧固塔筒法兰螺栓时，必须保持电动扳手远离塔壁。

（13）进行风力发电机组各部件吊装作业时，施工人员不得站立于悬吊负荷下。

（14）所有部件的吊装，必须进行试吊。

（15）重物稍一离地，专业工序内的作业人员，必须对所有吊绳、吊带及其他吊具进行认真检查，确认完好并合格后，方可起吊物件。

（16）在进行风轮吊装时，如果无法通过拉动解除控制绳索，须备好人用吊篮以卸掉控制绳索。

（17）吊装前，所有无线电设备应充满电，并备好备用电池。

（18）进行机舱及风轮吊装时，必须使用通信设备，地面控制绳索引导技术人员、机舱内引导技术人员和起重机操作员必须各拥有一部通信设备。吊装指挥人员通过通信设备指挥其他各自成员。

（19）解除控制绳索时，地面作业人员严禁站于坠落的绳索下。

（20）进行所有吊装作业前，技术负责人应编写详细的施工技术交底；并招集所有人员交代工作任务、工作重点，并重点强调安全注意事项。

（21）所有作业必须认真填写安全施工作业票，并认真履行签字手续。

（22）吊装过程必须实行二级监护，除由专职安全员进行监护外，施工的主要负责人必须全过程监护。

（23）施工负责人和专职安全员，在施工时不得擅自离开工作现场。

（24）所有作业人员必须正确配戴安全帽。

（25）在起吊过程中速度要均匀、平稳，不得突起突落。吊件吊起 10cm 时应暂停，检查制动装置，确认完好后方可继续起吊。

（26）吊件严禁从人和驾驶室上空穿过。

（27）起重臂及吊件上严禁有人或有浮置物。

（28）吊挂钢丝绳间的夹角不得大于 120°。

（29）吊件不得长时间悬空停留，短时间停留时，操作人员、指挥人员不得离开现场。起重机运转时，不得进行检修。

（30）起重场地应平整，并避开沟、洞和松软土质，将支腿支在坚实的地面上。

（31）起吊时吊钩悬挂点应与吊物重心在同一垂线上，吊钩钢丝绳应垂直，严禁偏拉斜吊。落钩时应防止吊物局部着地引起吊绳偏斜。

（32）起重臂最大仰角不得超过制造厂铭牌规定。

（33）安全防护用品除统一进行检查试验外，每次使用前都必须进行外观检查，有下列情况者严禁使用：

1）安全带（绳）：断股、霉变、损伤或铁环有裂纹、挂钩变形、缝线脱开等。

2）安全帽：帽壳破损、缺少帽衬（帽箍、顶衬、后箍），缺少下颚等。

4.2.5　风力发电机组内安装工作安全要求

（1）在通过机舱和每节塔筒后，关闭舱盖。

（2）进叶轮前，必须锁紧叶轮。

（3）当叶轮处于自由状态（未锁紧）时，严禁将任何物品遗留在轮毂内。

（4）离开风力发电机组时，随手带走内部的垃圾，严禁通过机舱盖向外抛掷垃圾。严禁在风力发电机组内抽烟、吐痰、嚼口香糖。

（5）机舱后部的机舱罩是玻璃钢材料，强度有限，严禁站人或堆放重物。

（6）使用液压扳手时，严禁将手放在反作用力臂与支点之间。

（7）只有指定专业人员才能打开电气控制柜。

（8）断电后才可操作电气系统。

（9）调试低压变频器必须按厂家操作说明书指示，由主机厂的技术人员负责调试。

（10）操作绞车的工作人员必须系安全带，并将安全绳挂牢。

（11）使用绞车前，检查机舱是否偏航到正确位置，使绞绳位于塔筒出口板中心。提升或放下重物时，应通知下面的人小心，严禁站在塔筒底部的绞车通道处。由于提升过程中缆绳会打转，所以每节塔筒底部都要站人，以免重物碰到塔筒护栏。

（12）绞车使用完毕后，将控制手柄上的红色旋扭按下，以防误操作，并将手柄放到机舱上。

4.3 风力发电机组的安装要求及方法

本节主要介绍风力发电机组的安装程序及方法。为保证风力发电机组的正确快速安装，需掌握各种安装要求，与此同时还要确保在工程的前期做好必要的施工准备工作。

4.3.1 风力发电机组安装要求

4.3.1.1 安装现场要求

（1）风力发电机组的安装场地须按照有效批准程序批准的技术文件进行施工，并且能够保证承受其安装后最大工作状态的强度并经过有关各方验收合格。

（2）风力发电机组安装地基用水平仪校验。地基与塔筒接触面的水平度低于 3mm，以满足机组安装后塔筒与水平面的垂直度的要求。

（3）地基连接法兰和相应构件位置须准确无误，并牢固地浇筑在地基上，且经过有关各方验收合格。

（4）地基应有良好的接地装置，其接地电阻应不大于 4Ω。

（5）机舱安装时风速不宜超过 10m/s，叶轮安装时风速不宜超过 8m/s。

（6）组装后的部、组件经检验合格后，方能到现场安装。

（7）组装后的部、组件运到安装现场后，须进行详细检查，防止在运输中碰伤、变形、构件脱落、松动等现象。不合格的产品不允许安装。

（8）现场安装人员应具有一定的安装经验。

（9）吊装、焊接及焊接检验等关键工序的工作人员须持有省市劳动部门颁发的上岗证，方可上岗。

（10）安装人员都需接受风力发电机组厂家技术人员的安装培训，在风力发电机组安装现场，需服从厂家技术人员的指导。

4.3.1.2 安装技术要求

（1）进入装配的零件及部件（包括外购件、外协件）均应具有检验部门的合格证，方能进行装配。

（2）零件在装配前须清理并清洗干净，不得有毛刺、翻边、氧化皮、锈蚀、切屑、油污、着色剂和灰尘等。

（3）装配前对零部件的主要配合尺寸，特别是过盈配合尺寸及相关精度进行复查。经钳工修整的配合尺寸由检验部门复检，合格后方可装配，并将复查报告存入该风力发电机组档案。

（4）除有特殊规定外，装配前将零件尖角和锐边倒钝。

（5）装配过程中零件不允许磕伤、碰伤、划伤和锈蚀。

（6）油漆未干的零部件不得进行装配。

（7）对每一装配工序，都要有装配记录，并存入风力发电机组档案。

（8）部件的各润滑处装配后应按装配规范要求注入润滑油（或润滑脂）。

4.3.1.3　装配连接要求

1. 螺钉、螺栓连接

（1）紧固螺钉、螺栓和螺母时，严禁打击或使用不合适的旋具和扳手。紧固后螺钉槽、螺母和螺钉、螺栓头部不得损坏。

（2）有规定拧紧力矩要求的紧固件，应采用力矩扳手并按规定的力矩值拧紧。未规定拧紧力矩值的紧固件在装配时也要严格控制，其拧紧力矩值可参考《风力发电机组装配和安装规范》（GB/T 19568—2004）附录 A。

（3）同一零件用多件螺钉或螺栓连接时，各螺钉或螺栓应交叉、对称、逐步、均匀拧紧。宜分两次拧紧，第一次先预拧紧，第二次再完全拧紧，这样可保证连接受力均匀。如有定位销，应从定位销开始拧紧。

（4）螺钉、螺栓和螺母拧紧后，其支承面应与被紧固零件贴合，并用黄色油漆标识。

（5）螺母拧紧后，螺栓头部应露出 2～3 个螺距。

（6）沉头螺钉紧固后，沉头不得高出沉孔端面。

（7）严格按施工详图和技术文件规定等级的紧固件装配。不得用低等级紧固件代替高等级的紧固件进行装配。

2. 销连接

（1）圆锥销装配时应与孔进行涂色检查，其接触率不应小于配合长度的 60%，并应分布均匀。

（2）定位销的端面应突出零件表面。待螺尾圆锥销装入零件后，大端应沉入孔内。

（3）开口销装入相关零件后，尾部应分开，扩角为 60°～90°。

3. 其他连接形式

其他连接形式的技术要求也应严格按相关标准及招标文件的规定执行。

4.3.1.4　发电机安装技术要求

（1）发电机的安装和运输符合相关规范的要求。

（2）发电机安装后，发电机轴与齿轮箱输出轴的同轴度应符合相关规范的要求。

（3）在发电机座上应以对角方式在两端安装接地电缆。

4.3.2　施工准备

由于风力发电机组安装施工强度高，施工受季风影响大，高空作业危险因素多，合理的施工组织与安排以及充分的施工前期准备工作是确保工程顺利实施的关键。因此，风力发电机组安装前，需进行如下准备工作：

（1）成立由工程技术人员及工人参加的安装领导小组，选一人做总指挥，统一部署并指挥现场的安装工作。

（2）组织技术人员及安装施工人员学习《风力发电机组安装使用维护说明书》和设计图纸以及厂家提供的风力发电机组安装的具体规定和要求，同时还学习风力发电机组安装相关的规程规范，做到参与施工的人员人人心中有数。

（3）选择好合适的起吊设备，并准备好起吊用的工具和器材。

（4）土建进行基础环混凝土浇筑后，在风力发电机组安装前对基础环的水平度进行检查、复测。

（5）进行风力发电机组安装前基础环灌浆结束，基础混凝土强度符合要求。

（6）每天派专人与当地气象局取得联系，并分析第二天的天气情况，当气温低于风电机安装要求温度，风力超过6级以上及暴雨、雷电、大雾等恶劣天气时，严禁安排安装作业。

（7）为安装施工人员配备安全帽、安全绳、安全带及防滑鞋。

4.3.3 风力发电机组安装程序与方法

风力发电机组安装程序如图4-8所示。

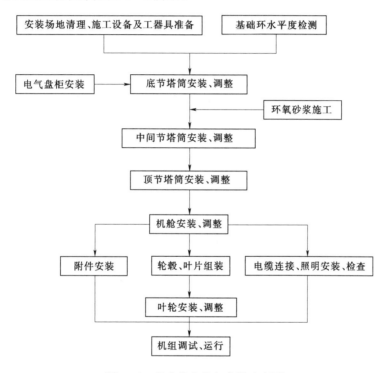

图4-8 风力发电机组安装流程图

塔筒、机舱、轮毂叶片的安装已在4.1节具体介绍，本小节主要介绍风力发电机组的电气安装和调试。

4.3.3.1 电气安装

（1）电气接线和电气连接应可靠，所需要的连接件（如接插件、连接线、接线端子等）应能承受所规定的电（电压、电流）、热（内部或外部受热）、机械（拉、压、弯、扭等）和振动影响。

（2）母线和导电或带电的连接件，按规定使用时，不应发生过热松动或造成其他危险的变动。

（3）在风力发电机组组装时，发电机转向及发电机出线端的相序应标明，应按标号接线，并在第一次并网时检查相序是否相同。

（4）电气系统及防护系统的安装应符合图样设计要求，保证连接安全、可靠。不得随意改变连接方式，除非设计图样更改或另有规定。

（5）除电气设计图样规定连接内容外的其他附加电气线路的安装（如防雷系统）应按有关文件或说明书的规定进行。

（6）机舱至塔筒底部控制柜的控制及电力电缆应按国家电力安装工艺中的有关要求进行安装。

（7）各部位接地系统应安全、可靠，绝缘性能应不大于 1MΩ。

4.3.3.2　调试

在厂家代表的指导下进行检查、调整、校正、启动运转和负载检测等内容的预调试，所有检测工作完成后，书面确认设备可进行正式调试，报经监理人组织对设备进行检查、验收试验，达到下述要求被认为初步试验验收是合格的。

（1）所有现场试验全部完成。

（2）所有技术性能及保证值均满足功能要求。

（3）机械部分按照技术规范要求连续试运转后停机检查，未发现异常。

如果初步验收试验因故障而中断，需共同分析原因，采取措施重新进行调试。风力发电机组调试和试运行以风力发电机组厂家技术人员为主，承包人配合并提供临时调试电源。

4.4　潮间带风力发电机组的装配和吊装技术

本节主要介绍潮间带风力发电机组施工安装的方法、工艺和技术。潮间带风力发电机组的安装是在陆上风力发电机组安装经验的基础上，进行改进和优化而成。

本书以型号为 SEC—2000 的新型风力发电机组为例进行阐述。SEC—2000 型风力发电机组单机容量 2MW，叶轮直径 93m，轮毂高度 70m；其塔筒单元的技术参数见表 4-4。

表 4-4　SEC—2000 型机组各部件尺寸及质量

部　件	尺　寸/m	质　量/t
机舱	14×5×4.621	80
轮毂	4.1×4×4.2	20
叶片	45.3	3×8.5
底段塔筒	12.21	63.248
中段塔筒	22.495	61.657
上段塔筒	26.660	37.388

4.4.1　塔筒安装

塔筒安装是风电场潮间带风力发电机组安装和调试的关键。根据机组各部件尺寸及质量，选塔筒吊装的机械设备为：主吊 400t（超起工况）；辅吊 50t 履带吊及 50t 汽车吊（配合叶片组装）。

4.4.1.1 塔筒安装前检查

（1）检查基础环内侧标记方位是否正确，是否对应于塔筒门的方向。

（2）确认基础平面度及接地电阻已检验合格；确认塔筒直径 $D_{max} - D_{min} \leqslant 3mm$。

（3）清理内部积水；用丙酮清洁塔筒法兰表面和基础环法兰面，要求表面清洁，无杂物及锈斑。

（4）检查基础混凝土强度检验报告是否符合设计规范要求。

（5）不允许打磨基础环法兰面。

4.4.1.2 塔筒内电缆敷设

（1）每段塔筒内敷设 18 根 185mm² 动力电缆，电缆长度分别为下段 40m、中段 32m、上段 40m。

（2）电缆敷设接头预留长度。一般每段电缆预留接头高出法兰面 1.5m。下段塔筒电缆接头在上法兰处预留，中段塔筒电缆接头在上下两法兰处预留，上段塔筒电缆接头在下法兰处预留。其余电缆整齐盘绕在塔筒平台处，准备与上下配电柜接口相连。

（3）电缆敷设。将电缆在地面展开顺直，在塔筒平放的状态下，松开电缆夹板，185mm² 电缆分别敷设在塔筒夹板孔内，然后压紧夹板，仅上两边螺丝，且不宜拧得太紧，因为还需对电缆进行顺线。在电缆敷设拉紧顺直后，再紧固夹板螺丝。

（4）在每一节塔筒吊装完成以后，把塔筒之间的接地铜辫子连接紧固好。

为保证上段塔筒平台有足够的操作空间，在上段塔筒吊装时可先把 9 根电缆放在上段上平台上，把另外 9 根预放在机舱内，等吊装结束后统一敷设。具体操作根据上段电缆敷设情况而定。

4.4.1.3 塔筒安装要点

（1）在每节塔筒吊装之前，要先把标准件和相应的工具放在塔筒上平台处固定好，并和塔筒一起起吊。

（2）在打螺栓力矩时，要注意对塔筒漆的防护，可以在扳手头力臂与塔筒接触面间垫一些软物。风力发电机组吊装完成后，对所有螺栓进行涂冷镀锌，防止螺栓锈蚀。

（3）螺栓安装前应先将固体润滑膏均匀涂满螺纹的 2/3 旋合部位，并涂抹螺头下方。

（4）每段塔筒吊装前，在连接法兰倒角处都要涂一圈密封胶，但密封胶又不宜过早涂上，只能在每个吊装步骤开始时涂抹。

（5）在塔筒对接过程中有可能遇到法兰与法兰螺栓不能完全穿入的情况，此时安装人员应该采用排挤法进行处理。

（6）安装单位应正确使用吊具，以防止吊装过程中发生吊具损坏。主吊使用的吊具均匀分布在塔筒法兰面上，辅吊的吊点在 12 点的位置。

（7）注意螺母与垫片的正反面，不能混用。所有螺母有钢印的面朝上。

4.4.1.4 塔筒下段安装

（1）在清洁后的基础环法兰面上离法兰内、外圈不大于 5mm 处打一圈密封胶，胶的宽度不超过 5mm；将螺栓、螺母及垫片（按要求涂抹固体润滑膏）摆放到相应的法兰孔附近以便安装；并将连接第二节塔筒用的螺栓、螺母及垫片放到塔筒上平台上。

（2）采用 1 辆 400t 的履带吊和 1 辆 50t 的履带吊吊装塔筒底部。先根据吊车性能，使

2台吊车分别位于风力发电机组安装平台的相应位置。在塔筒底部上法兰面选择将法兰面均分的4个吊点，采用相应的专用吊装工具（400t履带吊）吊装；在塔筒底部下法兰面选择与上法兰对应的两个吊点，采用相应的专用吊装工具（50t履带吊）吊装。塔筒起吊前必须拴绑好导向绳，导向绳主要起导向和防止塔筒任意摆动的作用。图4-9所示为下段塔筒空中翻身的情形。

图4-9　下段塔筒空中翻身

在吊装工具装备完毕后，由400t和50t两辆履带吊车同时将塔筒底段缓缓吊起，在起吊到地面1~1.5m时，仔细检查塔筒外部是否清洁，油漆是否完好，如出现问题应及时处理，确认没有问题后再将塔筒底段起钩。

在预埋基础环上法兰面与塔筒的下法兰面对齐螺栓孔洞，两法兰面保持2cm的空隙，将螺栓、垫片、螺帽全部带上后缓慢下落就位。使用电动扳手采用十字对角或星型打法将其138颗螺帽与螺杆预紧。

（3）按规定要求用液压扳手紧固138个M42×240的法兰螺栓、螺母及双垫片，分三次打螺栓力矩，分别为1800N·m、2700N·m、3600N·m。力矩打完后用红色记号笔做好防松标记（力矩线）。注意：应将垫片、螺帽上刻有英文字母和数字标识的一面朝上放置。

4.4.1.5　塔筒第二节、第三节安装及直接爬梯的对接处理

塔筒第二节、第三节的吊装技术与吊装塔筒底段相同。

（1）塔筒第二节安装。连接螺栓132个，M36×210—10.9，预紧力矩800N·m，分三次打螺栓力矩，分别为1100N·m、1700N·m、2250N·m。

（2）塔筒第三节安装。连接螺栓96个，M36×210—10.9，预紧力矩为600N·m；分三次打螺栓力矩，分别为1100N·m、1700N·m、2250N·m。

（3）在吊装完塔筒后做爬梯对接处理，并安装安全钢丝绳，以便于工程技术人员使用安全锁扣，保证工作人员的自身安全。对塔筒灯具的安装可以在吊装结束后再实施。

4.4.1.6　安装注意事项

（1）在吊装之前仔细检查塔筒上、下法兰面是否平整，有无杂质，如有凸处需打磨。

（2）底部塔筒与第二节塔筒连接时，将摄卡胶枪在底部塔筒上法兰面波浪形打上一圈摄卡胶，在底部塔筒上法兰面与第二节塔筒下法兰连接时，将连接螺杆从下往上穿入，带好垫片、螺帽。使用电动扳手采用对角或星形打法将连接螺栓紧固。

（3）在第三节塔筒吊装之前，将塔筒顶部的定子、转子电缆敷设。

（4）吊装过程中，起吊物体下严禁站人。

（5）主吊在起重人员的指挥下，吊车缓缓落钩放下塔筒，按法兰对接标记对准、找正，安装所有螺栓。慢慢放落塔筒使索具处于受力状态，用电动扳手按要求力矩800N·m，按圆周对角方向逐次拧紧螺栓，再松开主吊至不受力但不脱钩。

（6）按规定要求用液压扳手紧固法兰螺栓M42×240、螺母及双垫片，分三次打螺栓

力矩，分别为 800N·m、2700N·m、3600N·m。打完力矩后用红色记号笔做好防松标记。

（7）安装塔筒门梯时，上端连接在塔筒外的耳板处，下端调节地脚螺栓垫块。在下段塔筒吊装完成后，用小吊车将入口梯吊至塔筒门附近，用 4 套 M16×45 的螺栓将其紧固。注意：吊装时不要磕碰梯子，防止掉漆。

4.4.2 机舱吊装

主要零部件：机舱主体、机舱罩顶盖、测风支架、航空灯支架、航空灯、避雷针、销轴、开口销、连接螺栓、其他附件。

4.4.2.1 避雷针的安装

先将避雷针和测风支架的连接面打磨干净，把两个避雷针分别安装在测风支架两侧立柱的安装位置，用 M10×35—8.8 螺栓、螺母及垫片将其固定。

4.4.2.2 航空灯安装

用销轴、开口销及 M12×30—8.8 的螺栓将航空灯固定在测风支架上，然后用 M8×25—8.8 的螺栓将航空灯固定在航空灯支架的托盘上。

4.4.2.3 测风支架与机舱连接

用吊车将测风支架吊至机舱顶部，按照踏板朝向机头的方向将测风支架放在机舱上，使四个脚分别对应机舱顶部的连接座。在机舱内部穿入螺栓 M12×60—10.9 及 M12×90—10.9 固定。同时安装接地电缆、风向标和风向仪、环境温度传感器。安装方向：左侧装风向标，右侧装风速仪。

4.4.2.4 打胶

用密封胶将避雷针与测风支架连接处和测风支架与机舱连接处密封严实。

4.4.2.5 机舱起吊

（1）起吊前将偏航轴承与塔筒连接的螺栓、垫片、电缆、滑环固定支架、滑环、1 套液压油管、电缆桥架、底座与发电机定轴、轮毂与发电机连接用标准件、电动扳手及手拉葫芦放到机舱平台里，并固定好。

（2）清洁机舱底座与发电机连接法兰面、偏航轴承与塔筒连接面，绑 2 根导向绳，分别安装 3 根机舱导正棒和 3 根发电机吊装导正棒，安装机舱吊具。

（3）清洁塔筒上段上法兰面，并在法兰面上离外圈 5～10mm 处打上密封胶，螺栓上涂抹固体润滑膏。螺栓头与垫片的接触面上也涂抹固体润滑膏。

（4）在机舱口法兰面左右对称的方向拴上风绳。挂好吊具，拆掉机舱运输支架。

（5）在吊装机舱前选好风力发电机组风轮的安装方位，再决定机舱在塔筒上段的放置方位。

（6）检查 400t 吊车站立面的平整度是否控制在安装规范要求之内。

（7）检查调整机舱吊装工装。

（8）起吊 1.5m 左右，用大布将底座法兰面清理干净，装上导正棒，拉好风绳起吊，以防止机舱起吊的过程中碰杆。

（9）起吊机舱至塔筒上法兰面高约 100mm，调整好机舱口朝向和导正棒的位置，用导正棒导正后慢慢放下机舱，距法兰面约 20～30mm 时停止，用已经涂抹好固体润滑膏的 M30×385—10.9 螺栓及垫圈连接塔筒与机舱。指挥吊车放下机舱，用电动扳手旋紧螺栓后，用液压力矩扳手按对角方向分三次打力矩（700N·m、1050N·m、1400N·m）上紧螺栓，打完后用红色记号笔做好防松标记。

（10）吊装机舱罩顶盖，用 24 个螺栓 M10×40，24 个 M10 自锁螺母（不锈钢螺栓）、48 个大垫片 φ10 将机舱罩顶盖与机舱罩体连接。

4.4.3　发电机吊装

发电机安装主要零部件为发电机、滑环安装座、过桥、滑环。

4.4.3.1　吊具的安装

（1）安装发电机翻身吊具（吊耳和卸扣）用于发电机翻转，注意翻身吊具与横梁成 90°。

（2）安装发电机吊装工装。在发电机两侧吊耳处用毛毡防护后挂钢丝绳，单台吊车时使用扁担梁专用吊具。

（3）在主吊具上安装两个手拉葫芦和钢丝绳。

4.4.3.2　发电机翻身

（1）吊车将发电机吊到足够翻身的高度，在辅助吊车、手拉葫芦的配合下，将发电机翻转成竖直状态。

（2）使用手拉葫芦调节发电机定轴法兰面与垂直方向的倾斜角为 5°（在定轴法兰上端挂一铅锤，法兰下端距离垂线 228mm）。

4.4.3.3　其他准备

（1）将发电机定轴法兰面、动轴法兰面清洗干净，法兰面不允许有油渍。

（2）在发电机两侧吊装钢丝绳上各固定一根导向绳（导向、拆卸钢丝绳用），注意不要将导向绳固定在发电机吊耳上。

4.4.3.4　发电机吊装

（1）吊起发电机，将发电机定轴法兰与机舱底座法兰面调整对齐，指挥吊车把发电机逐渐靠近机舱。

（2）利用导正棒对准机舱底座法兰，安装螺栓、垫圈、螺母。螺栓螺纹部分涂固体润滑膏，调整好液压扳手的力矩，对角线方向紧固发电机连接螺栓。分三次打螺栓力矩，分别为 500N·m、800N·m、1050N·m。

（3）发电机安装完成后拆下发电机吊具，然后拆下发电机翻身吊具，用 6 颗 M16×35 的螺栓涂固体润滑膏后对翻身吊具的螺孔进行封堵，封堵完后喷自喷漆防腐。此项作业的工作人员通过天窗出入机舱。

4.4.3.5　滑环安装

将滑环用 6 个 M8×30—8.8 螺栓与滑环支架连接。用 10 个 M8×30—8.8 螺栓连接过桥安装座、过桥及拨叉。

4.4.3.6　其他附件安装

分别将转子制动器及锁定销用油管连接，用卡箍连接发电机风道，连接发电机与机舱密封圈并用密封胶密封接缝处。

4.4.4 叶轮组装

4.4.4.1 叶片组装

（1）组对时注意防止叶片与其他物体磕碰。

（2）用单吊车起吊（吊带应锁住叶片），找到叶片的"0"刻度线和轮毂的"0"刻度线后对准穿入，调整使叶片的"0"刻度线与变桨轴承的"0"刻度线对齐进行组对，不能有偏差。安装螺栓螺母垫圈，注意安装螺母垫圈时的方向，平的一面朝向变桨轴承。使用液压扳手（加长套筒），调整好液压扳手的力矩，对角线方向紧固法兰螺栓。分三次打螺栓力矩，分别为1100N·m、1700N·m、2250N·m（可采用电动变桨调整对齐叶片的"0"刻度线与变桨轴承的"0"刻度线）。

（3）地面电动变桨：每次单个叶片变桨，变桨时应有吊车在叶根部位用吊带兜住做防护。变桨后安装锁定销，防止空中齿形带受力断裂。电动变桨时，按照电气接线要求，将三相电源（电压稳定的400V电源，功率最好在10kW）端子用变桨专用电缆接进1号变桨柜，转动强制手动旋钮进行电动变桨。注意，当对其中一个叶片变桨时，要把另外两个变桨柜电源关掉。三个叶片变桨完成，锁定叶片锁定装置，采用90°吊装。叶片变桨时，安装区域地面要平整，避免叶片后缘触地，对叶片造成损伤。

（4）叶片变桨后安装挡雨环，盖好导流罩盖。

（5）拆卸变桨系统吊具，拆卸叶片工装螺栓，注意保留8个螺栓不卸。

（6）在叶片上安装叶片传感器挡块、挡块调节板。

（7）其余需用的螺栓、垫圈、螺母放在轮毂内以备用。

（8）对组对完的叶片按叶片标示的支撑位置对叶片进行支撑防护，如果现场不具备支撑叶片的条件，在起吊叶片的吊车松钩前，需采用另一辆吊车并使用吊带在离叶根大约2/3位置处提住叶片，吊带与后缘接触处必须安装后缘护具以保护叶片。

按上述步骤组对第二片、第三片叶片。

4.4.4.2 挡雨环安装

（1）画线：清洁叶片根部，移动挡雨环使其紧贴毛刷，沿着挡雨环边缘在叶片上画线。确定挡雨环长度，如挡雨环过长可适当截掉，保证挡雨环在叶片上环绕后有20～30mm的间隙。

（2）打胶：在叶片上距所画线25mm处，连续涂MA310结构胶以形成封闭的圆环。

（3）扳开挡雨环，将其移至划线位置，紧贴毛刷，向下压紧，用拴紧器拉紧，1h后方可拆除，确保胶液充分固化。

（4）安装挡雨环开口处连接板：连接板与挡雨环接合面、挡雨环与叶片接合面处（画线部位）及铆钉上打密封胶。

4.4.4.3 导流罩前端盖安装

用1根起重量1t、长6m的吊带将导流罩前端盖吊起，安装到导流罩上，用15个M10×100的螺栓连接导流罩前端盖和导流罩，拧紧力矩值为30N·m，圆周及螺栓头涂密封胶。

4.4.4.4　叶轮起吊

（1）起吊前准备好地锚、风绳等防护措施。在叶根处固定 1 根 ϕ20mm 长 50m 导向绳，在叶尖适当的位置通过叶尖护袋固定 1 根 ϕ20mm 长 50m 导向绳，在起吊过程中，设专人拉住导向绳，控制叶片移动。吊运过程应注意，不要让叶尖触地。

（2）在 2 个叶片的叶尖处分别装一个叶尖护袋，通过叶尖护袋各固定一根 ϕ20mm 长 300m 导向绳；在第三个叶片上先装一个叶尖护袋，并系上 ϕ20mm 长 300m 导向绳，在叶轮处于竖直状态时，把垂下来的绳在下方的叶片上绕几圈，在叶轮与发电机安装孔对准时朝减少上开口的方向拽紧，便于安装。在叶尖护袋往叶尖方向安装吊带和叶片后缘护具，用毛毡对叶片后缘进行防护，应尽量拉紧吊带，在吊带扣上绑两根绳子，便于将吊带取下，为防止护具卡在叶片上，护具上也要绑一根绳子，拆卸护具用。辅助吊点的安装位置按照叶片上的标识安装。

（3）在前两个叶片根部安装起重量 30t、长 16m、宽度 250mm 的扁平吊带。注意吊带距挡雨环的位置，应至少间隔 500mm，以免起吊时磨损吊带。在冬季，吊带应保持干燥。吊车同时起吊，安装叶轮导正棒，主吊车慢慢向上，辅助吊车配合将叶轮由水平状态慢慢倾斜，并保证叶尖不能接触到地面。待垂直向下的叶尖完全离开地面，垂直向下的叶片与地面的角度为 80°左右时，作业人员将垂直向下的叶片的导向绳拉紧后，才能松辅助吊车的吊带，辅助吊车脱钩，拆除叶片护具，由主吊车将叶轮起吊至轮毂高度。

（4）机舱中的安装人员通过对讲机与吊车保持联系，指挥吊车缓缓平移，轮毂法兰接近发电机动轴法兰时停止，使叶轮慢慢靠近发电机，拉动牵引绳配合吊车使轮毂变桨系统法兰面与发电机配合法兰面平行，螺栓涂固体润滑膏并旋入。如果叶轮法兰面和发电机配合法兰面有角度时，可用 10t 手拉葫芦配合地面拉牵引绳将叶轮拉近安装。

用电动扳手紧固后，液压力矩扳手分三次打力矩（1200N·m、1800N·m、2400N·m）上紧螺栓，拆下吊带和导向绳。

4.4.5　主要的施工难度

（1）潮间带试验机组安装施工，鉴于涨潮时将出现平台及道路被淹没，且每天的潮期为不定期，严重影响到现场正常施工进度。需准确掌握潮期来临时刻，在潮水来临时对现场设备采取安全防护措施，将相关的大件设备、吊装设备转运出场，或放置于比较高的位置。

（2）潮间带风速较大，其风力发电机组的叶片比一般的陆地风力发电机组的叶片更长。因叶片过长，受力面积大，风速较大的情况下，施工人员拉住导向绳难度大，周围大多为海滩，导向绳无固定位置。在场地受限制的情况下必须根据现场的情况考虑叶片的组装、导向绳的牵引方向，便于施工人员牵拉导向绳。

（3）必须合理地组织好人员及设备，在潮来之前，完成叶片的组装，并将叶轮及时吊装就位。

第5章 风电场的电气技术

风电场一般采用两级升压方式，电气接线和电气连接应可靠，所需要的连接件（如接插件、连接线、接线端子等）应能承受所规定的电（电压、电流）、热（内部或外部受热）、机械（拉、压、弯、扭等）和振动影响；母线和导电或带电的连接件按规定使用时，不应发生过热松动或造成其他危险的变动；在风力发电机组组装时，应标明发电机转向及发电机出线端的相序，按标号接线，并在第一次并网时检查相序是否相同；电气系统及防护系统的安装应符合图样设计要求，保证连接安全、可靠，不得随意改变连接方式。电气设计图样规定连接内容外的其他附加电气线路的安装（如防雷系统）应按有关文件或说明书的规定进行；机舱至塔架底部控制柜的控制及电力电缆应按国家电力安装工艺中的有关要求进行安装；还需负责导电轨的安装，并负责风力发电机组高压绝缘测试。这些电气设备的接线非常重要，其好坏将影响风力发电机组的整体性能。为此，本章对风电场的电气接电技术进行了详细阐述。

5.1 电 气 一 次 部 分

本节以某风电场为例，介绍一次电气接电技术。主要内容包括：风力发电机组一次电气接电技术中的接入电力系统方式；给出了电气主接线的几种方案，并对方案进行比较，提出更优的接线方案，使主接线更加经济可行；给出了220kV配电装置主变压器和风力发电机组选型与布置以及2种配电方案，并对2种方案进行了经济性比较，提出了更优方案；最后对过电压保护及接地和接地装置的相关技术进行介绍。

5.1.1 接入电力系统方式

本节所述风电场位于沿海滩涂，风能资源丰富，具有较高的开发价值。当地电网由220kV变电站主供，安全可靠。风电场按接入系统统计报告及该工程装机容量大、出力变化频繁的特点，应接入220kV电网。风电场以1回220kV线路接入220kV变电站，线路长度为37km。为此，风电场配套建设1座220kV升压变电站。

5.1.2 电气主接线

风电场风电机组单机容量为1.5MW，风力发电机组出口电压为690V，每台风力发电机组配置1台箱式变电站。分解风电场装机规模及接入系统电压等级，风电场输变电系统采取二级升压方式。箱变高压侧电压等级有10kV和35kV两种电压可供选择，现对10kV、35kV两种升高电压的输电线路方案进行比较。

（1）采用10kV架空线输电方案。联合后由LGJ150线送至220kV升压变电站，通过经济电流密度计算，每回线路最大可输送约 4500kW。根据风力发电机组布置情况，风电场共设 45 回 10kV 架空线路。由于集电线路输电距离较远，电压损失较大，较远处架空集电线路回路电压损失超过 7%，且线路走廊十分拥挤。由于 10kV 架空线路损耗较大，年运行费用较高，该方案经济及技术性能均不理想，故该工程不予考虑。

（2）采用 10kV 电缆输电方案。690kV 风电机电压经箱变升压至 10kV，联合后经阻水防腐电缆送至 220kV 升压变电站，每回线路最大输送容量约 9000kW。根据风力发电机组布置情况，5～6 台风力发电机组成 1 个联合单元，风电场共设 23 回 10kV 电缆集电线路。由于 10kV 电缆集电线路输送容量不大，输电回路较多，且联合单元输电回路电缆截面大，该方案投资高，故不予考虑。

（3）采用 35kV 架空线输电方案。690kV 风力发电机组电压经箱变至 35kV，联合后经阻水防腐电缆送至 220kV 升压变电站，通过经济电流密度计算，每回线路最大可输送约 15000kW。根据风电机组布置情况，风电场共设 14 回 35kV 架空集电线路。

（4）采用 35kV 电缆输电方案。690kV 风力发电机组电压经变升压至 35kV，联合后经 ZSFF - YJYJ22 - 3×150 26/35kV 阻水防腐电缆送至 220kV 升压变电站，每回线路最大可输送 18000kW。根据风力发电机组布置情况，风电场共设 14 回 35kV 电缆集电线路。

对风电场 35kV 电压等级两种集电线路方案进行经济比较，见表 5 - 1、表 5 - 2。

表 5 - 1   风电场 35kV 两种方案经济比较

电缆规格	单位费用/（万元·kW⁻¹）	架空线		电缆线	
		参数	输电方案费用/万元	参数	输电方案费用/万元
ZSFF - YJYJ22 - 3×50 26/35kV	43	18.0	774	50	2150
ZSFF - YJYJ22 - 3×70 26/35kV	47	0.7	33	19	893
ZSFF - YJYJ22 - 3×120 26/35kV	60			20	1200
ZSFF - YJYJ22 - 3×150 26/35kV	70	7.0	490	78	5460
LGJF - 150 35kV 单回	30	85.0	2550		
LGJF - 150 35kV 双回	36	47.0	1692		

注：35kV 架空线输电方案可比投资合计 6364 万元，差价为 0 万元；35kV 电缆输电方案费用可比投资合计 12013 万元，总价 5649 万元。

表 5 - 2   35kV 集线电路的运行经济性比较   单位：万元/年

电缆规格	35kV 架空线路损耗	电缆线路损耗
ZSFF - YJYJ22 - 3×50～150	3	163
LGJF - 150/25	210	

注：35kV 架空线路损耗合计 213 万元/年，差价 0 万元/年；35kV 电缆线路损耗合计 163 万元/年，差价 50 万元/年；变压器负载损耗参考《油浸式电力变压器技术参数和要求》（GB/T 6451—2008）；线路参数查手册；最大运行时间取 2200h，损耗时间取 1000h；电价取 0.6 元/kWh。

经比较可以发现：架空线方案的年电能损耗比电缆输电方案高50万元，而架空线输电方案可比投资比电缆输电方案低5649万元。集电线路运行的安全性、可靠性方面，电缆输电方案要高于架空线输电方案。因此，本风电场集电线路推荐选用35kV架空线输电方案。

风力发电机组与箱变接线方式：风力发电机组出口电压为690V，通过箱式变电站升压值为35kV。单元接线具有电能损耗少、接线简单、操作方便以及任何1台风电机故障不影响其他电机运行等优点，因此本工程风力发电机组与箱变组合采用单元接线方式，箱变高压侧采用联合单元接线方式。

集电线路及主变压器：按风电机组布置及线路走向划分，风电场共设14回35kV架空集电线路。各联合单元由1回35kV架空集电线路接至220kV升压变电站。根据工程的装机容量，考虑风电场风电机组满发同时率极低，风电场设置了2台100MWA，220/35kV升压变压器，可满足要求。

5.1.3 升压变电站接线方式及配电设备选择

1. 升压变电站接线方式

升压变电站有以下两种接线方式：

（1）35kV配电装置接线，风电场35kV配电装置14回进线、2回出线，采用单母线分段接线方式。

（2）220kV配电装置接线，风电场220kV配电装置2回进线、1回出线，采用单母线接线方式。

2. 场用电源

工程场用电设2台常用变压器互为备用，电源分别引自35kV母线的Ⅰ、Ⅱ段，变压器采用SC－200/35，220kVA，$35\pm2\times2.5\%/0.4$kV。为提高风电场场用电供电可靠性，保留施工外接电源作为场用电源的备用电源，低压侧各设6面场用配电盘。

3. 消谐消弧

因风力发电机组数量较多，每台风力发电机组引至35kV架空线，以35kV架空线进入220kV升压变电站，水库边缘部分采用交联铠装电力电缆，35kV系统单相节点电容电流大于10A。根据规范要求，对35kA系统变压器以接小电阻或消弧线圈的形式接地。

4. 无功补偿

按计入系统设计报告要求，风电场采用双馈风力发电机组，则风电场可不装设无功补偿装置。该工程风力发电机组拟采用带变频系统的双馈电机，功率因数可调，风力发电机组可发出或吸收少量无功功率，功率因数在$-0.95\sim+0.95$范围内可调。因此，该风电场不安装并联电容器补偿装置。

5. 主要电气设备的选择

根据一次介入系统设计报告短路电流计算，系统提供至风电场220kV母线短路远景电流值为13.4kA。根据现有条件，经计算，风电场等值阻抗示意如图5-1所示，电流汇总表见表5-3。

表 5 - 3 电 流 汇 总 表

短路点编号	短路点电压 /kV	短路电流值 /kA	冲击系数 k_{ch}	冲击电流 $I_{ch}=\sqrt{2}k_{ch}I/kA$	短路容量 s /MW
D1	230	14.28	1.85	37.36	5713
D2	37	23.67	1.85	61.93	1517
D3	0.69	19.28	1.90	51.81	23

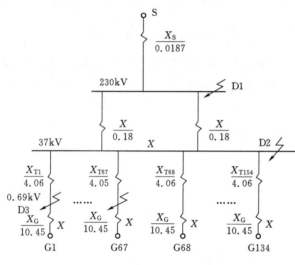

图 5 - 1 风电场等值阻抗示意图

风电场变电站位于沿海滩涂，处于环境潮湿、重烟雾地区；同时土壤含盐量较高，在设备选择与安装敷设时应考虑上述不利因素。主要设备选择如下：

（1）风力发电机组。采用变桨距风力发电机组，发电机是带转子绕组、滑环和变频系统的双馈异步电机。风力发电机组可在不同速度进行运转，功率因素可调。主要电气参数：额定容量为 1.5MW，额定电压为 690kV，额定功率为 50Hz，额定功率因素 $\cos\varphi=1$（$-0.95\sim+0.95$ 可调），数量为 134 台。

（2）主变压器。风电场总装机容量为 201MW。选用 2 台 100MWA 三相铜绕组自然油循环自冷却型油浸式有载调压电力变压器。主要电气参数：型号为 SZ10 - 100000，容量为 100000kVA，电压组合为 230±8×1.25%/25kV，连接组标号为 YNd11，阻抗电压 $U_k=18\%$，数量为 2 台。

（3）220kV 配电装置选型与布置。风电场 220kV 配电装置 2 回进线 1 回出线，采用单母线接线。

下面对 SF_6 全封闭组合电器（GIS）设备户内布置和常规设备户外敞开布置两种 220kV 配电方案进行比较。

方案 1：采用 GIS 设备户内布置。根据 220kV 侧接线，GIS 室面积为 362m²，层高为 8.1m，占地面积和空间较小，运行可靠性高，外绝缘事故少。由于 SF_6 气体性能衰减以及因电弧分段引起的弧触头磨损很小；断路器几乎不需要检修，安装调试容易，维护工作量极小，检修周期比常规设备长约 5~10 倍，环境保护好，适应性强，适合于该工程。

方案 2：采用常规设备户外敞开式布置。根据 220kV 侧接线方式及进出线方向，220kV 配电装置采用户外支持式管母中型断路器单列布置方式，占地面积为 2115m²。该方案占地面积大，电气设备需加强绝缘。

两种方案的优缺点比较如下：

（1）电气设备投资。方案 1 中国产 GIS 设备投资约为 800 万元，方案 2 中电气设备投资约为 500 万元。

（2）土建费用。方案 1 占地面积为 29m×12.5m，GIS 室建筑物及土建综合投资约 50 万元；方案 2 占地面积为 45m×47m，电气设备基础及支架、进出线构架土建综合投资约为 100 万元。

（3）风资源是不可存储的随机能源，可靠性高，对风电场 25 年经营期的经济效益更为可观。而 GIS 设备在可靠性方面远高于敞开设备，比较适合该工程选用。

综上所述，方案 1 投资比方案 2 高出 250 万元，但方案 1 维护工作量小、适应性强、运行可靠性高、经营期的经济效益较好。此外，因 220kV 升压变电站地处海滩，长年受盐雾侵袭，容易造成设备放电事故。如果事故频繁出现，将严重影响风电场安全运行，并对电网造成一定冲击。虽然一次性投资较少，却会因此增加运行维护工作量及停电损失的费用。

35kV 输电线路经比较，该工程输电线路选用架空线路，每台风力发电机组引致 35kV 架空线，输电线路进变电站，水库边缘部分采用高压电缆。

5.1.4　过电压保护及接地

（1）直击雷保护。如果地区雷电活动频繁，应加强防雷保护。除风力发电机本身设置防雷装置外，还要采用相应的措施。如风力发电机机壳、塔架应与接地网可靠相连，风力发电机防雷引下线与接地网相连处应敷设冲击接地网，利用管桩作为冲击接地极，风电场综合楼屋顶采用避雷带保护，主变采用配电楼顶避雷带保护，35kV 集电架空线路全线架设避雷线保护等。

（2）配电装置的侵入雷电波保护。根据《交流电气装置的过电压保护和绝缘配合》（DL/T 620—1997）的规定，在风电场 35kV 配电装置母线及 220kV 架空线入口处装设氧化锌避雷器保护，风力发电机组配套的箱式变电站高压侧采用氧化锌避雷器保护，35kV 电缆线路上架空集电线路处装设氧化锌避雷器保护。

5.1.5　接地装置

（1）充分利用各个风电场的风力发电机组基础作为自然接地体，根据现场实际情况及土壤电阻率敷设人工接地网，以满足接地电阻的要求，重点区域加强布置以满足接触电势和跨步电势的要求。

（2）变电站接地装置采用方孔网格状布局，网格间距 10m 左右，靠近围墙侧网格间距适当加密，接地网采用阴极保护。水平接地采用热镀锌扁钢，并与基础管桩钢筋网可靠连接。

（3）对于单台风力发电机组接地，以风力发电机组基础中心为圆心，根据基础管桩位置设置 2 圈环形接地网，接地网需与管桩钢筋网可靠连接。同时从风力发电机组中心向外敷设 4 根水平接地扁钢与环形水平接地扁钢相交。

（4）根据《交流电气装置的接地》（DL/T 621—1997），所有要求接地部分均应接地或接零。风电场电站的保护接地、工作接地、过电压接地采用一个总的接地装置，总的工频接地电阻根据入地电流大小及要求最终确定。每台风力发电机组防雷引下线的冲击接地电阻不大于 10Ω，风力发电机组配套箱接地网工频接地电阻按要求不大于 4Ω。

5.2　电 气 二 次 部 分

本节主要介绍风力发电机组电气二次自动控制的关键技术，具体有风力发电机组及其 35kV 箱式变电站的控制、保护、测量和信号处理；主变压器及线路设备的控制、测量，包括控制技术、测量技术和信号处理技术；继电保护和安全自动装置中，包括主变压器保护配置、220kV 线路及母线的保护、35kV 母线保护；远动技术中的远动系统、计费系统、远动信息技术、图像监控及防盗报警系统和火灾自动探测报警及消防控制系统等。

5.2.1　自动控制

根据风电场工程一次接入系统设计要求，风电场以 1 回 220kV 线路接入 220kV 变输电距离 37km。

风电场工程采用二级升压方式，风力发电机出口电压为 690V，箱式变电站高压侧、集电线路电压为 35kV。由 11～13 台风力发电机组与箱变单元组成联合单元接线，根据风力发电机组布置风电场共设 14 个联合单元组。

风电场配套建设 1 座 220kV 升压变电站，变电站 35kV 侧 14 进 2 出采用单母线分段接线；220kV 侧 2 进 1 出采用单母线接线。

风电场由省调度管理，采用少人值守方式运行。风电场分为三级监控：

（1）可在各台风力发电机组的现场对单机进行监控。

（2）可在风电场的中央控制室对风力发电机组及送变电设备集中监控。

（3）可在省内调度，对 220kV 升压变电站的送变电设备实行远方监控。

在风电场控制室内各设置有两套相对独立的计算机监控系统，一套是风力发电机的计算机监控系统，另一套是升压站计算监控系统。

风力发电机组计算机监控系统由风力发电机组厂家配套提供，负责风力发电机组的自动监视和控制。升压站计算机监控系统负责 220kV 线路、主变压器、35kV 线路及公共设备的集中监控。升压站计算机监控系统设通信工作站向调度部门输送远动信息，并接受调度部门的远方遥控。

5.2.2　风力发电机组及 35kV 箱式变电站的控制、保护、测量和信号处理

风力发电机组正常采用集中监控方式由中控室运行人员通过风力发电机组计算机监控系统的人机接口，对风电场内所有风力发电机组进行集中远方监视和控制。在每台风力发电机的现地控制柜上，运行人员可通过控制柜上的人机接口对风力发电机组进行现地监视和控制。在风力发电机组运行过程中，控制柜能连续监视风力发电机的转速，控制制动系统使风力发电机组安全运行。

风力发电机组配置以下保护装置：温度保护、过负荷保护、电网故障保护、振动越限保护和传感器故障保护等。保护装置动作跳开风力发电机断路器，并发出保护动作信号。

风力发电机组配有各种检测装置和变送器，反映风力发电机实时状态。中控室计算机

自动连续对各风力发电机组进行监视，并能在显示器上显示以下内容：当前日期和时间、叶轮转速、发电机转速、风速、环境温度、风力发电机温度、功率和偏航情况等。

35kV箱式变电站的保护和监控设备由厂家配套提供。其监控设备负责对箱式变电站的35kV负荷开关位置、低压侧690V开关位置、熔断器断路报警信号、箱变箱门开启报警信号等突发或人为等情况进行监控，并可测量箱式变电站低压侧三相电压、三相电流、有功、无功，以达到箱式变电站的无人值守。

5.2.3 主变压器及线路设备的控制、测量

1. 控制

在风电场中控制配置1套升压站计算机监控系统，该系统是站内综合自动化的通信枢纽，是全站的信息综合点。负责开关站主要设备获取测量数据和状态信号，并对所得信息作汇总、分析、存储和报告输出，同时还负责与远方调度之间的联系，实现数据、状态量的传输和控制命令的传达。另外，还与电子式电表、直流电源系统、小电流接地选线装置、图像监控系统等其他智能模块或设备相连接，共同完成全站的综合管理功能。各主要设备的控制如下：

(1) 各断路器的就地和远程控制。

(2) 变压器中心点接地闸门的就地和远方控制。

(3) 变压器有载调压开关的自动调节，就地和远程控制。

(4) GIS室内隔离开关的就地和远程控制。

(5) GIS室内接地开关的就地控制。

2. 测量

测量表计按《电测量及电能计量装置设计技术规程》（DL/T 5137—2001）配置，具体包括：

(1) 220kV线路：电压、电流，正反向有功、无功电能，有功、无功功率。

(2) 220kV母线：电压，频率，功率因素。

(3) 主变压器：电流，有功、无功电能，有功、无功功率，温度。

(4) 35kV母线：电压，频率。

(5) 35kV风力发电机组线路：电压、电流，有功、无功功率。另外，还包括场用变低压380V母线Ⅰ、Ⅱ段，220V直流电源系统Ⅰ、Ⅱ段母线电压的测量。

3. 信号

不设常规音响信号系统，所有的事故、故障信号均输入中控室计算机监控系统，由计算机监控系统显示器显示和进行语音报警，并打印记录。

(1) 各断路器、220kV主变压器中心点、闸刀位置状态，各断路器控制回路断线信号。

(2) 各断路器小车位置状态。

(3) 主变压器有载调压开关位置状态。

(4) 主变压器有载调压开关控制回路异常状态。

(5) 继电保护及自动装置的动作及装置异常信号。

（6）断路器操作机构及所用变异常状态。

（7）直流系统和交流电源故障信号。

（8）小电流接地选线装置的选线结果。

（9）图像监控、防盗系统及其他有关信号。

（10）全场事故总信号。

5.2.4　继电保护和安全自动装置

主变压器、220kV 线路、35kV 线路的继电保护参照《继电保护和安全自动装置技术规程》（GB 14285—93）进行配置，选用微机保护装置。

1. 主变压器保护配置

（1）纵差动保护。作为主变压器内部及引出线短路故障的主保护，保护装置应具有躲避励磁涌流和外部短路时所产生的不平衡电流的能力，过励磁时应闭锁；2 组纵联差动保护均瞬时动作跳主变压器两侧断路器。

（2）主变压器高压侧复合电压闭锁过流。保护延时跳主变压器两侧断路器。

（3）零序电流保护。作为主变压器高压侧及 220kV 线路单相接地故障的后备保护，保护延时动作主变压器两侧断路器跳闸。

（4）间隙零序电流、零序电压保护。当电力网单相接地且失去中性点时，间隙零序电流瞬时、零序过电压短延时动作主变压器两侧断路器跳闸。

（5）主变压器过负荷。设在高压侧，动作发信号。

（6）断路器失灵保护。保护动作起动 220kV 母线保护总出口继电器。

（7）非电量保护。包括瓦斯保护、主变压器压力释放保护和温度保护。其中：瓦斯保护，主变压器本体和有载调压开关均设有该保护，轻瓦斯动作发信号，重瓦斯动作后瞬时跳主变压器两侧断路器。

（8）主变压器压力释放保护。保护瞬时跳闸跳主变压器两侧断路器。

（9）温度保护。温度过高时动作主变压器两侧断路器跳闸，温度升高时动作发报警信号。

2. 220kV 线路及母线的保护

（1）220kV 线路保护。按电力设计院提供的"风力发电场工程二次接入系统设计报告"的推荐方案，配置 2 套不同原理的光纤纵联差动保护，即架设 OPGW 光缆，两侧均配置不同原理、完全独立的光纤分相电流差动保护。

（2）220kV 母线保护。220kV 母线配置一套微机型母线差动保护。

（3）220kV 系统故障录波。按二次接入系统的报告要求，风电场升压站本期装设 64路模拟量的危机故障录波器柜 1 面。

（4）安全自动装置。按响水二次接入系统的报告要求，该工程暂不装设系统安全稳定控制装置。但拟在风电场升压侧配置一套频率电压紧急控制装置。220kV 线路及母线保护和安全自动装置由接入系统设计单位选型配置。

3. 35kV 母线保护

35kV 线路配置电流速断，过电流保护，单相接地检测；35kV 母线配置电流速断保护；35kV 母线配置微机型电流差动式母线保护。

5.2.5 直流电源

直流系统电压为 220V，选用智能高频开关直流电源，整流模块 N+1 热备份，高频开关无级双向调压，其中的监控元件对交流配电、整流模块、降压模块、直流馈电实现本地及远端监控。设 2 组 220Ah 阀控式密封铅酸蓄电池，2 组蓄电池均采用单母线结线，蓄电池组不设端电池，设 2 组充电模块。直流系统正常情况下浮充电方式运行，事故放电后进行均衡充电。直流系统还配有危机直流电压及绝缘监测装置，供全场保护、控制、事故照明、综合自动化设备等电源。

5.2.6 远动技术

1. 远动系统

按照有关规程要求，所采用的计算机监控系统可以对发电机、主变压器、母线、线路、断路器等设备的运行状态、参数进行采集，遥测量采集拟采用交流，采用精度小于 0.2%；并具备四遥功能、调度数据网络接入功能等。有关运动信息通过调度数据网络和点对点通道同时送到电网。

2. 计费系统

电能计费点设在风电场的 220kV 出线侧，主变压器高、低压侧设置主、副电度计费表各 1 块，配置 1 套电能计费终端，表计及相应的电流互感器的精度为 0.2S 级，电压互感器的精度也不低于 0.2 级。

3. 远动信息

（1）遥测。220kV 线路有功功率、无功功率、有功电能及电流；主变压器 220kV 侧的有功功率、无功功率、有功电能及电流。发电机侧有功率、无功功率、有功电能及电流；220kV 母线电压、频率；35kV 母线电压，频率。

（2）遥信。所有断路器位置信号；220kV 所有隔离开关位置信号；220kV 线路主保护动作信号；220kV 母线差动保护动作信号；发电机、变压器保护动作信号；全场事故总信号。

5.2.7 图像监控及防盗报警系统

系统主要用于对风电场中主控楼主要设备（主变压器、GIS、隔离开关、开关柜等）操作进行远方监视，对风电场主控楼主要设备现场状况定期巡视，安全保卫。系统能对监视场景进行录像，便于事故分析。

风电场图像监控系统由控制站、摄像头、视频电缆、控制电缆等组成。控制站布置于变电所主控制室，由数字录像监控主机和键盘等设备组成。主控楼摄像头分别置于中控室、通信机房、35kV 开关室、GIS 室、主控制楼主入口、围墙总入口等处。各摄像头与控制站间有同轴电缆和控制电缆相连。

数字录像监控主机有计算机通信口，可以接收升压站内区域火灾报警控制系统内任何一点的火警信号，以实现图像监视系统画面与火警信号的视频联动，提高升压站的监控水平。

防盗报警系统 4 套报警探头分别置于主控楼四周围墙上，用于出入口管理及周界防越报警。

5.2.8　火灾自动探测报警及消防控制系统

风电场火灾报警及消防控制系统是根据《火灾自动报警系统设计规范》（GB 50116—2013）等相关标准的要求进行设计。

风电场火灾报警及消防控制系统采用区域报警工作方式。在中控室设置台壁挂式火灾报警控制器（联动型），主要监测设置各火灾探测器场所的火警信号，并可根据消防要求对相关部位风力发电机组、防火风口、防火阀等实施自动联动控制。火灾报警控制器上设有被控设备的运行状态指示和手动操作按钮。

风电场的火灾监测对象是重要的电气设备和电缆层等场所，根据环境及不同的火灾燃烧机理，分别选用感烟、感温等不同种类的探测器。探测器主要安装在中控室、35kV 开关室、GIS 室、通信室、电缆层等场所；在各防火分区设置手动报警按钮和声光报警器。探测器手动报警按钮动作时，火灾报警控制器发出声光报警并显示报警点的地址，打印报警时间和报警点的地址。同时，按预先编制好的逻辑关系发出控制指令，自动联动停止相关部位的风力发电机组，关闭防火风口和防火阀，启动声光报警器，也可由值班人员在火灾报警控制器上远方手动操作。

火灾报警控制自带备用电源，正常工作电源交流 220kV 由动力配电箱供给，当交流电消失时，自动切换至直流备用电源供电，保证系统正常工作。电缆采用阻燃屏蔽控制电缆和阻燃屏蔽双色双绞电线，电缆敷设在电缆桥架上的火电缆沟内，电线采用穿金属管保护或线槽内敷设。

区域火灾报警控制器向升压站图像监控系统输送区域火灾报警控制系统内任何一点的火警信号，以实现图像监控系统监视画面与火警信号的视频联动，提高升压站的监控水平。

5.2.9　通信

（1）系统通信。通信采用 SDH 光纤传输方式设计，作为系统调度通信的主、备通道。最终设计应以今后提供的施工设计图纸和技术文件为准。对外联络永久通信建立与电信公网之间的通信线路。

（2）升压站站内通信。中控室内设行调合—数字式程控调度交换机 1 套，作为中控室、风电场生产、行政通信用。厂内行政和调度交换机有数字中继和各类模拟中继接口，可与电力系统、邮电公网及 220kV 变电站之间实现通信联网，满足电网运行调度和管理的通信需要。

（3）集群移动通信。在站内设置一套 5 信道集群移动通信系统，以满足电场基建施工指挥、生产检修、户外检修、库内调度、场内应急通信等多种情况的需要。集群系统以 4 线 E&M 接口接入电站交换机，实现有线、无线及对外的通信联络。并配置 3 部移动车载台和 30 部手持机。

（4）通信电源。通信电源采用高频开关式稳压稳流电源系统，配置 2 组 100Ah 阀控式密封铅酸蓄电池。二路取自厂用电不同母线段的交流 220V 作为主供电源，电源系统输出交流 220V 及直流 48V 供通信设备用。当厂用电消失或输入电压低于 198V 时，自动转为由电源屏内的阀控式密封铅酸蓄电池组供电。通信系统电源由通信系统自行配套。

第6章　集电线路及光缆线路施工技术

集电线路及光缆线路是风电场输电系统的重要组成部分，是联系风力发电机组、升压变电站和电网系统的动脉，是保证风电场正常运行的重要环节。风电场集电线路及光缆线路一般按同路径同敷设方式设计，施工时也可同期施工。

6.1　风电场内集电线路及光缆线路施工技术

6.1.1　集电线路及光缆线路输送形式

风电场集电线路是将每台风力发电机组配套的箱式变电站高压侧的电力通过线路汇集输送到风电场升压变电站，输送电压等级一般为35kV。风电场集电线路输送形式可采用架空线方式、电缆方式或者电缆与架空线混合方式。风电场光缆线路多与集电线路同路径敷设，根据集电线路输送形式的不同，光缆线路敷设可分为OPGW光缆、ADSS光缆架空敷设和无金属光缆地埋敷设。

风电场集电线路普遍为混合方式，即若干组风力发电机组与箱式变电站之间，以及风力发电机组配套箱式变电站高压侧与输电主干线之间采用电缆输送形式，输电主干线多以架空线输送形式为主；但在台风区、覆冰区等自然条件恶劣地区，或海滨滩涂施工困难地区以及草原、风景区等有环境保护、旅游要求时宜采用电缆输送形式。

风电场容量一般为50MW（或其整数倍）左右，由几十台风力发电机组组成。由于受单回路输送容量及线路长度限制，集电线路一般采用2~3回线路输送。为减少线路总长度、缩小线路走廊，山区及丘陵地带一般采用2回线路输送，平原及沿海滩涂地区可考虑3回线路输送。采用2回线路输送，每回输送容量为25MW左右，架空导线截面一般选用240mm²；采用3回线路输送，每回输送容量为16.5MW左右，架空导线截面一般选用150mm²。

6.1.2　地形及气象条件

风电场分布区域广泛，既有山区、丘陵，又有平原、沿海滩涂。按照集电线路工程标准地形条件划分，可分为平地、河网泥泽、丘陵、山地和高大山岭五类，但从对架空线路铁塔设计的影响来看，则可归纳为平地（含河网泥泽）和山区（含丘陵、山地和高大山岭）两大类。电缆线路地形划分为内陆及沿海滩涂两大类。

我国幅员辽阔、地形复杂，气候具有多样性，各地区风电场气象条件存在较大差别，且对架空线路的影响很大，如气温的高低影响导地线的弧垂和应力，覆冰的厚薄、风力的大小将影响导地线和杆塔的垂直荷载、水平荷载及导地线弧垂。

6.1.3 线路施工特点及工艺流程

线路工程属于基本建设工程，由于线路遍布平原、丘陵、山地等各种复杂环境，常达数公里或几十公里，因而线路施工特点如下：

（1）线路施工是野外作业，战线长，地理环境条件差，受大自然因素的影响大，季节性强，在北方要避免冬季施工，在南方要避免黄梅雨季施工。

（2）线路施工高空作业量大，难度大，要求高，所以应特别重视安全工作。

（3）线路施工由于地形限制，施工机械化程度低，多使用轻型、小型机械施工，有时只能依靠人力作业，工作量大。

线路施工都可分为以下三个阶段：①施工准备；②施工安装；③质检、验收、移交。工艺流程如图6-1所示。

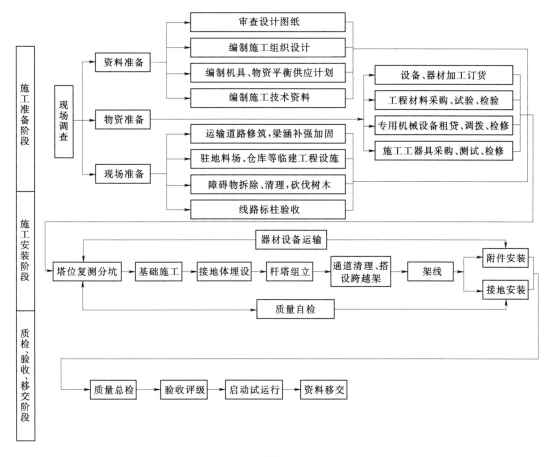

图6-1 线路施工工艺流程图

6.1.3.1 施工准备

施工准备属于施工管理工作，是施工的顺利开展、按期完成及优质安全的重要保证。

1. 现场调查

接受工程任务后应按线路施工图，从线路的起始端到终端沿全线进行现场调查，了解施工线路现场的实际情况，调查沿线自然状况、地形、地貌、地物、自然村的分布，居民的民族风俗习惯及劳动力情况，沿线运输道路及通过的桥梁结构，交叉跨越结构、材料集散转运的地点及仓库，生活医疗设施及地方病情况，项目部及施工驻地条件等。

2. 资料准备

进行设计图纸、预算的审核，并根据现场调查报告、施工力量及工程实际状况确定施工方案、编制工程施工组织设计、施工技术措施、施工预算及机具物资平衡供应计划等。

3. 备料和加工

施工用料的及时供应是保证施工正常进行的重要条件，要做好材料的采购、加工定货及质量检查验收，并储放于集料站。

4. 临建和开工

线路施工战线长，通常要设立项目部、材料供应站，施工班组沿线部署，班组驻地一般租用民房或搭建临时施工用房，也必须建设一些生活上的临时设施，就绪后，才能进入施工场地开工。

6.1.3.2 施工安装

施工安装是线路施工的主要阶段，涉及基础施工、附件安装、接地安装等。

架空线路施工安装主要分为：①复测分坑；②基础施工；③接地体埋设；④杆塔组立；⑤通道清理、跨越架搭设；⑥架线；⑦附件安装；⑧接地安装。

直埋线路施工安装主要分为：①路径复测；②沟道开挖；③电缆、光缆敷设；④电缆头制作；⑤接地安装。

线路施工安装部分将在后文中单独详细描述。

6.1.3.3 质检、验收、移交

保证和提高工程质量、创造优质工程是施工企业的一项重要任务，施工过程中应实行严格的、全面的质量管理，以保证工程质量，创优质工程。

工程验收合格后，才能进行启动试验并移交。

1. 质量自检

施工过程中，班组应对本工序进行全面严格的质量自检，消除缺陷，整理施工和自检记录，达标后方可转至下一工序施工。

2. 质量总检

施工单位对承建的线路应进行质量总检，内容包括隐蔽工程的质检记录和分部工程的检查和实测，以及缺陷处理情况。

3. 评级验收

线路竣工后，由启动委员会根据现行规程规范对工程进行质量评级和竣工验收。

4. 启动试运行

验收合格后，进行启动前的电气试验，并带负荷试运行24h。

5. 资料移交

线路完工后，应移交全部工程安装及检查记录、试验报告、竣工图纸等资料。

线路施工的工艺流程适用于任意一条线路，但由于具体条件的差异，设计的每一条线路是不同的，因而每一道工序的施工内容将会有较大的差异。这就要求掌握好施工的基本

方法和工艺要求，根据具体情况应用。

6.1.4 架空线路的施工

架空线路的施工分为塔位复测分坑、基础施工、杆塔组立、通道清理、搭设跨越架、架线、附件安装及接地安装等环节。

6.1.4.1 塔位复测分坑

架空线路的杆塔位置是根据设计单位勘测定位的杆塔来确定的。由于线路在测定之后到开始施工这段期间内，往往受到自然环境或外界因素的影响，使杆塔桩偏移或丢失。故在开始施工之前，要对线路上各杆塔桩挡距、高差等进行一次全面复测。

1. 复测

复测主要内容如下：

（1）校核直线杆塔桩的直线、转角杆塔桩的度数、水平挡距、杆塔位置高差、危险点标高、风偏距离等。

（2）对重要交叉跨越物（如铁路、公路、电力线、Ⅰ级和Ⅱ级通信线、民房等）的标高，也需要复测。

（3）若复测结果与设计资料不符且超出允许范围，应汇报工地技术部门处理。

（4）若发现有丢失的桩位，应立即补上，补定后的桩应与原桩号一致。在补桩时，对其桩距、高差、转角度数、危险点、交叉跨越点都要进行复查。

（5）在复测中发现杆塔位由于地形条件限制，位置不适宜施工时，直线杆塔位允许前后少许移动，其移动值不应大于相邻两挡距最小挡距的1‰，直线杆塔横线路方向位移不应超过50mm；转角杆塔、分支杆塔的横线路、顺线路方向的位移均不应超过50mm。同时，要做好记录汇报工作。

2. 分坑

基础分坑测量应在施工基面开挖完成后进行，以复测后或复原后的塔位中心桩为基准，按杆塔型号和基础形式及根开尺寸和坑口尺寸定辅助桩，其数量应满足分坑图要求，水田及易丢桩处应适当增加。由于施工开挖塔位中心桩无法保存，应在顺线路及横线路方向加定辅助桩，以便塔位中心桩重新确定。对辅助桩所定位置应牢固、准确，并加以很好的保护，以便施工及检查验收。

基础分坑测量是按设计图纸的要求，将基础在地面上的方位和坑口轮廓线测定出来，以作为挖坑的依据。根据杆塔形式的不同，可分为水泥杆和铁塔两部分。水泥杆分坑有单杆（包括Ｖ形铁杆）、直线双杆和转角双杆等。铁塔分坑有正方形基础、矩形基础、高低腿基础、转角塔基础等。图6-2为几种常见的基础分坑图。

6.1.4.2 基础施工

杆塔基础坑的开挖方法，一般有人力开挖、机械开挖和爆破开挖等。除山区岩石以外，绝大部分采用人力开挖和机械开挖方法。这种预先开挖好的基坑，主要用于预制混凝土基础、普通钢筋混凝土基础和装配式混凝土基础等。这类基础具有施工简便的特点，是线路设计中最常用的基础形式。基础在基坑内施工好后，将回填土埋好夯实。

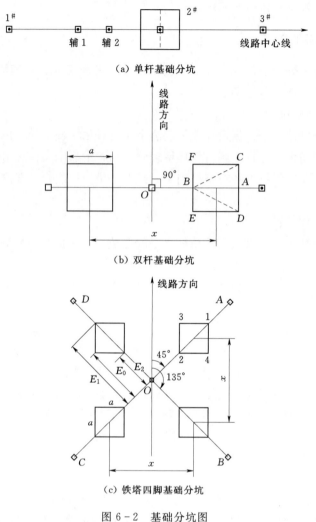

（a）单杆基础分坑

（b）双杆基础分坑

（c）铁塔四脚基础分坑

图 6-2　基础分坑图

1. 基础坑开挖注意事项

（1）基础坑开挖前应先观察现场，摸清实地情况，掌握地形、地貌、地质、河流、交通、墓穴和堆积障碍物等情况，并采取相应措施，然后进行施工。

（2）土石方开挖应按照施工图纸及技术交底资料（基础施工手册），核对基础分坑放样尺寸、方位等是否正确，复核无误后，方可按要求进行开挖。

（3）对位于山地杆塔基础附近有房屋及经济林区，应采取相应施工方法。尤其是石坑进行爆破开挖时，应在爆破点加盖钢丝网罩，并压上装满泥土的草包，避免放炮时损坏邻近房屋及经济作物。在房屋、经济作物及交通道路附近地形陡峭，且场地狭小、地形恶劣的塔位施工，尚应在施工周围加筑土墙，以防石块滚落伤害行人、房屋及经济作物。

（4）土石方开挖一般采用人工开挖。若由沿线农民承包或外来施工队承包，则应加强技术安全指导和组织管理工作，进行必要的安全教育。

(5) 杆塔基础的坑深，应以设计图纸的施工基面为基准，一般平地未标注施工基面时，施工基面为0。施工基面的丈量一律以中心桩的地面算起。各种基础都必须保证基础边坡距离的要求。

(6) 坑口轮廓尺寸在基础分坑时考虑，应根据基础的实际尺寸，加上适当的操作裕度。不用挡土板挖坑时，坑壁应留有适当的坡度；坡度的大小应视土质特性、地下水位和挖掘深度而定，一般可参照表6-1预留。

表6-1 各种土质坑口的坡度

土质分类	淤泥、砾土、砂	砂质黏土	黏土、黄土	坚土	石
安全坡度（深∶宽）	1∶0.75	1∶0.5	1∶0.3	1∶0.15	0
操作裕度/m	0.3	0.2	0.2	0.2	0.1

2. 基坑开挖施工技术要求

(1) 开挖基坑，应严格按设计规定的深度开挖，不应超挖深度，其深度允许误差为 $-50 \sim +100$mm，坑底应平整。若是混凝土双杆两个坑或铁塔四个基坑，应按允许误差最大的一个坑持平。岩石基础坑不应小于设计深度。

(2) 杆塔基础坑深应以设计图纸的施工基面为准，偏差超过 $+100 \sim +300$mm 时，按以下规定处理：

1) 铁塔现浇基础坑，其超深部分以铺石灌浆处理。

2) 混凝土电杆基础、铁塔预制基础、铁塔金属基础等，其坑深与设计坑深偏差值在 $+100 \sim +300$mm 时，其超深部分以填土或砂石夯实处理。如坑深超过 300mm 以上时，其超深部分以铺石灌浆处理。个别杆塔基坑深度虽超过 100mm 以上，但经计算无不良影响时，可不作处理，只作记录。

3) 拉线基础坑，坑深不允许有负偏差。当坑超深后对挖线盘的安装位置与方向有影响时，其超深部分应采用填土夯实处理。

4) 凡不能以填土夯实处理的水坑、淤泥坑、流砂坑及石坑等，其超深部分按设计要求处理。如设计无具体要求时，以铺石灌浆处理。

5) 杆塔基础坑深超深部分填土或砂、石处理时，应使用原土回填夯实，每层厚度不宜超过 100mm，夯实后的耐压力不应低于原状土，无法达到时，应采用铺石灌浆处理。

6) 挖坑时如发现土质与设计不符，或发现坑底有天然古洞、墓穴、管道、电线等，应通知设计单位研究处理。

(3) 一条线路有多种杆塔基础型式，基础坑口尺寸各不相同。分坑尺寸是根据基础施工图标注的基础根开（即相邻基础中心距离）基础底座宽度和坑深等数据计算出来的。基础坑口宽度的确定，是根据基础宽度、坑深以及坑壁安全坡度来计算的。

(4) 材料设备及弃土的堆放，不得阻碍雨水排泄，需浇水冲洗的砂石应堆放在距离坑边 5m 以外，禁止放水流入基坑内。

3. 基础施工方法

根据基坑形式，一般风电场架空线路基础分为电杆基础、铁塔基础两类。

(1) 电杆基础的施工方法。电杆杆身的下段根部作为基础的一部分而埋于地下，基础主要部件和电杆是一个整体；因此，通常所说的电杆基础的组成部件为地盘、卡盘和拉线盘，即所谓三盘。

钢筋混凝土电杆如不带拉线则一般安装卡盘，如带拉线则一般不安装卡盘，因而钢筋混凝土电杆的基础实际上多使用两盘，即底盘和卡盘或底盘和拉线盘。

对于单块底盘、卡盘和拉线盘的安装，由于它们的重量有轻有重，大小尺寸各不相同，其安装方法亦不相同。

1) 底盘的安装。混凝土电杆底盘在运输安装前要进行外观质量检测，有缺陷应进行处理。下盘前检查主杆坑的实际深度和大小，应符合设计要求，两坑底应持平。同时要注意到两杆长度可能有差异，应在坑底持平时抵消。安装底盘的方法一般有：

a. 吊盘法。在基坑口地面设置三角支架，绑好滑车组，将底盘用大绳绑好，挂在滑车组钩上（图6-3），牵引滑车组绳索由底盘徐徐升起，在要离开地面时，要用大绳拉住底盘慢慢地向坑口移动，待底盘位于坑口上部后，慢慢放下，使底盘就位。

b. 滑盘法。用两根木杠斜支在坑内，用大绳控制，将底盘沿木杠滑至坑底。抽出木杠，使底盘落座，随即找正。滑盘法多用于构件较轻且边坡比较缓和的基坑（图6-4）。

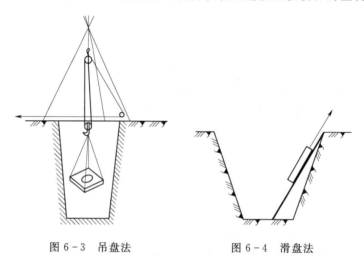

图6-3 吊盘法　　　　　图6-4 滑盘法

底盘就位后应用水平尺操平，使圆槽表面与主杆轴线垂直，再检查底盘中心圆槽的标高应符合设计深度，且根开、迈步等符合质量要求。底盘在安装找正后，应立即沿盘底四周均匀填土夯实至底盘表面，以防立杆时移动。

2) 卡盘的安装。电杆卡盘的安装是在电杆已起立以后，卡盘下部土已回填夯实。卡盘安装位置及方向应符合图纸要求，误差应不大于±50mm，卡盘安装后应呈水平状态且与主杆贴紧，连接牢固。

3) 拉线盘安装。拉线盘安装前，应先检查拉线盘的质量、拉线坑的有效深度、坑口、坑底大小、拉线棒的马槽坡度等。

拉线盘为长方形，质量较轻时，将拉线棒和拉环等组装成套，用绳索绑扎后沿木杠缓缓滑放至坑底。

拉线盘埋设的位置和方向应符合设计要求，其安装位置的容许偏差应符合：

a. 沿拉线安装方向，其左、右偏差值不应超过拉线盘中心至相对应电杆中心水平距离的 1%。

b. 沿拉线安装方向，其前、后容许位移值不应超过拉线安装后其对地夹角值与设计值之差的 1°。

c. 对于 X 形拉线，拉线盘的安装应有前后方向的位移，使拉线安装后交叉点不会相互摩擦。

拉线盘盘面一般应与拉线棒垂直。拉线棒应挖有马道，如图 6-5 所示。拉线盘受的全是上拔力 F，其抗上拔力的大小，为拉线盘自重和盘上部所切的倒截锥体土的质量，即图 6-5 中虚线内的体积，它与拉线盘两边垂线成 φ 角，所以拉线盘上的倒锥体原状土应尽量少破坏，以保证拉线盘的抗拉强度。拉线坑的回填土应认真回填，并符合要求。

（2）铁塔基础施工方法。架空线路的铁塔基础广泛采用现场浇制钢筋混凝土基础，钢筋混凝土基础的施工流程：钢筋的配置→模板的支立→地脚螺栓的安装→基础混凝土浇筑→养护、拆模和鉴定。

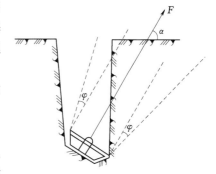

图 6-5 拉线盘的放置

1）钢筋的配置。钢筋混凝土的钢筋笼的配置和绑扎应注意：

a. 要熟悉基础钢筋结构图。

b. 按材料表详细核对钢筋的品种、规格、数量、尺寸，确保其符合设计规定，并检查钢筋的加工质量是否符合要求，钢筋表面应清洁。

c. 在基坑底部，按几何中心线画出立柱位置尺寸，并应有明显的标志。

d. 基础钢筋笼的绑扎或电焊可以在坑外或坑内进行。坑外绑扎是在基坑附近地面上，按图纸将主筋和箍筋绑扎成整体，然后吊入坑内就位。坑内绑扎因是散件组扎，不需吊装设备，施工较方便，但不适用于有地下水涌出的基础坑。

e. 钢筋绑扎顺序，一般是先把长钢筋就位，再套上箍筋，初步绑成骨架，再把钢筋配齐，最后完成各个绑扎点。

f. 在构件受拉区内，主筋接头应错开布置，同断面内钢筋接头的面积不应大于总面积的 25%。错开布置时，钢筋接头间的距离应大于接头的搭接长度。

g. 箍筋末端应向基础内，其弯钩叠合处应位于柱角主筋处，且沿主筋方向交错布置。

h. 柱中竖向钢筋搭接时，四角部位钢筋的弯钩应与模板成 45°，中间钢筋的弯钩与模板在 90°。

i. 钢筋绑扎成形后，要反复核查，配制的钢筋类别、根数、直径和间距应符合图纸设计，且不可有差错。

j. 钢筋的接头，用绑扎法绑接钢筋，至少要绑三处，其搭接长度为：直径为 16mm及以上时为 45d（d 为直径），直径为 12mm 及以下时为 30d。

k. 绑扎钢筋及焊接的质量要求为：①绑扎或焊接的钢筋笼和钢筋骨架不得有变形、松脱和开焊；②钢筋绑扎位置的允许偏差为主筋间距及每排主筋间距误差为 ±5mm，箍筋间距误差为绑扎±20mm，焊接±10mm。

2）模板的支立。模板的支立，应先按基础尺寸准确定出模盒位置。在底阶的四角挖小坑，其大小应刚好能放置预制好的混凝土块，将四个面的模板竖立在混凝土块上，模板间应连接牢固。

对于土质条件较好且不塌方的基础坑，为了减少土方的开挖量和模板用量，一般底层台阶可不立模，利用基坑壁作模板，此时基坑地面尺寸应略大于设计值，以保证钢筋保护层厚度，用作模板的坑壁修平。对于泥水坑等弱土层，坑底应铺设垫层，以防模板变形下沉，底层台阶应立模板。

立柱的模板可用混凝土垫块支撑组立，也可采用悬吊法，即将槽钢或角钢作为井字形架，担放在基坑口立柱模板位置，再将模板悬吊于其上，由上向下组装。

台阶的上平面一般不设置模板，只需在浇注结合面时，充分振捣密实后，稍停一段时间，使结合面不跑浆，并及时将台阶面抹平，以保证质量。

模板安装完毕后，再次核对各部件尺寸、空间位置、高差、立柱倾斜等数据，必须保证在允许误差范围内。

3）地脚螺栓的安装。地脚螺栓安装前必须坚持螺栓直径、长度及组装尺寸，符合设计要求后方可安装。对于转角塔、终端塔的受压腿和上拔腿，地脚螺栓规格不同，安装时必须核对方位，不准装错。

地脚螺栓的安装是先将丝扣部分穿入地脚螺栓安装样板孔内，用螺帽固定，用人力或用起吊设备置入立入钢筋笼内，绑扎固定牢靠，使基础钢筋与地脚螺栓形成整体，调整根开及对角线符合要求后，将样板固定在立柱模板上。

地脚螺栓露出立柱顶面的高度，在操平模板后检查，应符合规定值。露出的部分在浇制前应涂黄油并用牛皮纸包裹，防止锈蚀或沾上水泥砂浆，不利于装拆螺帽。

4）基础混凝土浇筑。

a. 搅拌好合格的混凝土后，应立即进行浇灌，浇灌应先从一角或一处开始，逐渐延入四周。

b. 混凝土倾倒入模盒内，其自由倾落高度应不超过2m，超过2m时应沿溜管、斜槽或串筒中落下，以防离析。

c. 混凝土应分层浇灌和捣固，每层厚度为200mm，捣鼓应采用机械振捣器。捣固时要注意模板的狭窄处和边角处，各部位均应振捣到，直至混凝土表面呈现水泥浆状和不再沉落为度。机械振捣不可过度，否则会出现混凝土离析现象而影响质量。留有振捣窗口的地方应在振捣后及时封严。

d. 浇灌时要注意模板及支撑是否出现变形、下沉、移位及跑浆等现象，发现后立即处理。

e. 浇灌时应随时注意，钢筋与四面模板保持一定距离，严防露筋。

f. 基础地脚螺栓、插入式基础的塔腿主角钢及预埋件，安装应牢固、准确，并加以临时固定，浇灌时应保证其位置正确，不受干扰。

g. 每个基础的混凝土应一次连续浇成，不得中断，如因故中断时间超过2h，则不得再继续浇制，必须等待混凝土的抗压强度不小于1.2MPa以后，将连接面打毛，毛面用水清洗，并先浇一层与原混凝土同样成分的水泥砂浆，然后再继续浇制。

5）养护、拆模和鉴定。基础浇捣后，将逐渐凝固、硬化，这主要是因为水泥具有水化作用。水泥的水化作用必须在适当的温度和湿度条件下才能完成，如果混凝土中水分蒸发过快，出现脱水现象，水化作用就不能进行，混凝土表面就会脱皮起砂，产生干缩裂纹，所以对混凝土养护是一项必要的措施。养护时间必须在浇制完后12h内开始浇水，炎热干燥有风时养护应在3h内开始。

拆基础模板，应保证混凝土表面及棱角不受损坏，且强度不应低于2.5MPa。混凝土基础拆模的最少养护天数见表6-2。

表6-2 拆混凝土模板需要的最少养护天数

混凝土强度达到设计强度的百分比	混凝土标号	日平均气温/℃						水泥种类
		+5	+10	+15	+20	+25	+30	
25%	150	4	3	2	22	2	2	普通水泥
	200	3	2	2		2	2	
	150	7	6	5	4	3	2.5	矿渣水泥和火山灰质水泥
	200	6	5	4	3.5	3	2	

拆模应自上而下进行，敲击要得当，模板只要均匀涂刷脱模剂，拆模并不困难。拆模后应立即检查，消除缺陷并回填土，基础外露部分应加盖遮盖物，按规定期限浇水养护。

结构表面应光滑，无蜂窝、麻面、露筋等明显缺陷。基础混凝土强度应以试块的极限抗压强度的平均值为依据，其值应不小于设计强度。

铁塔基础腿尺寸的容许偏差应符合下列规定：

（1）保护层厚度：—5mm。

（2）立柱及各底座断面尺寸：—1%。

（3）同组地脚螺栓中心对立柱中心偏移：10mm。

6.1.4.3 混凝土电杆的组立

钢筋混凝土电杆多采用分段制造，在施工现场将分段杆按设计的要求排直并焊接成整杆称为钢筋混凝土电杆的排焊，排焊好之后才能进行组装和立杆。

1. 钢筋混凝土电杆的组装

混凝土电杆的地面组装顺序一般为先装导线横担，再装地线横担、叉梁、拉线抱箍、爬梯抱箍、爬梯及绝缘子串等。

（1）在组装施工之前，要熟悉电杆杆型结构图、施工手册及有关注意事项。

（2）按图纸检查各部件的规格尺寸有无质量缺陷，杆身是否正直，焊接质量是否良好。

（3）在安装时要严格按照图纸的设计尺寸和方位等拨正电杆，使两杆上下端的根开及对角符合要求，且对称于结构中心；如为单杆应拨正在中心线上。要测量双杆的横担至杆根长度是否相等，如不等应调整底盘的埋深。

（4）在拨正、旋转或移动杆身时，不得将铁撬杠插进眼孔里强行操作，必须用大绳子和杠棒，在杠身的3个以上部位进行旋转、移位和拨正。

（5）组装横担时，应将两边的横担悬臂适当向杆顶方向翘起，一般翘起10～20mm，以便在挂好到导线后，横担能保持水平。

（6）组装转角杆时，要注意长短横担的安装位置。

（7）组装叉梁时，先量出距离并装好4个叉梁抱箍，在叉梁十字中心处要垫高至与叉梁抱箍齐平，然后先连接上叉梁，再连接下叉梁。如安装不上，应按图纸检查根开及叉梁、接板与抱箍安装尺寸，并作调整，安妥为止。

（8）以抱箍连接的叉梁，其上端抱箍组装尺寸的容许偏差应为±50mm。分段组合叉梁、组合后应正直，不应有明显的鼓肚、弯曲。横隔梁的组装尺寸容许偏差为±50mm。

（9）拉线抱箍、爬梯抱箍的安装位置及尺寸应符合图纸规定。

（10）挂线用的铁构件或瓷瓶串、拉线上把等应在地面组装时安装好，以减少高空作业量并能提高质量和进度。

（11）电杆组装所用螺栓规格数量应按设计要求，安装的工艺应符合规定。各构件的组装应紧密牢固，构件在交叉处留有空隙时，应装设相同厚度的垫圈或垫板。

（12）横担及叉梁等所用角钢构件应平直，一般弯曲度允许为1‰，如因运输造成变形但未超规定时，准许在现场用冷矫正法矫正，矫正后不得有裂纹和硬伤。

（13）组装时发现螺孔位置不正，或不易安装，要反复核对查明原因，不要轻易扩孔，强行组装。如查不出原因，可向上级反映。

（14）组装完毕后，应系统检查各部件尺寸及构件连接情况。

2. 立杆

在电杆起吊过程中，指挥人员和全体工作人员要精力集中，注意整个过程的工作情况，有异常情况要及早发现，及时处理，以保证起吊工作的顺利进行。

（1）当电杆起吊离开地面约0.8m时，应停止起吊，检查各部受力情况并做冲击试验。检查各部受力情况是否正常，用木杠敲击各绑扎点，使受力均匀。检查各绳扣是否牢固可靠，各桩锚是否走动，锚坑表面土有否松动现象，主杆是否正常，有无弯曲裂纹，是否偏斜，抱杆两侧是否受力均匀，抱杆脚有无滑动及下沉，然后做冲击试验。

（2）在起吊过程中，要随时注意杆身及抱杆受力的情况，要注意杆梢有无偏摆，有偏斜时用侧面拉线及时调正，在起吊过程中要保持牵引绳、制动绳中心线、抱杆的中心线和电杆结构中心线始终在同一垂直面上。电杆起吊到40°～45°时，应检查杆根是否对准，如有偏斜应及时调正。

（3）在抱杆脱落前，应使杆根进入底盘位置。如果在抱杆脱落后，杆根再进入底盘，整个电杆的稳定性很差，很不安全。抱杆脱落时，应预先发出信号，暂停起吊，使抱杆缓缓落下，并注意各部受力情况有无异常。

（4）电杆起立时到约70°时，要停磨，并收紧稳好四面拉线，特别是制动方向拉线。之后的起吊速度要放慢，且要从四面注意观察电杆在空间的位置。在起立到80°时，停止牵引，用临时拉线及牵引绳自重将杆身调正，反向拉线必须收紧，以防电杆翻倒。

（5）杆立好后，应立即进行调整找正，电杆校正后，将四面拉线卡固定好，随即填土夯实，接地装置和卡盘在回填时一并埋设。带拉线的转角杆起立后，应在安装永久拉线的同时做好内角侧的临时拉线，并待前后侧的导线架好后方可拆除临时拉线。

6.1.4.4 铁塔组立

铁塔组立的施工方法主要分为整体立塔和分解组塔两种。整体立塔的主要特点是铁塔在地面组装好后，用倒落式人字抱杆起吊一次完成，不需要高空作业，在地形条件允许的地方是一种比较好的铁塔组立方法。分解组立铁塔主要是将铁塔分节或分片用抱杆组塔，先立好塔腿，然后利用抱杆组立塔身，最后组立塔头的正装组立法，其主要特点是高空作业。下面将分别介绍这两种铁塔组立的施工方法。

1．整体立塔

铁塔整体起吊布置如图 6-6 所示，抱杆的位置有 3 种设置方法。

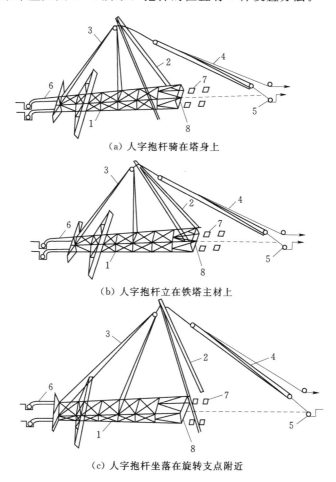

（a）人字抱杆骑在塔身上

（b）人字抱杆立在铁塔主材上

（c）人字抱杆坐落在旋转支点附近

图 6-6　铁塔整体起吊布置图

1—被起吊铁塔；2—人字形抱杆；3—起吊装置；4—牵引系统；
5—主牵引地锚；6—制动系统；7—基础；8—补强

（1）人字抱杆两腿叉开骑在塔身上。抱杆根部与塔身有一定距离，可以根据需要调整，多用于窄根开的自立塔和拉线 V 形塔或拉猫塔。

（2）人字抱杆立在塔腿主材上。采用自身重量较轻的铝合金抱杆比较合适，这种方法可以提高人字形抱杆的有效高度，改善各部受力情况，抱杆与塔身不会发生摩碰现象。

（3）人字抱杆坐落在塔脚旋转支点附近或在根开内。用于根开宽大的铁塔，此法各部受力都增加，抱杆也要选得相当坚固，因而笨重。

在起吊铁塔时应注意：

（1）起吊前应检查现场平面布置，必须符合施工技术设计的规定。当铁塔刚刚离开地面时，应停止起吊，检查各部有无异常现象，确定无异常现象后方可继续起吊。

（2）起吊前应尽可能收紧制动绳，以防止就位铰链向前移位和顶撞地脚螺丝，当铁塔起立到60°左右时，应调整制动绳长度，使制动绳随着铁塔继续起立而慢慢放松，防止制动力过大而将就位铰链向后移位拉出基础面或造成就位困难。

（3）当铁塔立到55°～60°时，应拉紧抱杆大绳，防止抱杆脱帽时的冲击，并使抱杆慢慢落到地面。

（4）铁塔立至70°左右时就要停止牵引，准备好后拉线，使后拉线处于准备受力状态，再继续缓缓起立。当铁塔重心接近两绞支点的垂直面时，停止牵引，依靠铁塔和牵引系统的重量，缓慢地放松后拉线使铁塔就位。对于吨位大、重心高的铁塔，由于牵引系统的自重较大，当铁塔起立到重心轴线超过后侧塔脚时，将会有一个很大的倒向前侧力矩，这时要特别注意，牵引系统、后侧拉线、制动绳的操作要互相紧密配合。

（5）当前方的两个塔脚就位之后，应将铁塔稍微向前倾一些，使后塔脚不受力，以便卸下就位铰链。

（6）铁塔四脚就位后，应锁住临时拉线；并检查铁塔是否正直，底脚板与基础面接触是否吻合，一切符合标准要求后，即可拧紧地脚螺栓。

（7）拉线塔的塔脚与基础是铰接，如因场地限制，不能在顺线路方向整立时，可在其他方向整立，待起立后再旋转一定角度使铁塔正确就位。为使铁塔能转向，必须预先将转向器连接好四方拉线，并安装在铁塔中线挂点处，同时将基础铰接锅顶涂以黄油。当铁塔立起后，固定转向拉线，使铁塔有上固定旋转点，此时可直接拨动塔身，使铁塔转至正确位置。

2. 分解组塔

分解组塔内拉线抱杆分为单吊组塔法和双吊组塔法两种。

（1）单吊组塔法。单吊组塔法的布置如图6-7所示，抱杆1的末端由承托钢绳5悬浮于已组好塔身的四根主材中心位置，首端由拉线钢绳4固定，整个抱杆悬立于已组好的塔身之上，故又称为悬浮式抱杆组塔法。起吊钢绳6的牵引端，通过朝天滑车2，腰滑车10，地滑车7引至牵引设备，另一端连接被起吊的塔材，一次只能吊一节铁塔的一面塔材。

单吊法所需设备较简单，施工场地紧凑，受地形、地物的影响较小，组塔时受外界因素的影响较少，所需操作人员也较少。

（2）双吊组塔法。双吊组塔法的布置如图6-8所示，抱杆1由承托钢绳5和拉线钢绳4悬浮并固定于已组好铁塔结构的中心。起吊铁塔构件采取在铁塔两边同时起吊，故用两套起吊钢绳6，牵引端各自通过抱杆1的朝天滑车2的滑轮，经腰滑车10、地滑车7在塔身外相连接，再经平衡滑车引至牵引设备。起吊钢绳的另一端连接被起吊塔材。

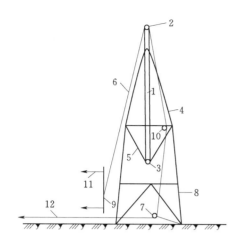

图6-7 单吊组塔法

1—抱杆；2—朝天滑车；3—朝地滑车；4—拉线钢绳；
5—承托钢绳；6—起吊钢绳；7—地滑车；8—已组
塔身；9—被起吊塔材；10—腰滑车；11—调整绳；
12—牵引钢绳

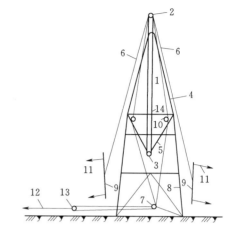

图6-8 双吊组塔法

1—抱杆；2—朝天滑车；3—朝地滑车；4—拉线钢绳；
5—承托钢绳；6—起吊钢绳；7—地滑车；8—已组
塔身；9—被起吊塔材；10—腰滑车；11—调整绳；
12—牵引钢绳；13—平衡滑车；14—腰环

由于双吊法同时起吊两片塔材，同时安装，既提高了工效，又改善了抱杆的受力状态，增加了高空作业的安全性。

双吊法是两片塔材同时起吊，因而抱杆是正直的立于塔上，两边受力对称，使抱杆近似于纯受压杆件，因而提高了抱杆的承载能力，同时使拉线钢绳受力也大为减轻。

虽然双吊法塔内绳索较多，操作上不大方便，通常除特大根开铁塔外，适用于多种塔型。

6.1.4.5 架线施工

架线工程主要是指架空线导线及地线的架设安装过程。在风电场设计中，一般地线采用OPGW光缆（光纤复合架空地线），架空线中光缆的施工和一般架空地线的施工基本相同。

1. 通道的清理

架空线路通过的走廊，应该留有通道，通道内的高大树木、房屋及其他障碍物等，在架线施工前应进行清理，须严格按设计要求进行。

2. 跨越架的搭设

集电线路通常要跨越公路、铁路、通信线和电力线路等各种障碍物，为了不使导线受到损伤及不影响被跨越物的安全运行，在架线施工前，对这些交叉跨越的障碍物，通常采用搭设跨越架的方法，使导地线在跨越架上安全通过。

跨越架的搭设分一般搭设（被跨越物不带电）和带电搭设两种情况。

搭设一般跨越架适用于跨域铁塔、公路、通信线路及10kV停电线路。跨越铁路、公路、通信线路等的跨越架的材料可采用钢管、毛竹、杉木杆等，对电力线路宜采用毛竹、杉木杆搭设。

带电搭设跨越架，用于 10kV 及以上的带电线路，不停电搭设跨越架是一种带电作业，因此要特别注意安全。为了降低跨越架的高度，对 35kV 线路，可先短时间的临时停电，降低被跨越线路的横担高度，再搭设跨越架。

跨越架对被跨越物之间的最小安全距离应符合表 6-3 的规定。

表 6-3　跨越架对构筑物的最小安全距离

项　　目	铁　　路	公　　路	通信线、低压配电线
距架身水平距离	至路中心 3m	至路边 0.6m	至边线 0.6m
距封架垂直距离	至轨顶 7m	至路面 6m	至上层线 1.5m

跨越架与带电体之间的最小安全距离，考虑风偏之后不得小于表 6-4 的规定。

表 6-4　跨越架与带电体之间的最小安全距离

被跨越电力线电压等级/kV	≤10	35
架面与导线的水平距离/m	1.5	1.5
无地线时封顶杆与带电体的垂直距离/m	2.0	2.0
有地线时封顶杆与带电体的垂直距离/m	1.0	1.0

3. 人力及机械牵引展放导地线

（1）绝缘子串组装。线路所使用的各种金具及绝缘子，在安装前必须进行详细检查，其规格应符合设计要求及产品质量标准。

各类型的绝缘子串的组装是一种复杂而细致的工作，要求组装时应按照图纸施工。组装绝缘子串时，应检查绝缘子的碗头与弹簧销子之间的间隙，在安装好弹簧销子的情况下，球头不得自碗头中脱出。弹簧销子的开口端应穿出绝缘子帽的方孔外，以防止掉出。

绝缘子串、导线及避雷线上的各种金具上的螺栓、穿钉及弹簧销子除有固定的穿向外，其余穿向应统一，并符合下列规定：

1）悬垂串上的弹簧销子一律向受电侧穿入。螺栓及穿钉顺线路方向者，一律向受电侧穿入，横线路方向者边线由内向外穿入，中线由左向右穿入。

2）耐张串上的弹簧销子、螺栓及穿钉一律由上向下穿入，个别情况可由内向外、由左向右穿入。

（2）挂绝缘子串及放线滑车。在展放导地线前，应将绝缘子串悬挂于横担挂线点上，直线杆塔一般在组立时悬挂。

绝缘子串挂线夹的位置，应先改挂放线滑车，随绝缘子串一起挂在横担上。放线滑车与绝缘子串的连接应可靠，在任何摆动的情况下，都不能脱落。并应在滑车内放好引线绳，将两头相连接成环形，能站在地面上解开绳结，以备牵引导线或地线通过滑车。

对严重上拔或垂直挡距过大或大转角处的放线滑车进行验算，并制定相应的措施。

放线滑车在使用前，应进行外观检查，滚动轴承要良好，轮沿无破损，转动应灵活，部件应齐全良好。

（3）布线。展放导地线之前先布线，布线应根据每盘线的长度或重量，合理分配在各耐张段，以求接头最少，不剩或少剩余线。估算接头位置与杆塔距离适当，使之符合规范要求，同时要考虑紧线后，导地线的接续管应避开不允许有接头的挡距。

布线时一般应考虑如下方面：

1）布线放线系数应根据放线方法的不同而不同。采用人力拖放线时，对一般平地放线系数约 1.03～1.05；丘陵地段约 1.05～1.06；山地约 1.07～1.08；高大山岭约 1.09～1.12。采用机械拖放线时，平地约 1.02～1.03；丘陵约 1.03～1.04；山地约 1.05～1.06。

2）布线时必须避免导线和地线的连接管出线在跨越铁路、公路、通航河流、一二级通信线、特殊管道以及 35kV 以上电力线路挡内。

3）充分利用沿线交通条件，减少人工抬运输距离，合理选择线盘放置地点，以利运输机械和施工机械的使用。

4）采用人力放线时，可将导线和地线在材料站盘成小线盘，用人力抬运到放线区段中间，以便向两头展放。机械放线时，线盘放置点应选在放线区段的一端，以便调过头向另一侧牵引放线。

5）三相导线布线的线盘长度应尽量接近并放置在同一地点。

导地线展放、人力展放时应注意以下几点：

1）人力展放较长的导地线时要对准方向，中间不能形成大的弯折。

2）人力放线时应由技工领线。放线开始时一般拖线人都集中在起始端，放线时相互间应保持适当的距离，均匀布开，以防一人跌倒影响别人。拖线人员要行走在放线方向同一直线上，放线速度要均匀，不得时快时慢或猛冲拽线。

3）放线遇到有河沟或水塘应用船只或绳索牵引过渡。遇悬崖陡坡应先放引绳作扶绳等措施再通过。遇有跨越处应用绳索牵引过。在有浮石的山坡地区放线，事先应清理掉浮石，以防滚石伤人。

4）放线过程中，人不得站在盘线里面。整盘展放时，放线架要平稳牢固，线轴要水平。线盘转动时，如果线盘向一侧移动，应及时调节线轴高低，使其不向两侧移动。展放时应有可靠的刹车措施。导线头应由线轴上方引出。

5）拖放导地线或牵引绳需要穿过杆塔上面的放线滑车时，应越过杆塔位置一段距离，停止拖放后，将线头抽回杆塔下面，与预先挂在滑车上的引绳用塔索扣相接，绑扎要牢固。用引绳拉过滑车后，再继续进行拖放。在引绳接头过滑车时，拉线人员不得在垂直下方拉绳，杆塔下面不得有人逗留，以免当绳头连接断脱时，线头掉落伤人。

6）导地线不得在坚硬的岩石上摩擦，跨越处应有隔离垫层保护措施。当导地线牵引被卡住时应用工具处理，人员不得站在线弯内侧。

7）领线人员要辨明自己所放线的位置，不得发生混绞。穿越杆塔放线滑车时，引线应在拉线上方应用工具处理，人员不得站在线弯内侧。

8）展放的导地线或牵引绳不得在带电线路下方穿过。遇特殊情况必须穿过时，必须在带电线路下方设置压线滑车，锚固应用地钻或坑锚，压线滑车不得使用开口式滑车，并派专人监护。

机械牵引放线时应注意以下事项：

1）采用机械牵引放线，按紧线方式一般仅限于一个耐张段内牵引。起牵引钢绳的展放方法和人工放线基本相同，先用人力按耐张段长度拖放一根牵引钢绳，并穿过放线滑车。

2）牵引钢丝绳一般采用 6×37 结构的 $\phi11\sim\phi13$ 的钢丝绳，破断力为 6.0t。牵引导线基本在地面平地拖动。在牵引放线时，牵引钢丝绳若采用防捻措施，经牵引后钢丝绳会出现轻微的扭劲绞绕现象，但一般不影响使用。

3）使用机动绞磨或手扶拖拉机直接牵引整轴盘线时，一般采用放线架展放。要求放线架呈水平稳固，两边高低要一致，以防倾倒。因导线牵引速度不快，没有冲击力，一般不需要施加大的制动力。

4）牵引放线的速度不宜过快，一般每分钟不宜超过 20m。牵引绳与导线连接处每次通过滑车时，各护线人员都要严加监视，如有卡住现象应立即停止牵引，必要时可回送导线并派人登高处理。在牵引过程中，如果牵引绳或导线在地面上被障碍物卡牢，并已形成明显的折弯，应停止牵引加以处理。

5）牵引放线跨越电力线时，应搭跨越架停电放线，不得在带电线路下方穿过。如因特殊情况难以停电又必须穿越时，该档导线应另设置压线滑车并设专人监视，才可在地面上拖放。当施工线路紧线停电时，应先将带电导线拆除再将导线挂上，这样可缩短停电时间。若两侧地势较高的导线有可能弹跳起空时，不得拖放线，以防导线一旦起空后，发生触电群伤事故。

6）牵引放线的长度，在平地或地势平缓地带，一般允许拖放一轴线。如牵引段两端地势有高差，应根据绞磨受力大小加以控制，一般绞磨进口处的牵引绳张力不宜大于 2t。对交通不便之处，应将导线从线轴中盘成小盘，不宜采用连续牵引放线。

4. 导地线的连接

架空线路工程中，导地线与导地线的连接和导电线与金具的连接都采用压接的方法，即钳压连接法、液压连接法和爆压连接法三种。

（1）钳压连接法所使用的工具和技术比较简单，钳接的原理是：利用机械钳压机的杠杆或液压顶升的方法，将力传给钢模，把导线和钳接管一起压成间隔的凹槽状，借助管和线的局部变形，获得摩擦阻力，从而把导线连接起来。

（2）液压连接法是采用液压机，以高压油泵为动力，以相应的钢模对大截面导线或地线进行压力连接的操作。施压前接续管及耐张线夹管为圆形，压接后呈六角形。液压连接必须按《送电线路导线及避雷线液压施工工艺规程》（SDJ 226—87）进行操作。

（3）爆压连接法是在炸药爆炸压力作用下，压力施加于接续管或耐张线夹管上，使管子受到压缩而产生塑性变形，将导线或地线连接起来，从而使连接体获得足够机械强度。爆压连接必须按《架空电力线路爆炸压接施工工艺规程》（SDJ 276—90）进行。

6.1.4.6　紧线施工及附件安装

1. 紧线施工

紧线就是将展放在施工耐张段内杆塔放线滑轮里的导线及地线，按设计张力或弧垂把导线和地线拉紧，悬挂在杆塔上，使导地线保持一定的对面或交叉跨越物的距离，以保证线路在任何情况下都能安全运行。

紧线操作应在白天进行，天气应无雾、雷、雨、雪及大风。紧线段的锚固杆塔已挂线完毕。指挥人员在紧线前对施工人员要进行详细分工，交代岗位、责任、任务、联络信号以及注意事项。

紧线前应再次检查导地线是否有未消除的绑线，是否有附加物及损坏尚未处理，或接头未接续等情况，应确保无影响紧线操作之处。

紧线时指挥员应处于牵引设备附近，利用通信联络手段，了解锚塔、观测档和各处情况，指挥牵引设备的停、进、退、快、慢及处理障碍等动作。

紧线的顺序是：如没有特殊要求时，则先紧挂地线，后紧挂导线。紧挂导线的顺序是先紧挂中相，再紧挂两边相。

紧线开始时先收紧余线，当导地线接近弛度要求值时，指挥员应通知牵引机械的操作人员，缓缓进行牵引，以便弧垂的观测。在一个紧线段内，当采用一个观测档观测弧垂时，应先使观测弧垂较标准值略小，然后回松比标准值略大，如此反复一两次后，再收紧使弧垂值稳定在标准值即可划印。当采用多档观测弧垂时，应先使距离操作杆塔最远的一个观测档达到标准值，然后回松一次使各观测档都达到标准值方可划印。

观测弧垂时，当架空线最低点已达到要求值时，应立即发出停止牵引信号。因为此时导线还会自动调节各档张力，弧垂还会发生变动，应待架空线稳定，弧垂完全符合要求后，才能发出可以划印的信号。

当导地线弧垂符合设计要求后，应立即划印，划印应使用垂球和直尺，且力求准确。划印后，复查弧垂无误即可送回导地线并将其临时锚固，然后进行切割压接等工作。自划印点量切割的线长，其值对于导地线等于金具串长加上压接管销钉孔至管底的距离；若用楔型线夹，等于安装孔至线夹舌板顶距离减去回头长度；若为负值应自划印点向外延长，对于导线等于绝缘子串的全长，加上压接管销钉孔至管底的距离减去 5mm。绝缘子金具串的长度应在受力状态下测量。

切割导线压接好耐张管，与绝缘子串联好，装好防振锤后即可挂线。挂线前应再次检查绝缘子串是否完整，绝缘子有无损伤，各部件的朝向是否正确，弹簧销是否插牢，开口销是否开口。

挂导线时，如耐张绝缘子串为单串，牵引绳可直接连接在绝缘子串前侧金具上，而把绝缘子串绑扎在牵引绳上，此时由于绝缘子串不受力，挂线时过牵引长度较大。如耐张绝缘子串为双串，牵引绳可用特制挂钩连接在挂线点侧联板上，使绝缘子串在受力状态下挂线，这样可使导线在挂线时过牵引的长度较小。

挂地线时，由于地线耐张线夹一般采用楔形线夹，安装线夹时可在杆塔上安装，亦可将地线松回地面安装。若在杆塔上安装时，为防止卡线器打滑而跑线，锚固时应采用前后双卡线器，用钢丝绳套并联在一起，利用双钩紧线器固定在杆塔上，增加安全保险裕度。若采用地面安装时，只要将地线划印后送回地面，安装楔形线夹，然后用地线卡线器和牵引绳将地线挂在杆塔上。

在挂线时，应尽量减少过牵引的长度，当连接金具靠近挂线点时，应停止牵引，然后挂线人员方可由安全位置到挂线点挂线。挂线后应缓缓放松牵引绳，并观测杆塔是否变形，边松边调整永久拉线和临时拉线。

架线弧垂应在挂线后，随即在该观测档测量，其容许偏差应符合下列规定：

（1）一般情况，弧垂容许偏差应符合表 6-5 的规定。

表 6-5　弧　垂　容　许　偏　差

线路电压等级/kV	35
容许偏差/%	+5，-2.5

（2）35kV 线路正误差最大值，不应超过 500mm。

（3）跨越通航河流的大跨越档，其弧垂容许偏差不应大于 ±1%，其正偏差不应超过 1m。

导线或地线各相间的弧垂应力求一致，当满足表 6-5 的弧垂容许偏差标准时，各相间弧垂的相对偏差最大值不应超过下列规定：

一般情况下，相间弧垂容许不平衡最大值应符合表 6-6 的规定。

表 6-6　相间弧垂容许不平衡最大值

线路电压等级/kV	35
相间弧垂允许偏差值/mm	200

跨越通航河流大跨越档的相间弧垂，最大容许偏差为 500mm。

对于连续上（下）山坡时的弧垂观测，当设计有特殊规定时按设计规定观测。其容许偏差值应符合上述的有关规定。

架线后应测量导线对被跨越物的净空距离，导线的蠕变伸长换算到最大弧垂时，必须符合设计规定。

当紧线塔两侧导地线已全部挂好，弧垂经复查合格后，方可拆除临时拉线，紧线到此结束。

架线完毕后，铁塔各部螺栓还要全面紧固一次，经检查扭矩合格后，随即在铁塔顶部至下导线以下 2m 之间及基础以上 2m 范围内，全部单螺母螺栓逐个进行防松处理。方法是在紧靠螺母外侧螺纹上刷铅油或在相对位置上打冲 2 次，以防螺母松动，使用防松螺栓时不再涂油或打冲。

2. 附件安装

附件安装是指安装导线及地线的线夹金具（主要是悬垂线夹）和防护金具（防振锤、悬挂重锤）以及跳线连接。

（1）导线悬垂线夹的安装。安装前绝缘子串应是垂直状态，找出线夹位置的中心点，在导线上划印。利用紧线器把导线吊起，放线滑车。导线应缠绕铝包带衬垫，铝包带缠绕的方向与外层铝股方向一致，缠绕应紧密，并使包带两端均能露出线夹不超过 10mm，且包带端头应夹在线夹内，将缠好铝包带的导线装入线夹之中，导线划印位置应固定在线夹中间位置。

线夹安装完好后，悬垂绝缘子串应垂直地平面。个别情况下，其在顺线路方向与垂直位置的倾斜角不超过 5°，且其最大偏移值不应超过 200mm。

（2）防振锤安装。防振锤安装距离的量取方法应按设计要求进行。铝绞线及钢芯铝绞线在安装位置处应缠绕铝包带，缠绕方向应与外层铝股绕向一致，端头应压在夹板内，铝包带在线夹两端可各露出不超过 10mm。防振锤固定方向应与导地线在同一垂直平面内，其安装距离误差应不大于±30mm。固定防振锤的螺丝应拧牢，以防振动滑跑。防振锤连接两锤的钢绞线应平直，不得扭斜。

（3）跳线的安装。跳线的连接，按使用的耐张线夹型式不同，大致可分为：

1）使用压接型耐张线夹时，杆塔两侧耐张线夹均应为可卸式线夹，线夹的跳线端是一个可以卸开的跳线连接板。这种连接方式在施工及检修中较为方便。

2）使用倒装螺栓型耐张线夹时，一般不切断导地线，跳线作为导地线的一部分连续通过；但在某些情况需要切断导地线，可采用跳线线夹或并沟线夹等连接金具连接。

3）加挂跳线绝缘子串广泛应用于耐张及转角杆塔上，以满足跳线间隙尺寸的要求。跳线绝缘子串的组装及与杆塔的连接方法，与一般悬垂绝缘子串相类似（有时加装了跳线管或重锤）。

（4）地线悬垂线夹的安装。当地线的垂直压力较小时，可用外肩将地线扛起提升，使地线脱离滑车，装入地线悬垂线夹。若地线的出垂直压力较大，应采用地线提升器、双钩或钢丝绳等工具提升地线，使地线脱离滑车，装入地线悬垂线夹。

6.1.4.7　接地装置的施工

接地装置的施工方法比较简单，主要是根据设计规定的接地型式进行施工。

（1）接地沟开挖宽度以方便敷设接地体为原则，接地体的规格及埋设深度，应不小于设计规定。

（2）埋入地下部分的接地体可根据设计要求进行防腐处理，但露出地面及地面以下 300mm 部分的接地体，应作热镀锌防腐。

（3）挖接地沟时，如遇大石可绕道避开，沟底面应平整，并清除沟中一切可能影响接地体与土壤紧密接触的石子、杂草、树根等杂物。

（4）若不能按原设计图形开挖接地沟敷设接地体，可根据实际情况变动，但在施工记录上应绘制接地装置施工敷设简图，并应标明其相对位置和尺寸。

（5）敷设水平接地体，应满足下列规定：

1）在倾斜地形，应沿等高线开挖接地沟，防止因接地沟被雨水冲刷而造成接地体外露，或受到其他侵害。

2）水平接地体沟可向四处延展，最大长度按土壤电阻率确定，可采用长短结合方式布置。为减少相邻两接地体屏蔽作用，其平行距离不应小于 5m。

3）接地体不宜有明显的弯曲。

（6）垂直接地体应垂直打入，并防止晃动，以保证与土壤接触良好。

（7）为减少相邻垂直接地体之间的屏蔽作用，其间距不应小于其长度的 2 倍。

（8）接地装置的连接应可靠，除设计规定的断开点可用螺栓连接外，其余都应采用焊接或爆压连接。连接前应清除连接部位的铁锈等附着物。

1）当采用搭接焊接时，圆钢的搭接长度为其直径的 6 倍，并应双面施焊；扁钢的搭接长度为其宽度的 2 倍，并应四面施焊。

2）扁钢与钢管，扁钢与角钢焊接时，除在其接触部位两侧进行焊接外，还应将钢带弯成弧形（或直角形）再与钢管（或角钢）焊接。

3）当圆钢采用爆压连接时，爆压管的壁厚不得小于3mm，长度不得小于：搭接时为圆钢直径的 10 倍，对接时为圆钢直径的 20 倍。

4）在焊接或爆压前，应清除连接部位铁锈等附着物。

（9）接地引下线与杆塔的连接应接触良好。当混凝土电杆下部无接地预埋孔，引下线直接从架空避雷线引下时，引下线应紧靠杆身，并应每隔一定距离与杆身固定一次。接地体与铁塔的连接如图 6-9 所示。

（10）接地沟的回填土，应选取无砂石、树根及其他杂物的良好泥土，必要时应换土并整实。在回填后的沟面须设有防沉层，其高度应为 100～300mm。

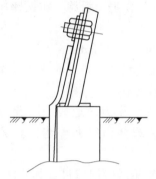

图 6-9　接地体与铁塔的连接

（11）应防止接地体发生机械损伤或化学腐蚀，在与公路或管道交叉及其他可能使接地体遭受机械损伤之处，应用管子或角钢加以保护。

（12）不得雨后立即测量接地电阻。接地电阻数值应符合设计要求。如需改善接地电阻而增加或延长接地体时，应按设计图纸的规定进行，并在施工记录表上绘制其简图。

6.1.5　地埋电缆及光缆的施工

电力电缆的敷设方式很多，其中直埋敷设既简单、经济，又有利于提高电缆的载流量，被广泛地采用。因此在风电场集电线路施工中，电力电缆多采用直埋敷设的方式。风电场内通信光缆一般与电缆同路径穿管埋设。

6.1.5.1　电缆及光缆敷设前的准备工作

电缆及光缆一般是盘绕在缆盘上进行运输、保管和敷设施放的。在运输和装卸缆盘的过程中，关键问题是不要使电缆收到损伤、电缆的绝缘及光缆的外皮遭到破坏。电缆、光缆运输前必须进行检查，缆盘应完好牢固，封端应严密，并牢靠地固定和保护好，如果发现问题应处理好后才能装车运输。缆盘在车上运输时，应将缆盘牢固地固定。装卸缆盘一般采用吊车进行，卸车时如果没有起重设备，不允许将缆盘直接从载重汽车上推下，可用木板搭成斜坡的牢固跳板，再用绞车或绳子拉住缆盘使其慢慢滚下。

电缆、光缆及其附件运到现场后应及时进行检查验收，检查项目包括如下：

（1）按照施工设计和订货的清单，检查电缆及光缆的规格、型号和数量是否相符。检查电缆、光缆及其附件的产品说明书、检验合格证、安装图纸资料是否齐全。

（2）缆盘及电缆、光缆是否完好无损。电缆、光缆附件应齐全、完好，其规格尺寸应符合制造厂图纸的要求。绝缘材料的防潮包装及密封应良好。

现阶段，风电场集电线路所用 35kV 电缆多为交联聚乙烯绝缘电缆，在冬季气温低时，交联聚乙烯绝缘电缆将变硬。这种变硬的电缆不易弯曲，敷设时，电缆的绝缘易损坏。因此，冬季施工时，如果电缆存放地点在敷设前 24h 内的平均温度以及敷设现场的温度低于表 6-7 规定值时，应采取措施将电缆预热升温后才能敷设。

表 6-7 电缆允许敷设最低温度

电 缆 类 型	电 缆 结 构	允许敷设最低温度/℃
油浸式纸绝缘电力电缆	充油电缆	−10
	其他油纸电缆	0
橡皮绝缘电力电缆	橡皮或聚氯乙烯护套	−15
	裸铅套	−20
	铅护套钢带铠装	−7
塑料绝缘电力电缆	聚氯乙烯绝缘聚氯乙烯护套	0
控制电缆	耐寒护套	−20
	橡皮绝缘聚氯乙烯护套	−15
	聚氯乙烯绝缘聚氯乙烯护套	−10

电缆预热的方法有两种：一种是提高周围空气温度的方法，即将电缆放在有暖气的室内，使室温提高以加热电缆；另一种方法是电流加热法，用电流通过电缆来加热，但加热电流不能大于电缆的额定电流。

6.1.5.2 电缆敷设的一般要求

电力电缆敷设的基本要求如下：

（1）电缆在敷设前，应根据设计要求检查电缆的型号、绝缘情况和外观是否正确、完好。对于采用直埋和水下敷设方式时，则应在耐压试验合格后方可敷设。

（2）用机械敷设电缆时。应有专人指挥，使前后密切配合，行动一致，以防止电缆局部受力过大。机械敷设电缆时的牵引强度不宜大于表 6-8 的数值。

表 6-8 电力电缆最大允许牵引强度   单位：N/mm²

牵引方式	牵 引 头		钢 丝 网 套		
受力部位	铜芯	铝芯	铅套	铝套	塑料护套
允许牵引强度	70	40	10	40	7

（3）若系统使用单芯电缆，在敷设时应组成紧贴的正三角形排列，以减少损耗。每隔 1~1.5m 应用绑带扎紧，避免松散。

（4）在运输、安装或运行中，应严格防止电缆扭伤和过度弯曲，电缆的最小允许弯曲半径，不应小于表 6-9 的规定。

表 6-9 电 缆 最 小 弯 曲 半 径

电 缆 型 式		多 芯	单 芯
控制电缆		10D	
橡皮绝缘电力电缆	无铅包钢铠护套	10D	
	裸铅包护套	15D	
	钢铠护套	20D	
聚氯乙烯绝缘电力电缆		10D	

续表

电 缆 型 式			多　芯	单　芯
交联聚乙烯绝缘电力电缆			15D	20D
油浸式绝缘电缆	铅包		30D	
	无铅包	有铠装	15D	20D
		无铠装	20D	
自容式充油（铅包）电缆				20D

注： 表中 D 为电缆外径。

（5）在有比较严重的化学或电化学腐蚀区域内，直埋的电缆除应采用具有黄麻外护层的铠装电缆或塑料电缆外，还应采取防腐措施。

（6）敷设电缆时，各处均会有大小不同的蛇形或波浪形，完全能够补偿在各种运行环境温度下因热胀冷缩引起的长度变化，只要在终端头和接头附近留有备用长度，为故障时的检修使用。预留备用长度一般为 3～5m。

（7）电缆接头的布置应符合下列要求：

1）并列敷设时，接头应前后错开。

2）明敷电缆的接头，应用托板托起，并用耐弧隔板与其他电缆隔开，以缩小由接头故障引起的事故范围。

3）托板及隔板应伸出电缆接头两侧各 0.6m 以上。

4）直埋电缆接头外应加装保护壳，位于冻土层的保护壳内，应充填沥青，以防进入保护壳的水因冻结而损坏电缆接头。

（8）电缆敷设时，不宜交叉；电缆应排列整齐，加以固定；并及时装设标志牌。标志牌应装设在电缆三头的两端，标志牌上须注明电缆线路的编号或电缆型号、电压、起讫地点及接头制作日期等内容。

（9）电缆穿入管子时，出入口应封闭，管口应密封。这对防火、防水以及防止小动物进入而引起电气短路事故是极为重要的。

（10）从地下引至地上的电缆，应在地面以上 2m 内加装保护管。

（11）电缆敷设时，应从盘的上端引出，并严格避免电缆在支架上摩擦拖拉。电缆上不应有未消除的机械损伤，如铠装压扁、电缆绞拧、护层折裂等。

风电场内电缆敷设多用直埋敷设的方式，直埋电缆的敷设，除应遵循敷缆的上述基本要求外，还应符合下列直埋技术标准：

（1）在具有机械损伤、化学腐蚀、杂散电流腐蚀、振动、热、虫害等电缆段上，应采取相应的保护措施。如铺沙、筑槽、穿管、防腐、毒土处理等，或选用适当型号的电缆。

（2）电缆的埋设深度（电缆上表面与地面距离）不应小于 700mm；穿越农田时不应小于 1000mm。只有在出入建筑物、与地下设施交叉或绕过地下设施时才允许浅埋，但浅埋时应加装保护设施。北方寒冷地区，电缆应埋设在冻土层以下，上下各铺 100mm 的细沙。

（3）多回并列敷设的电缆，中间接头与临近电缆的净距不应小于 250mm，两条电缆的中间接头应前后错开 2m，中间接头周围应加装防护措施。

（4）电缆之间，电缆与其他管道、道路、建筑物等之间平行于交叉时的最小距离，应符合表 6 - 10 的规定。严禁将电缆平行敷设于管道的上面或下面。

表 6 - 10 直埋电缆与各设施间的净距 单位：m

配 置 情 况		平 行	交 叉
控制电缆之间		—	0.5①
电力电缆之间或控制电缆之间	10kV 及以下电力电缆	0.1	0.5①
	10kV 以上电力电缆	0.25②	0.5①
不同部门使用的电缆		0.5②	0.5①
电缆与地下管沟	热力管沟	2③	0.5①
	油管或易燃气管道	1	0.5①
	其他管道	0.5	0.5①
电缆与建筑物基础		0.6③	—
电缆与公路边		1.0③	0.5
电缆与排水沟		1.0③	0.5
电缆与树木的主干		0.7	
电缆与 1kV 以下架空线电杆		1.0③	—
电缆与 1kV 以上架空线电杆		4.0③	—

注： 当电缆穿管或者其他管道有保温层等防护措施时，表中净距应从管壁或防护措施的外壁算起。

① 用隔板分隔或电缆穿管时可为 0.25。

② 用隔板分隔或电缆穿管时可为 0.1。

③ 特殊情况可酌减且最多减少一半值。

（5）电缆与铁路、公路、城市街道、场区道路等交叉时，应敷设在坚固的隧道或保护管内。保护管的两端应伸出路基两侧各 1000mm 以上，伸出排水沟 500mm 以上，伸出城市街道的测量路面。

（6）电缆在斜坡地段敷设时，应注意电缆的最大允许敷设位差。在斜坡的开始及顶点处应将电缆固定；坡面较长时，坡度在 30°以下的间隔 15m 固定一点；坡度在 30°以上的间隔 10m 固定一点。

（7）各种电缆及光缆同敷设于一沟时，电缆与电缆间及电缆与光缆间的外皮净距不应小于 250mm，光缆之间可紧靠敷设。电缆沟底的宽度应符合设计要求。

（8）直埋电缆应具有铠装和防腐层。电缆沟底应平整，上面铺 100mm 厚细沙层或筛过的软土。电缆长度应比沟槽长 1‰～2‰，并作波浪状敷设。电缆敷设后上面覆盖 100mm 厚的细沙或软土，然后盖上保护板或砖，其宽度应超过电缆两侧各 50mm。

（9）直埋电缆从地面引出时，应从地下 0.2m 至地上 2m 加装钢管或角钢保护，以防止机械损伤。确无机械损伤处敷设的铠装电缆可不加防护。

（10）电缆与铁路、公路交叉或穿墙敷设时，也应穿管。电缆保护管的内径不应小于电缆外径的 1.5 倍，预留管的直径不应小于 100mm。

（11）直埋电缆应在线路的拐角处、中间接头处、直线敷设的每 50～100m 处装设标志桩，并在电缆线路图上标明。

6.1.5.3　光缆敷设的一般要求

风电场集电线路地埋光缆敷设一般与直埋电缆同沟敷设，光缆敷设时还应注意：

（1）光缆采用穿管敷设方式。光缆应穿管敷设在壕沟里，沿光缆全长的上、下紧邻侧铺不少于100mm厚的软土和砂层。按防腐防水耐压耐弯曲的要求，一般地埋光缆保护管选用波纹护套管，管径为25mm，管材壁厚应能满足敷设现场的受力条件。沿光缆覆盖宽度不小于光缆两侧各50mm的保护板或保护砖块。

（2）光缆埋设深度一般不小于0.7m；当穿越公路或穿越风机施工场地时需穿$\phi40$镀锌保护钢管；光缆与直埋电缆为同沟敷设时，埋深宜与电缆埋深相同，但光缆护管外皮与电力缆外皮间距至少为0.25m。

（3）在城郊与空旷地带的光缆线路，应沿直线段每隔约50～100m或转弯处、引进建筑物处以及中间接头部位，设置明显的方位标志或标桩。

（4）在回填土时，应注意去掉杂物，并且每填200～300mm即夯实一次，最后在地面上堆100～200mm的高土层，以备松土沉落。

（5）光缆护管的两端应做好密封，防止进水。

（6）地埋无金属光缆与各建筑设施间的净距要求见表6-11。

表6-11　地埋无金属光缆与各建筑设施间的净距

序号	建筑设施类型		最小净距/m	
			平行时	交叉跨越时
1	市话管道边线		0.75	0.25
2	非同沟的直埋通信电缆		0.5	0.5
3	给水管	管径小于30cm	0.5	0.5
		管径30～50cm	1.0	0.5
		管径大于50cm	1.5	0.5
4	高压石油、天然气管		10.0	0.5
5	热力、下水管		1.0	0.5
6	煤气管：压力小于$3×10^5$Pa 压力（3～8）$×10^5$Pa		1.0 2.0	0.5 0.5
7	排水沟		0.8	0.5
8	房屋建筑红线（或基础）		1.0	
9	市内及村镇大树、果树、穿越路旁行树		0.75	
10	市内大树		2.0	
11	水井、坟墓		3.0	
12	粪坑、积肥池、沼气池、氨水池等		3.0	

6.1.5.4　敷设施工

电缆及光缆的敷设可按下述6个步骤进行施工。

1. 放样画线

根据设计图纸和复测记录，决定拟敷设电缆线路的走向，然后进行画线。可用石灰粉和细长绳子在路面上标明电缆沟的位置及宽度。电缆沟宽度应根据敷设电缆及光缆的条数及缆间距而定，须满足设计要求。也可用引路标杆或竹标在地面上标明电缆沟的位置。

画线时应尽量保持电缆沟为直线，拐弯处的曲率半径不得小于电缆的最小弯曲半径。山坡上的电缆沟，应挖出蛇形曲线状，曲线的振幅为 1.5m，这样可以减小坡度和最高点的受力强度。

2. 挖沟

根据放样画线的位置开挖电缆沟，不得出现波浪状，以免路径偏移。电缆沟应垂直开挖，不可上窄下宽或掏空挖掘，挖出的泥土碎石等分别放置在距电缆沟边 300mm 以上的两侧，这样既可以避免石块等硬物滑进沟内使电缆及光缆收到机械损伤，又留出人工敷缆时的通道。

在不太坚固的建筑物旁挖掘电缆沟时，应事先做好加固措施；在土质松软带施工时，应在沟壁上加装护土板以防电缆沟坍塌；在经常有人行走处挖电缆沟时，应在上面设置临时跳板，以免影响交通；在市区街道和农村要道处开挖电缆沟时，应设置栏凳和警告标志。

由于电缆的埋设深度规定为不小于 700mm，则电缆沟的深度在考虑垫沙和电缆直径后应不小于 850mm。如果电缆路径上有平整地面的计划，则应使电缆的埋设深度在平整地面之后，仍能达到标准深度。

3. 敷设过路管

当电缆线路需要穿越公路、铁路或风机平台时，应事先将过路管全部敷设完毕，以便于电缆敷设的顺利进行。

过路管的敷设有两种方法：一种是开挖敷设；另一种是顶管敷设。前者适用于道路很宽或地下管线复杂而顶管敷设困难时使用。为了不中断交通，应按路宽分半施工，必要时应在夜间车少时施工。顶管法是在铁路或公路两侧各掘一个作业坑，用液压动力顶管机将钢管从一侧顶至另一侧。这种方法不仅不影响路面交通，而且还节省因恢复路面所需的材料和工时费用。

4. 敷设电缆

敷设电缆之前，应检查挖好的电缆沟的深度、宽度和拐角处的弯曲半径是否合格，所需的细沙、盖板或砖是否分放在电缆沟两侧，过道保护管是否埋设好，管口是否已胀成喇叭口状，管内是否已穿好铁线或麻绳，管内有无其他杂物。当电缆沟验收合格后，方可在沟底铺上 100mm 厚的沙层，并开始敷缆。

采用人工敷缆法时，因此对动作的协调性要求较高。为了提高工作效率，应设专人指挥（2~3 人，其中 1 人为指挥长）、专人领线、专人看盘。在线路的拐角处、穿越铁路、公路及其他障碍点处，要派有经验的电缆工看守，以便及时发现和处理敷缆过程中出现的问题。敷缆前，指挥长应向全体施工人员交代清楚"停""走"的信号和口笛声响的规定。线路上每间隔 50m 左右，应安排助理指挥一名，以保证信号传达的及时性和准确性。

施放电缆时，应先将电缆盘用支架支撑起来，电缆盘的下边缘与地面距离不应小于100mm。放缆过程中，看盘人员在电缆盘的两侧协助推盘放线和负责刹住转动。电缆从盘上松下，由专人领线拖拽沿电缆沟边向前行走时，电缆应从盘的上端引出，以防停止牵引的瞬间由于电缆盘转动的惯性而不能立即刹住,造成电缆碰地而弯曲半径太小或擦伤电缆外护层。为了不让电缆过度弯曲,每间隔 1.5~2m 设一人扛电缆行走。所有扛电缆的人员应站在电缆的同侧,拐角处应站在外侧,当电缆穿越管道或其他障碍物时,应用手慢慢传递或在对面用绳索牵引。电缆盘上的电缆放完以后,将全部电缆放在沟沿上。然后,听从口令,从一端开始依次放入沟内。最后检查所敷电缆是否受伤并将其摆直。

采用机械敷缆时,可以节省人力。具体做法是:先沿沟底放好滚轮,每只间隔 2~2.5m,将电缆松下并放在滚轮上,然后由机械(卷扬机、绞磨等)牵引电缆,牵引端应用钢丝网套套紧。敷缆时,牵引速度不得超过 8m/min,并应在线路中有人配合拖缆,同时检测电缆有无脱离滚轮、拖地等异常现象,以免造成电缆的损伤。

5. 覆盖与回填

电缆在沟内摆放整齐以后,上面应覆以厚 100mm 的细沙或软土层,然后盖上保护盖板或砖。保护盖板内应有钢筋,厚度不小于 30mm,以确保能抵抗一定的机械外力。板的长度为 300~400mm,宽度以伸出电缆两侧 50mm 为准(单根电缆一般是 150mm 宽)。当采用机制砖作保护盖板时,应选用不含石灰石或硅酸盐等成分(塑料电缆线路除外)的砖,以免遇水分解出碳酸钙腐蚀电缆铅皮。回填土时,应注意去除大石块和其他杂物,并且每回填 200~300mm 夯实一次,最后在地面上堆高 100~200mm,以防松土沉落形成深沟。

考虑到电缆连接时的移动等因素,在电缆中间接头附近(一般为两侧各 3m)可暂不回填,待接续完毕,安装接头保护槽后再同接头坑一并回填。

6. 埋设标桩及绘制竣工图

电缆沟回填完毕以后,即可在规定的地点埋设标桩。标桩一般采用钢筋混凝土预制而成,结构尺寸为 600mm×150mm×150mm,埋设深度为 450mm。

电缆竣工图应在设计图纸的基础上进行绘制,凡与原设计方案不符的部分均应按实际敷设情况在竣工图中予以更正。竣工图中还应注明各中间接头的详细位置与坐标及其编号。

6.1.5.5　电缆附件的安装

电缆的两端与其他电气设备连接时,需有一个能满足一定绝缘与密封要求的连接装置,这种装置称为电缆终端头。电缆终端按使用的不同,又可分为户内终端头和户外终端头。一般情况,户外终端头需有比较完善的密封、防水,以适应周围环境和气候的变化。将诺干条电缆连接起来以构成更长电缆线路的装置称为中间接头。

电缆的终端头及中间接头,根据其制作工艺的特点,主要可分为冷缩电缆头和热缩电缆头。电缆头的冷缩工艺,是最新的制作工艺。新型冷缩电缆附件主绝缘部分采用和电缆绝缘(XLPE)紧密配合方式,利用橡胶的高弹性,使界面长期保持一定压力,确保界面无论在什么时候都紧密无间,绝缘性能稳定。如今,风电场 35kV 集电线路电缆多为三芯交联电缆,电缆头制作多采用冷缩工艺,下面也将详细介绍 35kV 三芯交联电缆冷缩头的制作工艺。

1. 35kV 三芯交联电缆冷缩终端头制作工艺

(1)剥切外护套。按图 6-10 和表 6-12 所示(尺寸 $A+B+25mm$),剥除外护套,清洁切口处 50mm 内的电缆外护套；尺寸 A 可根据现场实际尺寸及安装方式确定。

表 6－12　35kV 三芯交联电缆冷缩终端头选型尺寸参考表

型号	导体截面/mm²	绝缘外径/mm	尺寸 A/mm	尺寸 B/mm	尺寸 C/mm
Ⅰ	50～185	26.7～45.7	1800	端子孔深＋5	410
Ⅱ	240～400	38.9～58.9	1800	端子孔深＋5	420

注：电缆绝缘外径为选型的最终决定因素，导体截面为参考因素。

（2）剥切铠装层。保留自外护套切口处 25mm（去漆）铠装层，其余剥除。切割深度不得超过铠装厚度的 2/3，切口应平齐，不应有尖角、锐边，切割时勿伤内层结构。

（3）剥切内衬层及填充物。保留自铠装切口处 10mm 内衬层，其余及其填充物剥除，不得伤及铜屏蔽层。

（4）绕包防水胶带。在电缆外护套切口向下 25mm 处绕包 2 层防水胶带。绕包层表面应连续、光滑。

（5）固定铜屏蔽带。在电缆端头的顶部绕包 2 层 PVC 胶带，以临时固定铜屏蔽带。

（6）安装钢带地线。用恒力弹簧将第一条接地线编织物固定在去漆的钢铠上。地线端头应处理平整，不应留有尖角、毛刺；地线的密封段应做防潮处理（绕包密封胶）。

（7）绕包 PVC 胶带。用 PVC 胶带半叠绕 2 层，将钢带、恒力弹簧及内衬层包覆住。绕包层表面应连续、光滑。

（8）防水处理。把钢带接地线放在电缆外护套切口下的

图 6－10　35kV 三芯电缆冷缩终端头剥切图（单位：mm）

防水胶带上，再绕包 2 层防水胶带，把地线夹在中间，形成防水口。两次绕包的防水胶带必须重叠，绕包层表面应连续、光滑。

（9）安装分支手套。把冷缩式分支手套放在电缆根部，逆时针抽掉芯绳，先收缩颈部，再分别收缩手指。分支手套应尽量靠近根部。

（10）固定接地线。用 PVC 胶带将接地线固定在分支手套下的电缆护套上。

（11）安装冷缩管。在三根电缆线芯上分别依次套入第一根冷缩式直管，与三叉手套的手指搭接 15mm，逆时针抽掉芯绳，使其收缩；然后再同样安装第二根、第三根冷缩式直管，每根直管与前一根直管搭接 15mm，定位必须准确。

（12）校验尺寸。校验电缆端头顶部到第三根冷缩式直管上端口的尺寸，尺寸要准确。

（13）剥切冷缩管。剥切多余的冷缩管。切除时，应用 PVC 胶带固定好切割部位后环切，严禁轴向切割；切割端口应平整、光滑，无毛刺、划痕、裂口，不得伤及铜屏蔽层。

（14）剥切铜屏蔽层。从冷缩管上端口保留 35mm 以内的铜屏蔽层，其余剥除。切口应平齐，不得留有尖角。

（15）剥切外半导电层。保留铜屏蔽切口 40mm 以内的外半导电层，其余剥除。切口应平齐、无划痕，切勿伤及主绝缘层。

（16）清洁绝缘层表面。用清洁剂清洗电缆绝缘层表面。如果主绝缘层表面有划伤、

凹坑或残留半导体，可用不导电的氧化铝砂纸进行打磨处理。切勿使清洁剂碰到半导电层，严禁打磨半导电层，打磨后的绝缘外径不得小于接头选用范围。

（17）绕包防水胶带。在冷缩管切口向下 6mm 处绕包一层防水胶带。绕包层表面应连续、光滑。

（18）剥切主绝缘层。剥切电缆端部主绝缘层，不得伤及导电线芯。

（19）确定安装基准。从电缆外半导电层端部往下 115mm 处，用 PVC 胶带作一明显标识，此处为冷缩终端安装基准。

（20）安装铜带地线。用恒力弹簧把接地线固定在三根线芯的铜屏蔽层根部。地线端头应处理平整，不应留有尖角、毛刺；地线的密封段应做防潮处理（绕包密封胶）。

（21）防水处理。把铜带接地线放在冷缩管切口下的防水胶带上，再绕包一层防水胶带，把地线夹在中间，形成防水口。两次绕包的防水胶带必须重叠，绕包层表面应连续、光滑。

（22）绕包 PVC 胶带。用 PVC 胶带半叠绕 2 层将铜带、恒力弹簧及防水带包覆住。严禁包住外半导电层；绕包层表面应连续、光滑。

（23）压接端子。装上接线端子，对称压接，每个端子压 2 道。当接线端子的宽度大于冷缩终端的内径时，请先套入终端，然后压接接线端子。压接后应去除尖角、毛刺，并清洗干净。

（24）绕包胶带。用胶带填平接线端子与绝缘子之间的空隙，当接线端子的外径小于电缆绝缘外径选型范围的最小值时，应在接线端子上绕包所配备的胶带，直到其外径达到选型范围。绕包层表面应连续、光滑。

（25）涂抹硅脂。在半导电层与绝缘层搭接处，以及绝缘层表面涂抹硅脂。涂抹应均匀，不得遗漏。

（26）安装冷缩终端。套上冷缩式终端，定位于 PVC 标示带处，逆时针抽掉芯绳，使终端收缩固定。收缩时不要向前推冷缩终端，以免向内翻卷；定位必须在标示处。收缩后可用手在终端头顶部撸一下，以加快其回缩。

2. 35kV 三芯交联电缆冷缩中间头制作工艺

（1）校直电缆。将电缆校直，两端重叠 200～300mm 确定接头中心后，在中心处锯断。

（2）剥切外护套。按图 6-11 所示尺寸剥除两端电缆外护套，清洁切口 50mm 处的电缆外护套。

（3）剥切铠装层。按图 6-11 所示尺寸，保留两端自外护套切口处 30mm（去漆）铠装层，并用扎线将钢带牢固绑扎，其余剥除，然后用 PVC 胶带将钢带切口的锐边包覆住。切割深度不得超过铠装厚度的 2/3，切口应平齐，不应有尖角、锐边、切割时勿伤内层结构。

（4）剥切内衬层及填充物。按图 6-11 所示尺寸，保留两端自铠装切口处 30mm 内衬层，其余剥除，同时剥除填充物，不得伤及铜屏蔽层。

（5）剥切铜屏蔽层。按图 6-11 和表 6-13 所示（尺寸 $A+50mm$）剥除两端电缆的铜屏蔽层。切口应平齐，不得留有尖角。其他各相照此方法施工。

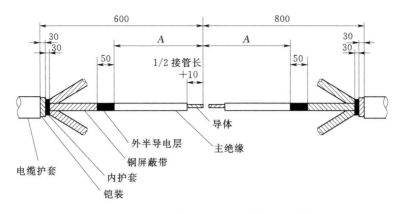

图 6-11 35kV 三芯电缆冷缩中间头剥切图（单位：mm）

表 6-13 35kV 三芯交联电缆冷缩中间头选型尺寸参考表

型号	电缆尺寸			尺寸 A /mm	连接管尺寸	
	绝缘外径/mm	导体截面/mm²			外径/mm	长度/mm
		铝芯	铜芯			
Ⅰ	26.7～42.7	50～70	50～95	185	13.0～19.3	160
Ⅱ	26.7～42.7	95～150	120～150	180	17.4～26.7	160
Ⅲ	33.8～53.8	185～500	185～300	215	22.1～53.8	197
			400	205		

注：电缆绝缘外径为选型的最终决定因素，导体截面则为参考因素。

（6）剥切外半导电层。按图 6-11 所示尺寸，保留铜屏蔽切口 50mm 以内的外半导电层，其余剥除。切口应平齐，不留残迹（用清洗剂清洁绝缘层表面时），切勿伤及主绝缘层。其他各相照此方法施工。

（7）剥切主绝缘层。按图 6-11 所示尺寸，在电缆两端按 1/2 接管长＋10mm 的长度，剥除主绝缘层；不得伤及导电线芯。其他各相照此方法施工。

（8）绕包半导电带。半叠绕半导电胶带 2 层，从铜屏蔽带上 40mm 处开始，绕至外半导电层 10mm 处。绕包端口应十分平整，绕包层表面应连续、光滑。其他各相照此方法施工。

（9）套入管材。在电缆的剥切长端套入冷缩接头主体，在电缆的剥切短端套入铜屏蔽编织网套和连接管适配器。拉线端方向朝外；Ⅰ型选用白色芯绳的连接管适配器，Ⅱ型选用红色芯绳的连接管适配器；不得遗漏。其他各相照此方法施工。

（10）压接连接管。将电缆对正后对称压接连接管，两端各压 2 道。连接管压接后延伸长度不得超过 13mm，压接后电缆两端半导电层之间距离不得超过 375mm。压接后应去除尖角、毛刺，并且清洗干净。其他各相照此方法施工。

（11）安装连接管适配器。将冷缩连接管适配器置于连接管中心位置上，逆时针抽掉芯绳，使其定位于连接管中心，定位应准确。

（12）确定基准点。测量绝缘端口之间尺寸，按尺寸的 1/2 在连接管适配器上确定实

际中心点 D，然后在外半导电层上距离中心点 215mm 处用 PVC 胶带作一个明显标记，此处为冷缩中间接头收缩的基准点。

（13）清洁绝缘层表面。用配备的清洁剂清洗电缆绝缘层表面，如果主绝缘层表面有划伤、凹坑或残留半导体颗粒，可用不导电的氧化铝砂纸进行打磨处理。切勿使清洁剂碰到外半导电层，打磨后的绝缘外径不得小于接头选用范围。其他各相照此方法施工。

（14）涂抹混合剂。待绝缘表面干燥后，将 P55/R 混合剂涂抹在半导电层与主绝缘交界处，然后把其余涂料均匀涂抹在主绝缘表面上。只能用红色 P55/R 绝缘混合剂，不能用硅脂。其他各相照此方法施工。

（15）安装冷缩中间头。将冷缩接头对准 PVC 胶带的定位标记，逆时针抽掉芯绳，使接头收缩固定。中间接头必须搭接电缆两端的半导电层；收缩时不要向前推冷缩中间头，以免向内翻卷。其他各相照此方法施工。

（16）安装屏蔽铜网。沿接头方向拉伸收紧铜网，使其对称紧贴在冷缩管上至电缆接头两端的铜屏蔽层上，中间用 PVC 胶带固定，然后再用恒力弹簧将屏蔽铜网固定在电缆接头两端的铜屏蔽层上，保留恒力弹簧外 10mm 的屏蔽铜网，其余全部切除。铜网两端应处理平整，不应留有尖角、毛刺。其他各相照此方法施工。

（17）绕包胶带。用胶带半叠绕 2 层将固定屏蔽铜网的恒力弹簧及铜网边缘包覆住。绕包层表面应连续、光滑。其他各相照此方法施工。

（18）绑扎电缆。用 PVC 胶带将电缆三芯紧密地绑扎在一起，应尽量绑扎紧。

（19）绕包防水带。在电缆两端的内衬层上绕包一层防水带做防水保护。如果需要将钢带接地与铜屏蔽接地分离，还应用防水带将电缆两端内衬层之间统包一层。涂胶粘剂的一面朝外，绕包层表面应连续、光滑。

（20）安装铠装接点编织线。将编织线两端各展开 80mm，贴附在电缆接头两端的防水带、钢带上，并与电缆外护套搭接 20mm；然后用恒力弹簧将编织线固定在电缆钢带上。

（21）绕包胶带。用胶带半叠绕 2 层将电缆两端的铠装和固定编织线的恒力弹簧包覆住。不用包在防水带上，绕包层表面应连续、光滑。

（22）绕包防水带。在整个接头处半叠绕防水带做防水保护，并与两端护套搭接 60mm。防水带涂胶粘剂的一面朝里，绕包层表面应连续、光滑。

（23）绕包装甲带。在整个接头处半叠绕装甲带作机械保护，并覆盖全部防水带。绕包层表面应连续、光滑。为得到最佳效果，30min 内不得移动电缆。

6.2 潮间带海底电缆施工技术

6.2.1 海底电缆

海底电缆是用绝缘材料包裹的导线，铺设在海底，用于电信传输。海底电缆分海底通信电缆和海底电力电缆两种。海底通信电缆主要用于通信业务，费用昂贵，但保密程度高；海底电力电缆主要用于水下传输大功率电能，与地下电力电缆的作用等同，只不过应用的场合和敷设的方式不同。

本节介绍的海底电缆为海底电力电缆。从绝缘型式分，可分为浸渍纸包电缆、自容式充油电缆和挤压式绝缘电缆。浸渍纸包电缆适用于电压不大于45kV交流及不大于400kV直流线路；自容式充油电缆适用于电压高达750kV的直流线路或交流线路；挤压式绝缘（交联聚乙烯绝缘、乙丙橡胶绝缘）电缆适用于电压高达200kV交流线路。从成缆型式分，可分为单芯电缆和三芯电缆。单芯电缆与三芯电缆各有利弊，单芯海底电缆的外径小，中间接头少，单位重量轻，电缆的敷设及检修难度小，但需采用无磁合金丝，增加了制造成本，且占用较大的海域面积，敷设费用较高。三芯电缆具有平衡的负载，在铠装中则没有感应

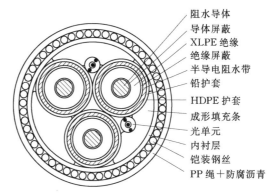

阻水导体
导体屏蔽
XLPE绝缘
绝缘屏蔽
半导电阻水带
铅护套
HDPE护套
成形填充条
光单元
内衬层
铠装钢丝
PP绳+防腐沥青

图6-12 海底电缆典型结构示意图

的循环电流，因此三芯电缆结构可采用钢丝铠装，钢丝铠装是最经济的结构，其成本比三根单芯电缆低，敷设费用低；但是外径大，中间接头多，单位重量大，电缆的敷设及检修难度较大。图6-12所示为海底电缆典型结构示意图。

6.2.1.1 海底电缆使用参数

目前，潮间带风电场升高电压通常采用二级升压方式（少数采用三级），即风力发电机输出电压690V，经箱变升压至35kV后，分别通过35kV海底电缆汇流至110kV或220kV升压站，最终通过110kV或220kV线路接入电网。

一般来说，应根据潮间带风电场容量、接入电网的电压等级和综合经济性规划风电场风能传输方式，既可采用二级升压方式也可采用三级升压方式。如果风电场较小（100MW以内）且离岸较近（不超过15km），可选用35kV海底光电复合缆直接把电能传送到岸上升压站。若海上风电场容量较大且离陆地较远，考虑到35kV电缆传输容量、电压降、功率因数等问题，大多采用设立海上升压站的方式，岸上升压站可根据实际情况确定是否设立。

表6-14为35kV海底电缆的部分计算参数。

表6-14 35kV海底电缆的部分设计参数

海底电缆名称	标称截面 /mm^2	参考载流量 /A	最大电压降 /(A·km^{-1})	充电电流 /(A·km^{-1})
铜芯交联聚乙烯绝缘分相铅套粗钢丝铠装海底光电复合缆	50	193	103	0.93
	70	237	93	1.01
	95	284	86	1.10
	120	323	83	1.17
	150	363	81	1.25
	180	409	80	1.34

续表

海底电缆名称	标称截面 /mm²	参考载流量 /A	最大电压降 /(A·km⁻¹)	充电电流 /(A·km⁻¹)
铜芯交联聚乙烯绝缘 分相铅套粗钢丝铠装 海底光电复合缆	240	473	81	1.46
	300	522	82	1.57
	400	592	85	1.74

6.2.1.2 海底电缆的光单元作用与结构设计

海底光电复合缆中主要成分是光单元（也称为光纤单元），其主要作用是作为连接风力发电机组与主控制室的信息通道。风力发电机的通信口与中央控制计算机及其他风力发电机通过光缆连接。光单元的另外一个重要作用是根据光纤的应力应变特性，利用光纤应变测量分析仪（图6-13）测量海底电缆在敷设和运行过程中光纤的应力应变情况，对海缆的性能和状态做到有效控制，为海底电缆的制造、施工和维护提供准确的数据，对海底电缆的生产与使用进行有效的监控。

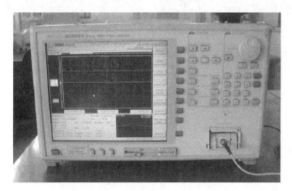

图 6-13 光纤应力应变测量分析仪

不同的敷设运行环境条件，对于光单元的要求也不完全一样。对于水深较深、海底地形变化较大的，海缆在敷设、运行和维修时可能存在较大的机械力，这时就需要光单元具有较强的抵抗外力作用的能力；在这样的情况下，就要选择带有增强元件的增强型光单元。不同的风力发电机组控制内容不尽相同，所需光纤数量也会有所不同。随着新式风力发电机组控制单元的增多，中心计算机控制功能的不断提高，所需的光纤数量也会有所变化，而且考虑到备用通信通道，光纤芯数有12芯、18芯、24芯、36芯和48芯不等，常用的为24~48芯。光单元个数可选择1~3个，如果光纤数量不超过48芯，以1个光单元为宜。

6.2.2 潮间带海域典型特征

6.2.2.1 分段特征

潮间带是介于高潮线与低潮线之间的地带，即大潮期的最高潮位和大潮期的最低潮位间的海岸，也就是海水涨至最高时所淹没的地方开始至潮水退到最低时露出水面的范围，通常也称为滩涂。

滩涂是我国对淤泥质沉积海岸、湖岸和河岸的习惯性称谓，江苏沿海近岸潮间带大部分位于滩涂区。江苏沿海近岸滩涂属淤泥质型海岸（黄海的苏北平原海岸），主要是由细颗粒的淤泥组成。滩涂坦荡无垠，广阔平坦，坡降在0.5‰左右，滩涂宽度一般为5~10km，宽的可达20km。在广阔滩涂上，纵横交叉地分布着一些潮水沟（港槽），它们是潮水进出的通道。涨潮时海水首先通过这些潮水沟向岸流动，落潮时潮水沟里的海水最后流干，潮水沟里的淤泥层含水量极高，承载力较低。离岸潮间带与近岸潮间带在潮汐特性方面基本一致，仅在地形方面差异性较大，因其位于外海的辐射沙洲上，周边缺少天然屏障可降低洋流等海洋动力要素对海底地形的冲刷影响，因此离岸潮间带海域海底地形变化较大同时有天然的潮汐通道，常年可保持通航要求。

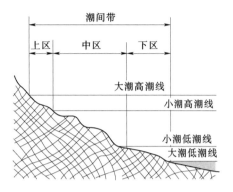

图 6-14 潮间带海域分段示意图

潮间带海域按照定义并根据不同地区的特点可分为下列三个区（见图 6-14）：

（1）高潮区（上区）。位于潮间带的最上部，上界为大潮高潮线，下界是小潮高潮线。它被海水淹没的时间很短，只有在大潮时才被海水淹没。

（2）中潮区（中区）。占潮间带的大部分，上界为小潮高潮线，下界是小潮低潮线，是典型的潮间带地区。

（3）低潮区（下区）。上界为小潮低潮线，下界是大潮低潮线。大部分时间浸在水里，只有在大潮落潮的短时间内露出水面。

6.2.2.2 分段潮间带海域潮汐与地形综合特性

1. 潮汐变化特征

江苏省海域一般为正规半日潮，浅海分潮明显，一日两潮，由于潮波辐聚，波能集中，使得潮间带海域内潮差大、潮流强，涨落潮在延续时间与进程上呈规律性变化。

2. 水深变化特征

潮间带海域内的地形高程大部分处于高低潮位之间，随着潮汐规律性的变化，地形在涨潮期间淹没，但水深有限，地形在落潮期间露滩，此种水深变化特征同潮汐变化一致，形成独特的在时间、空间上变化的规律性水深特性，如图 6-15 所示。

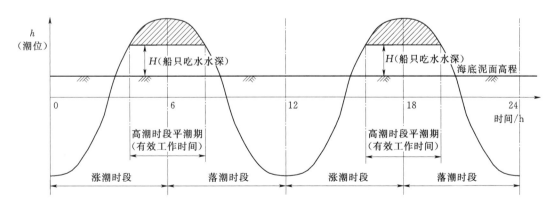

图 6-15 潮间带海域水深规律变化特征示意图

3. 地表层地质特征

潮间带海域内的土体被海水规律性浸泡，尤其在淹没状态时土体内孔隙水压力增加，土体强度降低，地基承载力较小，同时地质天然含水量高，容易产生砂土的振动液化；在露滩情况下，土体内水压力降低，土体承载能力显著增加，承载力可以到达 80～100kPa，无外力干扰时，具备一定的承载力，俗称"铁板砂"，表层土体的地质变化随潮汐也呈现规律性变化。

6.2.3　海底电缆敷设方法

为把电缆在海面或岸上敷设到海底预定位置，归纳起来主要有三种方法。对于某一电缆，根据具体条件和沿线状况采用其中的一种或分段采用不同的敷设方法都是允许的。

（1）敷缆船敷设法。利用各种专业敷缆船敷缆是最为普遍的方法，几乎是部分远离海岸的电缆唯一可以采用的方法。

（2）漂浮法。电缆漂浮敷设，通过各种方式将电缆下水、拖航到预定的海底位置。漂浮法敷设中"就位下沉"是关键，根据管道下沉所采用的不同方式，漂浮法又分为自由充水下沉、支撑控制和浮筒控制下沉等三类。

（3）牵引法。牵引法敷设时，在陆上设有专门用于电缆下水的滑道，牵引下水后拖至预定位置。根据牵引方式和牵引过程中电缆所处的位置，牵引法又可分为：

1）海底牵引法，即利用船舶进行正向和反向牵引。

2）海面或水中牵引，牵引过程中，通常是用浮力调节方法保持电缆在牵引过程中所在的位置。

3）离底拖法，它解决了水中牵引电缆下沉的困难，又可以顺利地越过海底的沟坎或突出的障碍物。

一般说来，在使用敷缆船不合适或有困难时，才会考虑漂浮法或牵引法；多数情况下，漂浮法或牵引法只是作为敷缆船法配合使用的一种补充方法。

6.2.4　潮间带海域电缆敷设分区

考虑到潮间带风电场附近海域实际水文地质情况及相关施工设备的工作性能，潮间带风电场工程电缆敷设主要分 220kV 主海缆敷设和风电场内 35kV 集电海缆敷设两个区段进行。

各区段敷设方法如下：

（1）220kV 主海缆可分为始端登陆段、中间段及终端登陆平台段。

1）始端登陆段为浅滩区域，采用人工和机械设备（两栖挖掘机）挖沟埋设电缆。

2）中间段根据水深条件不同可采用专业敷缆船敷设或通过两栖式挖掘机乘退潮露滩时开挖沟槽，电缆敷设船乘潮敷设。

3）终端登陆平台段采用专业敷缆船和卷扬机等人工配合登陆。

（2）35kV 集电海缆分为始端登陆平台段、中间段及终端登陆平台段。始端登陆平台段与终端登陆平台段敷设方法类似，参照 220kV 主海缆终端登陆平台方法。中间段敷设根据场区水深情况，参照 220kV 主海缆中间段敷设施工。

6.2.5 敷设前的准备

（1）敷设前，进行电缆敷设路由调查并根据相关部门意见确定最终敷设路由。

（2）施工方案报送相关部门审批并取得作业许可证。

（3）海洋勘察，了解海床面地形起伏与堆积成厚度，确定是否适于冲埋施工及能否达到所需埋深，调查有无妨碍埋设施工的海底障碍物。

（4）在施工前，应对预定海域电缆路由进行扫海作业。

（5）尽可能采用铺缆船直接装缆运输的方式，选择从生产厂家散装过缆或整装过缆方式。敷设前对电缆质量进行必要的检查。

（6）对在现场的各施工机械分别进行长距、短距与有缆、无缆（模拟缆）等状态试验，得出适用本工程需要的埋设参数，如水压、流量、埋设速度等。

（7）敷设施工前，对施工设备及各种仪器仪表进行检查，完成相关的准备工作，落实安全措施，确保能满足施工要求。

（8）及时收听收集该作业海区气象预报并随时向气象部门了解未来几天的天气情况，以确定安排最终施工时间。

6.2.6 220kV主海缆敷设

主海缆路由绝大部分穿越潮间区，大部分地区敷缆船的正常吃水远远不够，海缆的敷设难度很大。根据我国潮汐情况，选择5—10月的农历十五和初一起汛期间，将岸上浅滩段作为始端登陆，乘潮由西向东、逐渐卸载减少吃水的方法敷埋至海上升压站。

作业时，施工船利用高潮位尽量靠近岸上浅滩，以减少电缆牵引登陆长度。

6.2.6.1 施工工艺流程

海上升压站到陆上集控中心的海缆敷设工艺流程：装缆运输→施工准备（牵引钢缆布放、扫海等）→始端登陆穿堤施工→中间段电缆敷埋施工→终端登陆升压平台施工→海缆冲埋、固定→终端电气安装→测试验收。

6.2.6.2 施工准备

1. 装缆

通常，电缆过驳作业直接在海缆生产厂家码头，可采用整体吊装过缆或分散过缆的方式。

整体吊装过缆对所选码头要求较高，对于大直径电缆，需要码头具有约1000t以上的起重能力，或者起重能力相当的浮吊。一般可采用租用设施或设备的方法实现。该种过驳方式对电缆损伤小，但是租用设施设备资金较大，其经济性较差。电缆若选用进口产品，则考虑海缆直接在海上过驳更为经济。由于电缆为托盘或线轴装盘的，采用吊机直接吊放电缆盘至施工船甲板。

分散过缆方式是将电缆过驳至施工船或储缆区内，可节省大量资金。装缆时，施工船靠泊固定，可以采用电缆栈桥输送电缆至施工船，并盘放在缆舱内。盘放方向一般为俯视顺时针方向，盘放顺序遵循先内后外，先下后上原则。大直径电缆一般先由里圈开始，逐圈放置外圈后第二层再由外圈放置里圈。电缆装船现场如图6-16所示。

(a) (b)

图6-16 电缆装船现场图

施工船电缆盘内径大于5.0m，退扭高度大于10m。盘绕前，在电缆盘圈内电缆头部预留3m，以方便电缆测试。

装缆完成，进行测试和交接后，直接运输至施工现场。

2. 扫海

扫海工作主要解决施工海域中影响施工顺利进行的旧有废弃缆线、钢丝、钢管、水泥柱、海网等小型障碍物，采用浅水锚艇尾系扫海工具，沿设计路由低速航行，往返扫海2~3次，发现障碍物由潜水员水下清理。

6.2.6.3 海底电缆敷设施工方案

1. 敷设主牵引缆

正确选择敷缆方向，施工船舶靠泊于终端点路由，钢缆设置牵引锚固定于施工船舶上，主牵引钢缆与之连接后沿设计路由敷设至始端登陆点的施工船，由绞缆卷扬机进行牵引。

为确保牵引钢缆的敷设精度，敷设主牵引钢缆作业采用DGPS定位导航。

2. 始端登陆

施工船尽量向登陆点靠近。根据DGPS定位导航系统，将施工船锚泊于路由轴线上，施工船艏艉抛设"八"字锚固定船位；电缆在船艉侧下水，在水域段采用橡胶轮胎浮在水面上，严禁水底拖拉；电缆头牵引进入预先施工好的过堤段，并进入终端站接线柜，留足设计规定的裕量。解掉橡胶轮胎，将电缆放入海中。电缆登陆完成后，在电缆沟槽内加盖水泥盖板或其他材料覆盖保护。浅滩区电缆敷缆施工如图6-17所示。

3. 中间段海底电缆敷埋

根据中间段水深情况，水深小于2.5m时露滩采用两栖式挖掘机开挖沟槽，浅吃水平板驳配合敷设如图6-18所示；水深大于2.5m时采用专业敷缆船进行埋设。

（1）水深小于2.5m的施工方法。

1）高潮位水深在1.0~2.5m的区段，可采用组装"浅吃水平板驳"进行电缆敷埋施工，具体方案为：运输船上布置门吊或起重机，将海底电缆吊放在"浅吃水平板驳"上，候潮进行电缆敷埋作业，或采用运输船上的退扭架、布缆机将海缆散装过驳至"浅吃水平板驳"上，再候潮进行电缆的敷埋作业。

图 6-17　浅滩区电缆敷缆施工示意图

图 6-18　滩涂埋缆作业实例

"浅吃水平板驳"主甲板布置储缆盘、退扭塔、播缆机、电缆刹车、埋设机以及锚泊系统，并配备发电机组。

2）若高潮位水深在 1.0m 以内的区段，采用"浅吃水平板驳"敷设电缆或牵引电缆、两栖挖掘机进行后埋深的方法进行施工或可通过助浮装置牵缆过滩，两栖挖掘机埋缆。

（2）水深大于 2.5m 专业敷缆船敷设施工，施工图如图 6-19 所示。

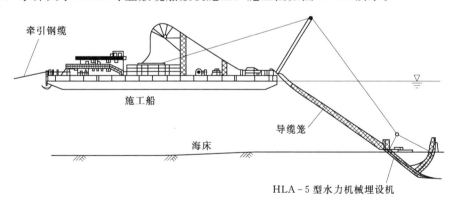

图 6-19　海缆船敷缆施工图

专业敷缆船可搭载水力机械海缆埋设机，其功能、功效对软土底质均有较好的效果。水力机械埋设机能铺埋直径 300mm 以内的海底光电缆，埋设深度可在 1.5～6.0m 之间调节，最大能达到 6.0m，适用于含水量 $W=40\%$，液性指数小于 1.3，塑性指数在 30% 左右，抗剪张度 2MPa/cm² 左右的较坚硬的土质。目前，潮间带风电场工程暂考虑中间段海缆埋设深度为 2m。具体施工方法如下：

1）在铺缆船船尾将海底电缆装入埋设机电缆挖沟犁头内，用铺缆船自身的吊机将电缆挖沟犁吊离甲板，慢慢放入水中，然后潜水员下水检查海底电缆及电缆挖沟犁姿态，如果海底电缆及电缆挖沟犁姿态正常，则进入正常铺缆状态。

2）在潮水位置满足铺缆船可移动的深度条件下，开启电缆挖沟犁的射流泵，同时铺缆船向前移动铺缆。

3）电缆正常铺设过程中，埋设机姿态仪随时反映出埋设机的姿态。

4）铺缆船铺缆时，高压水冲击联合作用形成初步断面，在淤泥坍塌前及时铺缆，一边开沟一边铺缆，开沟与铺缆同时进行，电缆敷设时采用 GPS 定位系统进行定位，牵引钢缆的敷设精度控制在拟定路由±5m 范围内。

施工过程中，拖轮备车随时准备辅助，当敷缆船受横向潮流影响出现轨迹偏差时应及时侧向顶推调整船位；专业技术人员在施工船上对电缆实行连续实时监测，包括电缆弯曲半径、电缆张力等；电缆敷设裕量按照《电气装置安装工程电缆线路施工及验收规范》（GB 50168—2006）执行，控制在 3％以内，入水角一般控制在 30°～60°，以 45°为宜，速度宜控制在 10m/min。

4. 终端登平台

埋设机回收完毕后，调整锚位将施工船调头 90°后继续沿电缆设计路由敷设电缆，直至施工船到达电缆终端平台附近。然后甩出电缆尾线，并用轮胎将电缆绑扎后助浮于海面上，使电缆在海面上形成"Ω"形，电缆头甩出浮于水面后，将电缆头系于预先铺设在电缆终端平台的钢丝绳上，通过缓缓绞动机动绞磨机将电缆牵引入平台，直至终端接线柜，并按照设计要求预留一定长度，电缆预留至足够长度后立即将海面上的电缆沉放至海床。

电缆牵引穿"J"形管登平台完毕，在电缆上安装固定卡子或锚固装置固定，最后将海缆端头系牢并固定于风机内部接电箱内。

5. 平台附近电缆冲埋

平台附近，埋设机无法抵达，采用潜水员持高压水枪冲埋，配合空气吸泥的施工方法，对电缆进行埋深，埋设深度不小于 1.0m。

6.2.6.4　海缆穿堤施工

海缆穿过海堤可采用钢桁架架空桥方案或定向钻孔穿堤方案。

1. 钢桁架架空桥方案

钢桁架架空桥是电缆、输气管道等过堤或河道等常用的一种方案。桥架过堤需按照《电气装置安装工程电缆线路施工及验收规范》（GB 50168—2006）规定，满足一定的安全距离。图 6-20 为钢桁架架空污水管道过河的实例图。

2. 定向钻孔穿堤方案

定向钻孔穿堤技术在国内应用越来越广泛，主要适用于电缆或管道穿越不可拆除建筑物的情况。220kV 海缆穿堤施工采用定向钻孔的方式，将成孔施工用设备放在海堤内侧的施工场地进行操作，首先通过定向钻导技术在海堤底部从陆域向海域侧沿设计路径进行先导孔的钻设施工，然后在海堤临海侧海域内先导孔出海底泥面后通过反向扩孔并附带电缆保护管形成设计断面，完成海缆穿堤施工。其工作过程是通过计算机控制进行导向和探测，先钻出一个与设计曲线相同的导向孔，然后再将导向孔扩大，把管线回拖到扩大了的导向孔中，完成管线穿越的施工过程。图6-21为水平定向钻机设备实物图。

图6-20 某污水管道跨河

图6-21 水平定向钻机设备

6.2.7 35kV海缆敷设

海底电缆敷设多为浅滩施工，在水位满足专业敷缆船吃水要求的情况下，应尽量采用专业敷缆船敷埋施工。

35kV海底电缆大致可分为始端登陆风力发电机组平台，中间段敷设及末端登陆升压站平台。电缆始端登陆平台/风力发电机组铺设施工示意图如图6-22所示，始端与终端登陆平台的方式与220kV海底电缆登陆平台方式相同，中间段施工根据水深情况，选择与220kV海底电缆相同敷埋方式，如因施工工期要求，短距离电缆施工可采用牵引拖拽、多个工作面同时进行施工。

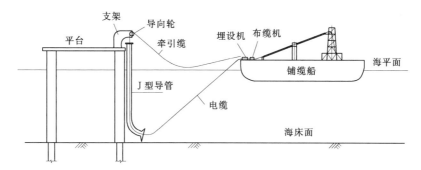

图6-22 电缆始端登陆平台/风力发电机组铺设施工示意图

6.2.8 海缆敷设完工测试

海缆整体敷设、锚固及端头处理完工，各连接点按《电气装置安装工程电缆线路施工及验收规范》（GB 50168—2006）要求检查无误后，应及时完成测试。电缆测试包括：绝缘电阻测试、直流耐压及漏电试验。

6.2.9 施工案例

某150MW潮间带风电场工程位于沿海潮间带海域，始建于2010年，采用单桩及五桩导管架基础，分别采用单机容量为 3.0MW、2.3MW 及 2.5MW 的风力发电机组，无海上升压站，通过 35kV 电缆将电从风力发电机组输送至陆上集控中心，采用先敷后埋的施工作业方式。

先敷后埋以及边敷边埋作为两种不同电缆的施工作业方式，在电缆施工作业时被广泛使用。两种施工方式各有优劣，主要施工特点分析见表 6-15。

表 6-15　电缆施工方法比较表

序号	施工方法	工序	施工特点
1	先敷后埋	始端登陆	施工船基本采用动力定位系统，故施工船只吃水较深。在水深较浅的滩涂登陆时，往往登陆距离较长，在短时间内无法完成时，中间需加设锚固点，登陆方式为浮运
	边敷边埋		目前国内较为通用的电缆施工方式，施工船只多选用无动力方驳，船只吃水较浅，可利用潮差，冲滩搁浅，尽可能减少电缆登陆长度
2	先敷后埋	光电缆敷埋施工	采用先敷设电缆，后利用水利机械进行埋设的施工方式。在敷设过程中，施工船只采用动力定位系统，按预定路由进行敷设，采用带有 USBL（水下超短基线）定位系统的 ROV 进行监护，并记录电缆在水下的精确路由，为将来进行埋深提供精确数据。敷缆方式采用张力施工法，张力提供和控制采用轮胎式布缆机或鼓轮式布缆机完成（多在水深较深海域使用），施工时，布缆速度与船前进速度基本保持一致。路由偏差控制：根据当时的风向、流速、涌浪方向，由动力定位系统时时调整。埋深由 CAPJET 水下进行，CAPJET 由脐带电缆与施工船只上的控制系统相连接，通过水下摄像、水下超短基线等相关定位系统找到预先敷设的电缆后，利用水力机械对其进行冲埋保护。CAPJET 水下供电、通信。操作均由一根脐带电缆完成
	边敷边埋		采用敷设及埋设同步进行的施工工艺。施工船只前进的动力由收绞预先敷设在设计路由上的主牵引钢缆来提供，电缆施工多采用无张力施工法，电缆施工时通过船上电缆通道后，经导缆笼、埋设犁腔体后直接埋深于海床内。路由偏差孔控制基本由动力船只绑靠在施工船侧进行纠偏控制。电缆埋深采用水力机械，采用机动水泵通过高压皮笼向埋设型墙体内供水、破土或采用水下潜水泵提供高压水破土
3	先敷后埋	终端登陆	采用双头登陆的施工方式，将留有裕量的电缆敷设在水面上，测量登陆长度后，将电缆截断，牵引至终端登陆点。在登陆时，电缆随潮流呈"Ω"漂浮在水面，若电缆登陆距离长，遭遇转流情况，电缆施工船可通过动力定位系统，随流调整船位牵引电缆，使电缆顺水流再次呈"Ω"漂浮在水面，不会发生电缆在水面打圈的现象
	边敷边埋		采用双头登陆的施工方式，将留有裕量的电缆敷设在水面上，测量登陆长度后，将电缆截断，牵引至终端登陆点。在登陆时，电缆随潮流呈"Ω"漂浮在水面，若电缆登陆距离长，遭遇转流情况时，需首先在上水测系泊锚固船只或锚固点，在转流前将电缆"Ω"顶部与系泊船只固定，锚固，防止转流导致电缆在水面打圈，待再次顺流时，解开电缆的锚固，继续电缆登陆

江苏某 150MW 潮间带风电场工程海缆敷设采用在露滩情况下挖掘机挖埋的方式，在平潮时停放挖掘机的船舶停靠至海缆附近，待露滩时挖掘机行驶至滩面，沿海缆敷设的方向进行沟槽开挖，开挖深度根据设计要求埋设，为减少挖掘机行驶路程，涨潮时挖掘机就近

停放到方驳上。挖掘机开挖完成后，采用人工浮筒拖拽方式放置海缆，加盖防护层后挖掘机回填，即先敷后埋。电缆敷设施工现场如图 6-23～图 6-25 所示。

（a） （b）

图 6-23　电缆敷设船及敷设现场

图 6-24　涨潮时挖掘机停放于平地驳船上

图 6-25　退潮时挖掘机挖槽敷缆

第7章 箱式变电站基础施工技术

箱式变电站基础施工技术在风电场的安装与施工中是非常关键的技术之一，其质量的优劣决定着风力发电机组是否安全运行，是保证风力发电机组经济运行的关键技术之一。本章以 1.5MW 风力发电机组为例进行介绍。变电站采用两级升压方式，每台风力发电机组配置 1 台 0.69/35kV 箱式变电站，将风力发电机组电压升高至 35kV，箱式变电站采用单元接线方式；箱式变电站高压侧采用联合单元接线方式，每 10～12 台风力发电机组成一个联合单元后，经 35kV 集电线路接入风电场 220kV 升压站 35kV 配电装置，经主变压器升压至 220kV 后送入系统的相关箱式变电站施工技术中的混凝土管桩、混凝土工程、埋管和接地网埋设的相关技术。

7.1 混凝土管桩工程

7.1.1 施工措施计划

预制混凝土管桩工程开工前，应根据施工图纸提供的预制混凝土管桩方案，分别提供以下施工措施计划报送监理人审批：

（1）桩基施工场地布置图。

（2）成桩机械及其配套设备的选择。

（3）制桩材料成品备件的配置。

（4）桩基施工方案及工艺。

（5）成孔、成桩试验和措施。

（6）施工质量、安全和环境保护措施。

（7）施工进度计划。

7.1.2 管桩原材料及构造要求

7.1.2.1 原材料

水泥应采用标号不低于 42.5 的硅酸盐水泥、普通硅酸盐水泥，其质量应符合《硅酸盐水泥、普通硅酸盐水泥》（GB 175—1999）的规定。细骨料宜采用洁净的天然硬质中粗砂，细度模数为 2.3～3.4，其质量应符合《建筑用砂》（GB/T 14684—1993）的规定。粗骨料应采用碎石，其最大粒径应不大于 25mm，且不超过钢筋净距的 3/4，其质量应符合《建筑用卵石、碎石》（GB/T 14685—1993）的规定。

预应力钢筋应采用预应力混凝土用钢棒、预应力混凝土用钢丝，其质量应分别符合《预应力混凝土用钢棒》（GB/T 5223.3—2005）和《预应力混凝土用钢丝》（GB/T

5223—2002）的规定。螺旋筋宜采用冷拔低碳钢丝、低碳钢热轧圆盘条，其质量应分别符合《混凝土结构工程施工质量验收规范》（GB 50204—2002）和《低碳钢热轧圆盘条》（GB/T 701—2008）的规定。端部锚固钢筋、架立圈宜采用低碳钢热轧圆盘条或钢筋混凝土用热轧或钢筋混凝土用热轧带肋钢筋，其质量应分别符合《低碳钢热轧圆盘条》（GB/T 701—2008）和《钢筋混凝土用热轧带肋钢筋》（GB 1499.2—2007）的规定。端板、桩套箍宜采用 Q235，其质量应符合《碳素结构钢》（GB/T 700—2006）的规定。

混凝土拌和用水的质量应符合《混凝土用水标准》（JGJ 63—2006）的规定。外加剂的质量应符合《混凝土外加剂应用技术规范》（GB 50119—2013）的规定，严禁使用氯盐类外加剂。

7.1.2.2　构造要求

钢筋应清除油污，局部不应有弯曲，端面应平整，单根管桩同束钢筋中，下料长度的相对差值应不大于 $L/5000$（L 为钢筋长度）。钢筋和螺旋筋的焊接点的强度损失应不大于该材料标准强度的 5%。钢筋镦头强度应不小于该材料标准强度的 90%。

钢筋骨架的预应力钢筋沿其分布圆周均匀配置，最小配筋率应不小于 0.6%，并不得少于 6 根。螺旋筋的直径应根据管桩规格而确定，外径为 450mm 以下的螺旋筋的直径应不小于 4mm，外径为 500~600mm 的螺旋筋的直径应不小于 5mm，外径为 800~1000mm 的螺旋筋的直径应不小于 6mm。管桩螺距最大不超过 110mm，管桩两端螺旋筋的长度范围为 1000~1500mm，螺距范围在 40~60mm 之间。端部锚固钢筋、架立圈应按设计图纸确定。骨架成型后，各部分尺寸应符合：①预应力钢筋间距偏差不得超过 ±5mm；②螺旋筋的螺距偏差不得超过 ±10mm；③架立圈间距偏差不得超过 ±20mm，垂直度偏差不得超过架立圈直径的 1/40 等要求。管桩接头宜采用端板焊接，管桩接头端板的宽度不得小于管桩的壁厚，接头的端面必须与桩身的轴线垂直。

7.1.3　管桩制造

混凝土质量控制应符合《混凝土质量控制标准》（GB 50164—2011）的规定。预应力混凝土管桩用混凝土强度等级不得低于 C50，预应力高强混凝土管桩用混凝土强度等级不得低于 C80，最小水泥用量为 300kg/m³。放张预应力筋时，预应力混凝土管桩的混凝土抗压强度应不小于 35MPa，预应力高强混凝土管桩的混凝土抗压强度应不小于 40MPa。桩身的力学性能应按照《先张法预应力混凝土管桩》（GB 13476—2009）进行试验，其各项力学性能均需满足该标准的规定。

7.1.4　管桩选型及要求

桩基均采用 PHC 桩，桩身外径为 600mm，桩身壁厚为 130mm，桩长为 10~58mm，桩身配筋型式选用 A 型或 B 型，桩尖型式选用 A 型十字形钢桩尖，桩身混凝土强度等级为 C80，桩身混凝土保护层厚度为 35mm，管桩水泥应为普通硅酸盐水泥或硅酸盐水泥，水泥熟料中铝酸三钙含量应控制在 6%~12% 范围内，水泥中不掺其他掺合料，在管桩接头处刷环氧树脂防腐涂层一道。

管桩每个管节的长度应按设计需要进行生产。当设计对管节长度没有特殊规定时，管节长度按下述要求执行：当桩长不大于 15m 时，应采用 1 个管节进行制作和运输，不得接桩；当桩长大于 15m 时，每 15m 允许接桩 1 次。

7.1.5　管桩施工技术要求

7.1.5.1　施工前准备

施工前应对进入现场的成品桩，焊接用焊条等进行质量检验，满足《建筑地基基础工程施工质量验收规范》（GB 50202—2002）要求。预应力管桩外露钢圈处刷一道环氧树脂涂层防腐。桩头钢板的孔口采用环氧砂浆封堵。桩尖与桩底端的连接缝用环氧砂浆封闭。

7.1.5.2　沉桩

施工过程中应经常检查桩的贯入情况、桩顶完整状况、电焊接桩质量、桩体垂直度、焊接后的停歇时间等项目。沉桩方式宜采用锤击法沉桩，并采用重锤轻击。沉桩机械宜采用 D80 或以上的柴油式打桩机，锤重应不小于 8.0t，有施工经验时也可采用相应配重的静力压桩机，宜采用有履带式行走机构的打桩机。应在桩身混凝土达到 100％设计强度且蒸汽养护后在常温下静停 3 天后方可沉桩。锤击法成桩时应选择适宜的桩帽和衬垫。桩帽内径宜大于桩径 20～30mm，其深度为 300～400mm，并应有排气孔。锤和桩帽之间的锤垫可用竖向硬木，厚度为 150～200mm；桩帽与桩顶之间须嵌入富有弹性韧性的桩垫，如足够厚度的纸垫、木夹板及橡胶制品等，以减少桩头的破损，桩垫锤击后的厚度宜为 120～150mm。当衬垫被打硬或烧焦时，应及时更换。沉桩时，如管桩孔充满水，应抽干后方可进行锤击作业。桩身、桩帽、送桩的桩锤应在同一中心线上，防水偏打。锤击沉桩时宜重锤低击，开始落距较小，待入土一定深度且桩身稳定后再按要求落距进行。一根桩原则上应一次打入，中途确需停锤，也应尽量缩短停锤时间；当由于挤密原因引起沉桩困难或地面隆起时，可采用预钻孔（钻孔直径不大于 550mm，孔深不超过桩长的 1/3）等措施；由于超孔隙水压力的影响，可设置竖向塑料排水板或砂井等。预应力管桩一般不得截桩，如遇特殊情况确需截桩时，应征得现场监理工程师和设计人员同意。截桩方式可采用混凝土切割器、液压紧箍式切断机、液压千斤顶式截桩器等，不得采用人工凿桩。发生断桩、碎桩应征得现场监理工程师和设计人员的同意并予处理。

7.1.5.3　终止沉桩

终止沉桩的条件以桩长控制，所有的桩均应沉至设计高程，但当遇到下列情况之一时，可终止沉桩，并将沉桩记录报告现场监理：

（1）桩头打碎或桩身出现裂缝。

（2）桩身严重偏移、倾斜。

（3）总锤击数超过 2500 击，或最后 1m 锤击数超过 400 击。

7.1.5.4　管桩与承台的连接

管桩与承台采用固结连接，管桩嵌入承台深度为 100mm，承台垫层混凝土浇筑前，应按要求预埋或预焊插筋。管桩填芯混凝土强度等级及要求与风力发电机组基础混凝土相同，并要求在风力发电机组基础混凝土浇筑前至少 7 天完成填芯。

7.2 混凝土工程

模板的制作应满足施工图纸要求的建筑物结构外形，其制作容许偏差不应超过有关规程规范的规定。施工图纸进行模板安装的测量放样，重要结构应设置必要的控制点，以便检查校正。模板安装过程中，应设置足够的临时固定设施，以防变形和倾覆。

7.2.1 模板的清洗和涂料

模板的接缝不应漏浆，在浇筑混凝土前，木模板应浇水湿润，但模板内不应有积水；模板与混凝土的接触面应清理干净并涂刷隔离剂，但不得采用影响结构性能或妨碍装饰工程施工的隔离剂。为防锈和拆模方便，钢模面板应涂刷矿物油类的防锈保护涂料，不得采用污染混凝土的油剂，不得影响混凝土或钢筋混凝土的质量。

7.2.2 钢筋

钢筋的材质及加工工艺应符合现行有关国家标准和行业标准。钢筋表面应洁净无损伤，油漆污染和铁锈等应在使用前清除干净，钢筋应平直，局部无弯折。钢筋加工的尺寸应符合施工图纸的要求，加工后受力筋的容许偏差为 $\pm 10mm$，箍筋的容许偏差为 $\pm 5mm$。钢筋的弯折加工、焊接和钢筋的绑扎应按《混凝土结构工程施工质量验收规范》（GB 50204—2002）的规定以及施工图纸的要求执行。

7.2.3 普通混凝土、钢筋混凝土

混凝土使用的各种材料应符合相关的国家标准和行业标准。应按各建筑物部位施工图纸的要求，配置混凝土所需的水泥品种，各种水泥均应符合相关的国家和行业的现行标准。每批水泥出厂前，均应对制造厂水泥的品质进行检查复验，每批水泥发货时均应附有出厂合格证和复检资料。每批水泥运至工地后，监理人有权对水泥进行查库和抽样检测，当发现库存或到货水泥不符合要求时，监理人有权通知停止使用。水泥运输过程中应注意其品种和标号，不得混杂，并采取有效措施防止水泥受潮。到货的水泥应按不同品种、标号、出厂批号、袋装或散装等，分别储放在专用的仓库或储罐中，防止因储存不当引起水泥变质。水泥应为通用硅酸盐水泥，水泥标号不小于 42.5，其质量除应符合国标《通用硅酸盐水泥》（GB 175—2007）外，水泥熟料中铝酸三钙的质量分数应控制在 6%～12% 之间，水泥的含碱量以当量氧化钠（Na_2O）计，应不大于 0.6%，氧化钙的质量分数应大于 60%。不得采用立窑水泥、烧黏土质的火山灰质硅酸盐水泥和早强水泥。

粉煤灰质量应符合《水运工程混凝土施工规范》（JTS 202—2011）的要求。风力发电机组基础混凝土采用Ⅰ级粉煤灰，粉煤灰取代水泥率、超量系数根据配合比试验确定，粉煤灰取代水泥率建议为 20%，超量系数为 1.3（即采用 1.3 倍的粉煤灰取代 1 倍的水泥）。

粉煤灰混凝土应掺入适宜高效减水剂，减水剂质量应符合《混凝土外加剂应用技术规范》（GB 50119—2003）的规定，并且要求减水剂对混凝土性能无不良影响，减水剂氯离子质量分数不大于水泥的质量分数的 0.02%。减水剂掺量应通过配合比试验确定。

混凝土拌和用水应符合《水运工程混凝土施工规范》（JTS 202—2011）的有关规定。混凝土拌和用水的氯离子含量应不大于 200mg/L。当采用当地地下水、地表水时，应进行水质化学分析，证明拌和用水满足要求后才可以使用。

混凝土骨料应符合《水运工程混凝土施工规范》（JTS 202—2011）的有关规定。混凝土骨料应选用质量坚固耐久，并具有良好级配的天然河砂、碎石或卵石，不得采用海砂，粗骨料最大粒径应不大于 50mm，且不得采用可能发生碱活性反应的活性骨料。

风力发电机组基础混凝土添加亚硝酸钙阻锈剂，或以亚硝酸钙为主剂的复合阻锈剂，阻锈剂质量应符合《海港工程混凝土结构防腐蚀技术规程》（JTJ 275—2000）的有关规定，阻锈剂掺量应通过试验确定。

最后，根据混凝土的设计性能要求，结合混凝土配合比的选择，与外加剂供应厂商共同通过试验确定各防腐蚀外加剂的掺量，其试验成果应报送监理人。

7.2.4　配合比

风力发电机组基础混凝土应进行配合比试验，混凝土配合比应以配合比试验报告为准，施工单位在施工过程中不得随意修改配合比。混凝土配合比试验前 7 天，将各种配合比试验的配料及其拌和、制模和养护等的配合比试验计划报送监理人。混凝土水灰比的最大容许值应符合以下要求：风力发电机组基础混凝土强度为 C40，混凝土的水灰比不应超过 0.45，最小胶凝材料用量为 360kg/m³，混凝土总含碱量应不大于 3kg/m³，混凝土氯离子质量分数应不大于 0.06%。

7.2.5　拌和

拌制混凝土时，必须严格遵守实验室提供并经监理人批准的混凝土配料单进行配料，严禁擅自更改配料单。采用固定拌和设备，设备生产率必须满足本工程高峰浇筑强度的要求，所有的称量、指示、记录及控制设备都应有防尘措施，设备称量应准确，其称量偏差不应超过有关标准的规定，应按监理人的指示定期校核称量设备的精度。

混凝土拌和应符合有关标准的规定，拌和程序与时间均应通过试验确定，且纯拌和时间应不少于 2～3min。因混凝土拌和及配料不当，或因拌和时间过长而报废的混凝土应弃置在指定的场地。

7.2.5.1　拌和工厂

所有风力发电机组基础混凝土采用集中拌和，承包人可自行修建拌和楼或购买达到设计要求的商品混凝土，要求拌和楼容量不小于 60m³/h，并应考虑备用容量和设置备用机械，保证在最不利条件下现场入仓供料大于 40m³/h。风力发电机组基础混凝土采用混凝土搅拌运输车运输，其入仓坍落度应控制在 8～11cm。

7.2.5.2　温度控制

为防止混凝土浇筑时产生温度裂缝，应严格进行混凝土温度控制。7—9 月施工时，要求所有风力发电机组基础混凝土浇筑时入仓温度不大于 25℃；5 月、6 月、10 月施工时，混凝土入仓温度不大于 20℃。当工程区最高温度超过 25℃时，混凝土拌和应采取降温措施，降温措施应采用仓面喷雾、遮阳、散装水泥冷却、加冷却水或加冰拌和。混凝土表面应采用有效的覆盖和保温措施。混凝土内应设置测温元件,混凝土浇筑时在风机基础混凝土内部埋设 4 个测温点,混凝土浇筑完成后即开始测量混凝土内部温度,混凝土内外温差不宜超过 25℃。

7.2.6　浇筑

在气候条件不适宜、无法正常进行浇筑作业时,不得进行混凝土施工。本工程所有混凝土施工均应在旱地进行。混凝土在浇筑过程中,直到硬化之前不应在其表面经受流水作用。任何部位混凝土开始浇筑前 8h(隐蔽工程为 12h),必须通知监理人检查浇筑部位的准备工作,检查内容包括地基处理、已浇筑混凝土面的清理以及模板、钢筋、插筋、预埋件等设施的埋设和安装等,经监理人检验合格后方可进行混凝土浇筑。任何部位的混凝土开始浇筑前,应将该部位的混凝土浇筑的配料单提交监理人审核,经监理人同意后,方可进行混凝土浇筑。

7.2.6.1　施工准备

(1)基础开挖后,若钢桩帽有锈斑时,应采用铁砂纸除锈。

(2)清除管桩内污泥。管桩顶端 1.5m 范围内采用混凝土填芯,为保证填芯混凝土与管桩壁连接良好,管桩内此段范围的污泥应清除,并用水枪冲洗干净。

(3)浇筑填芯混凝土。按设计要求浇筑填芯混凝土,并预插筋,填芯混凝土强度等级与风力发电机组基础混凝土相同。

(4)铺碎石垫层。风力发电机组基础底部铺设厚 150mm 的碎石垫层,碎石垫层铺设完成后应对碎石进行夯实。

(5)浇筑垫层碎石垫层铺设完成并夯实后,浇筑 200mm 厚 C20 的混凝土垫层,垫层混凝土也需掺入适量阻锈剂,但可不掺粉煤灰。

7.2.6.2　基础面混凝土浇筑

(1)建筑物建基面必须验收合格后方可进行混凝土浇筑工作。在软基上进行操作时,力求避免破坏或扰动原状土壤。

(2)风力发电机组基础混凝土应一次浇成,不留施工缝。

(3)单个风力发电机组基础混凝土浇筑时间不宜超过 12h。当白天最高气温高于 25℃时,宜在夜间浇筑;浇筑过程中应采取防雨、防雪等施工措施;拌和设备和运输车辆应有备用,中途不得中断浇筑。

(4)混凝土应分层浇筑,每层厚度为 30cm 左右,上下两层混凝土浇筑时间间隔不得大于下层混凝土初凝时间以前 1h。混凝土应充分振捣。因基础厚度较大,为保证下层浇筑时振捣密实,在浇筑下层混凝土时,浇筑人员应进入钢筋笼内振捣。

(5)钢筋网进入孔位置及尺寸大小根据现场施工实际情况确定,使用结束后应及时焊接封闭。

(6)混凝土保护层垫块宜为工字形或锥形,其强度和密实性应高于本体混凝土。垫块宜采用水灰比不大于 0.40 的砂浆或细石混凝土制成,或采用强度不小于 50MPa 且具有耐碱和抗老化性能的工程塑料制成。

(7)在浇筑过程中,应控制混凝土的均匀性和密实性,不应出现露筋、空洞、冷缝、夹渣、松顶等现象，特别是构件棱角处应采取有效措施，使接缝严密，防止在混凝土振捣过程中出现漏浆。

（8）上层钢筋应设置架立钢筋，架立钢筋的直径、设置位置等由施工单位考虑，但应保证钢筋网的牢固可靠。

（9）所有交叉的钢筋必须间隔一个交叉点就用铁丝可靠绑扎。

（10）所有的钢筋都不应与基础预埋螺栓直接接触。

7.2.6.3　混凝土面的修整

（1）有模板混凝土浇筑的成型偏差不得超过标准规定的数据。

（2）混凝土表面蜂窝凹陷或其他损坏的混凝土缺陷应按监理人指示进行修补，直到监理人满意为止，并作好详细记录。

（3）混凝土拆模后，其表面不得留有非设计需要的螺栓、拉杆、铁钉等铁件，若施工需要而外露的铁件（包括模板支架、模板拉筋等）均应将外露铁件割除，然后在外面涂环氧砂浆。环氧砂浆使用前应进行配合比、强度、凝固时间等相关试验。

7.2.7　预留孔混凝土

为施工方便或安装作业所需预留的孔穴，均应在完成预埋件埋设和安装作业后，采用混凝土或砂浆予以回填密实。除另有规定外，回填预留孔用的混凝土或砂浆，应与周围建筑物的材质一致。预留孔在回填混凝土或砂浆之前，应先将预留孔壁凿毛，并清洗干净、保持湿润，以保证新老混凝土结合良好。回填混凝土或砂浆过程中应仔细捣实，以保证埋件黏结牢固，以及新老混凝土或砂浆充分黏结，外露的回填混凝土或砂浆表面必须抹平，并进行养护和保护。

7.2.7.1　养护和表面保护

混凝土浇筑完毕后，应及时加以覆盖，避免太阳曝晒。基坑应及时采取明沟抽排水措施，以免碱水侵蚀混凝土，影响混凝土质量及后期的防腐涂层的施工。混凝土浇筑完毕后，应立即采用喷水和保湿保温措施连续养护，保持混凝土表面湿润。混凝土养护应有专人负责，混凝土养护时间应大于 15 天。若混凝土表面出现裂缝，应沿裂缝涂纯环氧树脂若干道，以基本填满裂缝为宜。混凝土养护用水要求与拌和用水要求相同。

7.2.7.2　基础表面防腐

基础混凝土浇筑完成 28 天以后，表面涂刷防腐涂料，防腐涂层底层采用环氧树脂封闭漆（无厚度要求），面层采用环氧树脂漆（厚度不小于 $500\mu m$）。

7.3　预埋管和接地网埋设

预埋管和接地网的制作、安装和埋设工作须依据施工图纸进行。在混凝土工程浇筑前 14 天，绘制所列项目预埋件的各浇筑分块或分段的预埋件埋设汇总图和预埋件埋设一览表，并报送监理人审批。所有材料应符合施工图纸的规定。材料必须具有制造厂的质量证明书，其质量不得低于国家现行标准的规定。要求采用代用材料时，应将代用材料的质量证明书及试用成果报送监理人审批，未经监理人批准的代用材料不得使用。如需修改施工图纸，事先须经监理人批准，修改后的埋件位置应避免与其他埋件相干扰，并与建筑物表面处理相协调。

7.3.1 电缆管、光缆管的埋设要求

每台风力发电机组基础一般预埋电缆管 5 根，光缆管 2 根，电力电缆管采用直径 150～200mm 的 PE 管或 PVC 管，光缆管采用直径 40～60mm 的 PE 管或 PVC 管。箱式变电站基础风机侧预埋 5 根直径 150～200mm 和 2 根直径 40mm 的 PE 管或 PVC 管。

管口应光滑、平整，无裂纹、毛刺、铁屑等。管道在安装前，内部应清理干净。

预埋管道安装就位后，应使用临时支撑加以固定，防止混凝土浇筑和回填时发生变形或位移，钢支撑可留在混凝土中。若需要将预埋管道与临时支架焊接时，不应烧伤管道内壁。管口应采取有效措施加以保护，注意防止管道堵塞、接口的损坏和锈蚀，并应有明显标记。

按施工图纸的要求将预埋电气管道的终端引出，并应在每根预埋电气管道中穿一直径不小于 2mm 的热镀锌铅丝，末端露出终端外。

电缆管进口段超出混凝土面 200mm，出口段均应超出混凝土面 100mm。电力电缆管的转弯半径应不小于 1500mm，光缆管的转弯半径应不小于 750mm。为防止积水，电缆管水平段应有 5% 的坡度，坡向外侧。所有电缆埋管顶面离地高度不小于 500mm。

7.3.2 接地网埋设要求

按照设计图纸的要求进行接地网的埋设。接地网铺设在基础混凝土中，底层接地网与基础管桩桩顶平齐，与每个管桩钢帽可靠焊接，并向外预留引出 500mm。

第8章 风电场内升压站土建施工技术

本章主要介绍风电场内升压站的土建施工技术方案及环保施工措施。在施工技术方案中从测量、基础、脚手架、砖砌体、防水、楼地面及装饰、安装七个方面详细阐述了升压站土建的施工技术以及相应的技术要求，并强调了施工过程中的安全保障措施。作为新能源产业的风电项目，在建设过程中也应将对环境的负面影响降到最低，一些施工中带来的污染需要妥善处理；并且，良好的后勤是克服天气、高温等外部因素保证工期的关键。

8.1 施 工 技 术 方 案

8.1.1 升压站土建施工流程

升压站土建施工流程如图8-1所示。

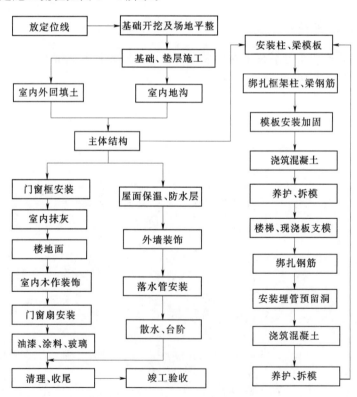

图8-1 升压站土建施工流程

8.1.2　工程测量

测量工作主要如下：

（1）测量工作应在施工准备阶段开始。根据施工总平面图的坐标控制网格，尽快引测工程轴线和高程控制点，为全面开展施工创造条件。

（2）根据工程的建筑特点，在场内建立平面主轴线控制网和水准复核点，以满足施工测量的需要。

（3）施工前期的测量工作应由测量工程师负责、施工员配合完成。施工期间，现场施工人员或技术人员负责操平放线工作，测量工程师负责定期复核。

（4）根据设计的要求，完成建筑物的沉降观测工作，并认真作好观测记录备案。

（5）做好测量技术资料的保存与归档工作。

1．平面主轴线控制

（1）施工准备期间，在测定基础工程的同时应建立平面主控轴线。

（2）对于基础项目，均应在其纵、横向各选取 1～2 根轴线作为平面主控轴线，其延长线应引测至不受施工影响的稳定区域。每根主控轴线的延长点位都要有明显的测量标志，并浇筑混凝土作临时固定。

（3）平面主控轴线建立后，所引测的主控轴线点位都要与基础的轴线进行联测，并利用主控轴线作为基础施工中定期复核平面轴线的依据。

2．标高控制

（1）根据业主提供的国家水准点，引测到场内不受施工影响的位置，设置半永久性的标高控制点，用于施工期间标高和沉降观测的复核与控制。

（2）高程测量应以标高控制点为依据，通过精密水准仪、采用往返水准测量方法将高程引至基坑边的临时水准控制点，然后再引至坑内。

（3）水准工作基点均应布置在不受施工影响并相对稳定的地方。

（4）水准工作基点应与工地附近的国家水准点联测，并定期做好校测工作。

3．沉降观测

（1）在综合楼基础上设置沉降观测点。沉降观测点的埋设高程应根据各基础承台顶面高程及所在位置的地面高程作相应调整。沉降观测标头以高于地面 10mm 左右为宜。

（2）沉降观测以二等水准施测。施工期间每周观测一次，竣工验收后移交相关管理部门。

4．主要测量器具配备

NTS-322 全站仪	1 台
J_2 经纬仪	3 台
DS_3 水准仪	3 台
30m 钢卷尺	6 把
50m 钢卷尺	3 把

8.1.3　基础工程

8.1.3.1　施工工艺流程

土石方开挖→垫层浇筑→测量弹线→基础钢筋制作安装→预埋件安装→模板安装→基础混凝土浇筑→混凝土养护及测温→回填。

8.1.3.2　土石方开挖

（1）土方部分，采用机械方式开挖。边坡堆土不得过高过重，应及时将余土清运。

（2）基坑挖完后应及时组织有关部门进行验槽，做好记录。

（3）土方回填前应清理坑底的杂物和积水，回填按照设计及规范要求，控制回填土的含水率和干密度等指标，分层回填，夯实。

（4）根据现场踏勘情况，在基础施工过程中需进行石方爆破作业，以保证施工工期。

（5）爆破后，用挖掘机配合人工进行开挖。爆破要做到岩石不飞溅，达到施工要求及安全目的。

（6）石方爆破程序：进行开挖面放线→设计、布置炮眼→钻孔→装药→连接电路→覆盖→通知→警戒→放炮→解除警戒。

（7）土石方开挖时要严格按文明施工的有关规定进行，避免扰民现象发生。

8.1.3.3　基础钢筋

1. 钢筋加工

根据图纸及规范要求进行钢筋翻样，由技术负责人对钢筋翻样料单审核后，进行加工制作。钢筋加工的形状、尺寸必须符合设计要求及现行施工规范要求。

2. 钢筋焊接

钢筋焊接通常采用闪光焊及电弧绑扎焊。钢筋焊接部位、搭接长度必须满足设计和现行施工规范要求。

3. 钢筋绑扎

钢筋绑扎顺序为：基础筏板底部钢筋绑扎→梁钢筋布置及绑扎→中墩钢筋绑扎→基础筏板上部钢筋绑扎。

钢筋的级别、直径、根数和间距均应符合设计和施工规范要求，绑扎或焊接的钢筋骨架、钢筋网不得出现变形、松脱与开焊。预埋管处必须按设计要求进行布置。

钢筋绑扎应与木工相互配合。一方面，钢筋绑扎时应为木工支模提供空间；另一方面，模板的支设也应考虑钢筋绑扎的方便。必须重视安装预留预埋的适时穿插，及时按设计要求绑附加钢筋，确保预埋准确，固定可靠，更应做好看护工作，以免被后续工序破坏；混凝土施工时，应派钢筋工看护钢筋，保证钢筋位置准确、保护层厚度符合规范要求。

8.1.3.4　基础模板

（1）基础模板通常采用定型模板，支撑体系采用围檩木，用蚂蝗钉进行固定。

（2）对模板均应编号使用，从而达到专模专用，使混凝土表面光滑、尺寸精确。

（3）在支模时应严格控制断面，保证模板接缝的严密，防止漏浆，同时应当保证位置的准确，防止出现位移现象。

（4）在支模工程完成后，应及时进行技术复核工作，复核模板的强度、刚度和稳定性是否满足要求，复核轴线、标高、断面尺寸是否满足设计要求和施工规范的规定。

（5）待混凝土自身强度能保证基础不变形、不缺棱掉角时，根据规范要求方可拆模。模板拆除后应立即进行修整及清理，然后集中堆放，以便周转使用。

8.1.3.5　基础混凝土浇筑

综合楼基础属于大体积混凝土工程。基础的混凝土必须连续浇筑，一次性完成，基础内不准许留设施工缝。大体积混凝土工程的施工技术要点如下：

（1）综合楼基础混凝土应进行配合比试验，混凝土配合比应以配合比试验报告为准。综合楼基础混凝土中掺入适量粉煤灰，以减少混凝土的水化热，增加和易性。

（2）混凝土浇筑时必须派专人统一指挥。对混凝土运输车实行统一编号，指定其停车位置和进出场路线，使施工在紧张有序的条件下顺利进行。

（3）基础混凝土浇筑前必须完成钢筋的隐蔽工程验收，同时应安排专业技术人员对基础内的预埋件和预埋电气管线进行技术复核，认真校对各类预埋件的坐标、标高，防止出错。

（4）混凝土先一次浇筑至筏板上平，高出筏板部分梁和中墩分层浇筑，每层浇灌厚度控制在 200mm 以内，上下两层混凝土浇筑时间间隔不得大于下层混凝土初凝时间以前1h。浇筑顶层混凝土时，厚度不得小于 300mm。

（5）混凝土应充分振捣，因基础厚度较大，为保证下层浇筑时振捣密实，在浇筑下层混凝土时，浇筑人员应进入钢筋笼内进行振捣。综合楼基础浇筑时不少于 4 个振捣器同时振捣，振捣间距在无钢筋处采用 60cm，有钢筋处采用 40cm，振捣器必须插入下层混凝土10cm 以上。严禁振捣器仅在混凝土表面振捣，振捣器不得作为摊平混凝土层面的辅助工具。严禁振捣器直接碰撞模板、钢筋及预埋件。在预埋件周围及基础环底部，应细心振捣以排除气体，必要时辅以人工捣固密实。浇筑过程中随即（干燥或初凝前）清理落在上层钢筋上的混凝土料渣，以免污染钢筋。

（6）由于混凝土的流动性大，浇捣过程中上涌的泌水和浮浆须及时排除，尤其是到最后顶层浇捣时，应用软管手提泵及时排除所有泌水。

（7）养护，混凝土浇筑完毕后，应在 12h 以内加以覆盖和浇水，浇水次数应能保持混凝土有足够的润湿状态，混凝土养护时间大于 15 天。

8.1.3.6　混凝土的温控措施

为防止混凝土浇筑时产生温度裂缝，严格进行混凝土温度控制。7—9 月混凝土入仓温度不高于 25℃，5 月、6 月、10 月混凝土入仓温度不高于 20℃，冬季做好保温措施。夏季浇筑时，应采取骨料预冷、散装水泥冷却、加冷却水或加冰拌和等措施。

8.1.3.7　基础混凝土的蓄热保湿养护措施

若根据施工进度安排，综合楼基础混凝土浇捣时间在盛夏季节的话，基础大体积混凝土浇捣后宜采用蓄热保湿养护措施，达到控制温差、防止混凝土产生温差裂缝的目的。养护措施如下：

（1）混凝土在入模后、终凝前，应及时在其表面铺设一层农用塑料薄膜和一层麻袋。

（2）覆盖塑料薄膜时，要注意尽可能将敞露的混凝土表面覆盖严密，并使塑料薄膜内产生凝结水，以满足保湿要求。

（3）蓄热保湿的养护措施必须持续到混凝土表面温度与其内部温度之差控制在25℃以内。

（4）当混凝土表面温度与其内部温度之差超过23℃时，应及时上报施工技术负责人和监理，以便采取相应的控制措施。

8.1.3.8　综合楼基础接地施工技术要点

（1）接地电阻。根据相关标准设计要求，综合楼基础接地采用一体化接地网，接地电阻要求小于4Ω。施工完成后，需测量接地电阻。

（2）接地材料。接地网铺设在基础混凝土及基础周围土中，接地材料宜采用热镀锌扁钢。接地网采用环形接地网，环内用接地扁钢相连，接地网相交处设垂直接地极；由于土壤电阻率较高，需考虑降阻措施，从环形接地网向外敷设3~4根接地扁钢，并在其上布置电解地极装置。

8.1.3.9　预埋件施工要求

（1）在基础混凝土浇筑前，所有需要埋设的管线、塔筒预埋环或其他预埋铁件等均应按施工图固定在准确的位置上。基础混凝土浇筑后必须检查各种预埋件的位置和预埋管是否通畅。

（2）预埋环（件）应切实可行地按工程的进度设置在结构内，并与系统的其余部分安装连接。

（3）未经监理同意，不得为便于埋入而割断或弯折钢筋。预埋件和预留孔洞的容许偏差应符合规范的有关规定。

（4）电气埋管应严格按照施工图要求埋设，管口应整齐、光滑无毛刺。钢管两端应做喇叭口。埋管转弯半径应满足电缆转弯半径的要求。

8.1.3.10　基础回填土

（1）所有的基础模板必须拆除完毕，坑内杂物应清理干净，且坑内无积水。

（2）土石方填筑前，会同监理人进行用于计量的地形平面、剖面测量资料的复核检查，进行基础面清理质量的检查和验收。

（3）土石方回填前清除基底垃圾、树根等杂物，抽除坑内积水、淤泥，验收基底标高。

（4）填方从最低处开始，由下向上分层铺填压实，每层厚度以0.3m左右为宜，经夯实后，再回填下一层，压实度要求大于90%。压实标准为轻型击实。施工过程中随时检查排水措施、每层填筑厚度、含水量控制、压实程度。

（5）基础四周回填土需进行轻型击实，压实度要求大于90%，基础上部覆土不进行碾压或压实。

8.2　脚手架工程

脚手架工程一般宜采用落地双排钢管脚手架。

脚手架一般采用$\phi48×3.5$的钢管，立杆距外墙300mm、排距1m、纵距1.5m，横杆间距 1600mm。脚手架外侧挂密目安全网，其下部设置挡脚板。

8.2.1 工艺流程

搭设工艺流程：做好搭设的准备工作→放线→铺设垫木→按立杆间距排放底座→放置纵向扫地杆→逐根树立立杆，随即与纵向扫地杆扣牢→安装横向扫地杆，并与立杆或纵向扫地杆扣牢安装第一步大横杆→安装第一步小横杆→安装第二步大横杆→安装第二步小横杆→加设临时抛撑（上端与第二步大横杆扣牢，在装设两道连墙杆后方可拆除）→安装第三步、第四步大横杆和小横杆→设置连墙杆→接立杆→加设剪刀撑铺脚手板→绑挡脚板→立挂安全网。

8.2.2 具体要求

立杆接头必须采用对接扣件对接。立杆上的对接扣件应交错布置，两个相邻立柱接头在高度方向错开的距离不应小于 500mm；各接头中心距主节点的距离不应大于步距的 1/3。

纵向水平杆设置在横向水平杆之上，并以直角扣件扣紧在横向水平杆上。纵向水平杆在操作层的间距不宜大于 400mm；纵向水平杆的长度不小于 3 跨，并不小于 6m；纵向水平杆一般宜采用对接扣件连接，对接接头应交错布置，不应设在同步、同跨内，相邻接头水平距离不应小于 500mm，并应避免设在纵向水平杆的跨中。端部扣件盖板边缘至杆端的距离不应小于 100mm。

双排架的横向水平杆两端采用直角扣件固定在立柱上，靠墙一侧的外伸长度一般为 400mm。

脚手板应垂直于纵向水平杆方向铺设，采用对接平铺，四个脚应用镀锌铁丝可靠固定在水平杆上。

连墙件应采用花排均匀布置，连墙件宜靠近主节点设置，并采用刚性节点，偏离主节点的距离不应大于 300mm；连墙件垂直间距、水平间距分别控制在 2 步 3 跨；连墙件必须从底部第一根纵向水平杆处开始设置，当该处设置有困难时，应采用其他可靠措施固定；当脚手架下部不能设连墙件时可采用抛撑，抛撑应采用通长杆件与脚手架可靠连接，与地面的倾角应在 45°～60°之间，连接点中心距主节点不应大于 300mm，抛撑在连墙件搭设后方可拆除；连墙件中的连墙杆宜呈水平并垂直于墙面设置，与脚手架连接的一端可稍为下斜，不容许向上翘起。

剪刀撑与横向支撑的构造要求：沿脚手架两端和中间每隔 12～15m，在脚手架外侧面整个长度与高度用斜杆搭成剪刀撑，自下而上循序连续设置；每道剪刀撑跨越立柱的根数宜在 3～4 根之间。每道剪刀撑宽度不应小于 4 跨，且不小于 6m，斜杆与地面的倾角宜在 45°～60°之间；剪刀撑斜杆的接头必须采用搭接，搭接要求跟以上构造要求同；剪刀撑斜杆应用旋转扣件固定在与之相交的横向水平杆的伸出端或立柱上，旋转扣件中心线距主节点的距离不应大于 150mm。

洞口处增设斜杆采用旋转扣件优先固定在与之相交的横向水平杆的伸出端上，旋转扣件中心线距中心节点的距离不应大于 150mm；洞口两侧增设的横向支撑应伸出增设的斜杆端部；增设的短斜杆端部应增设一个安全扣件。

脚手架基础采用厚 100mm 的 C10 混凝土硬化，并设置排水沟，立杆底部设置垫板。

8.3　砖　砌　体　工　程

8.3.1　工艺流程

抄平、放线→立皮数杆→摆砖墙（铺底）→砌头角、挂线→铺灰砌砖勾缝、清理墙。

8.3.2　砌筑工艺与具体要求

（1）砌筑用砂浆应符合设计及施工验收规范要求，砂浆按设计强度要求由试验室提供配合比。

（2）施工前应挂出配合比的标牌，按重量比将水泥、中砂、过秤后倒入砂浆搅拌机内均匀拌制。

（3）砌筑前应竖好皮数杆，立于墙角、转角处。

（4）砌筑体应上下错缝，内外搭砌横平竖直，头缝饱满，水平缝砂浆饱满度不低于 80%。

（5）每层墙的最下一皮和最上一皮砖应用丁砖砌筑，墙与框架梁交接应用标准砖斜砌楔紧。

（6）砌筑砂浆一般要求在拌成后 3～4h 内用完。

（7）在砌砖时，应对干砖进行浇水，使干砖变成湿砖。湿砖的标准是含水量为 10%～15%。

8.4　防　水　工　程

8.4.1　准备工作

（1）技术准备。技术准备主要包括图纸的熟悉、施工方案的讨论，对有关人员的技术交底、检验程序的确定以及施工记录填写等内容。

（2）材料准备。材料准备包括进场防水材料及其配套材料的抽样复检、材料数量的确定，安全防护用品准备等。

（3）现场及机具准备。现场准备包括现场工作面的清理、材料堆放条件、作业面的安全措施。施工机具及工具见表 8-1。

表 8-1　施工机具及工具

基层清理	小平铲、扫帚、钢丝刷、高压吹风机
测量弹线	皮卷尺、钢卷尺、粉线包、粉笔
铺贴工具	剪刀、刮板、滚刷、橡胶锤、大小压辊、油漆刷

（4）基层要求。基层必须干燥，一般含水量小于9%。在铺贴卷材前必须将基层表面的凸起物铲除，彻底清扫基层。

8.4.2 工艺流程

施工工艺流程：清理基层→涂刷基层处理剂→节点的附加增强处理→定位、弹基准线→涂刷基层胶贴剂（基层及卷材面同时涂刷）→粘贴卷材→卷材接缝粘贴→卷材接缝密封（封口）→蓄水试验→保护层施工→检查验收。

8.4.3 施工步骤

（1）清理基层。剔除基层上的尖突异物，清除基层上的杂物，用扫把或吹风机清除尘土。

（2）涂刷基层处理剂。用生产厂家配套基层处理剂或用聚氨酯自行调配，不得用沥青冷底子油。如基层较干净或对基层黏结要求不是很强时，可不涂基层处理剂。

（3）节点的附加增强处理。阴阳角、排水口、管子根部周围用合成高分子涂料作加强处理，天沟宜粘贴二层卷材。

（4）定位、弹基准线。按卷材排布配置，用白粉弹出定位和基准线。

（5）涂刷基层胶粘剂。将配套底胶分别涂刷在基层及防水卷材的表面。根据铺贴方法不同分为整面铺贴法和对折铺贴法。整面铺贴法是：将卷材的刷胶面朝天，平置于施工面旁边，同时在卷材面和基面刷胶，晾干约20min手触不粘时，操作人员将刷好胶粘剂的卷材抬起，使刷胶面朝下，将始端粘贴在定位线部位，然后沿基准线向前粘贴。粘贴时卷材不得拉伸，随即用胶辊用力向前、向两侧滚压排除空气。对折铺贴法是：将要铺贴的卷材对齐定位线，平铺在将要铺贴的基层上，然后将卷材沿长方向向内对折（翻起），在翻起面和基面上涂刷胶粘剂，晾干后将卷材下翻粘合在基面上，再将另一半对折上翻，涂刷胶粘剂晾干后粘贴在基层上。

（6）卷材接缝粘贴。卷材铺贴时在接缝边留出宽80~100mm范围不刷胶，待大面积卷材基本铺贴完毕，统一进行接缝处理。先将上层卷材上翻固定，在上层卷材的朝下面与下层卷材的朝上面同时刷胶粘剂，晾干后随即进行粘贴。粘贴按顺序进行，同时用手持压辊滚压或橡胶榔头锤打压实。

（7）卷材接缝密封（封口）。卷材接缝及收头处，用聚氨酯等密封胶或丁基橡胶密封带进行封口处理。

8.4.4 成品保护及安全

（1）屋面施工中不允许穿带铁钉的鞋进入防水层施工现场。

（2）在防水层上施工架空隔热层及捣制细石混凝土时，应注意保护好已铺完的防水层，防止锐器、尖物刺破防水层。

（3）强化安全生产工作意识，建立安全生产责任制。

（4）强化安全教育，实行安全及上岗培训，对操作人员进行详细的安全技术交底，操作中严格执行劳动保护制度。

（5）材料应存放于专人负责的库房，严禁烟火并应放置醒目的标识，应有防火措施及灭火器材等。防水卷材严禁淋雨，避免表面潮湿影响施工。

（6）现场施工严禁烟火，配备灭火器材。

（7）高处作业和危险施工部位防水施工时应系好安全带。

（8）在不通风及密封环境施工时，注意胶粘剂中的溶剂挥发，以防造成中毒事件，操作人员轮换施工，必要时采用通风设备换气。

8.4.5 验收

防水工程必须按《屋面工程质量验收规范》（GB 50207—2012）进行验收。

8.5 楼地面及装饰工程

8.5.1 细石混凝土楼地面

1. 工艺流程

测标高、弹面层水平线→基层处理→洒水润湿→刷素水泥浆→冲筋贴灰饼→浇筑细石混凝土→撒水泥沙子干面灰→第一遍抹压→第二遍抹压→第三遍抹压→养护。

2. 施工步骤

（1）基层处理：基层表面的浮土、砂浆块等杂物应清理干净。墙面和顶棚抹灰时的落地灰、在楼板上拌制砂浆留下的沉积块，用剁斧清理干净；墙角、管根、门槛等部位被埋住的杂质剔凿干净；楼板表面若有油污，用浓度5%～10%的火碱溶液清洗干净。清理完后要根据标高线检查细石混凝土的厚度，防止地面过薄而产生空鼓开裂。

（2）洒水润湿：提前一天对楼板进行洒水润湿，洒水量要足，第二天施工时要保证地面湿润。

（3）刷素水泥浆：先湿润基层表面再刷一遍1:（0.4～0.45）（水：水泥）的素水泥浆，要随铺随刷，防止出现风干现象，如基层表面为光滑面还应在刷浆前先将表面凿毛。

（4）冲筋贴灰饼：楼地面冲筋贴灰饼间距1.5m，地漏处在地漏四周做出5%的泛水坡度。

（5）浇筑细石混凝土：细石混凝土面层的强度等级应按设计要求做试配，并应每500m² 制作一组试块，不足500m² 时，也制作一组试块。铺细石混凝土后用长刮杠刮平，振捣密实，表面塌陷处应用细石混凝土填补，再用长刮杠刮一次，用木抹子搓平。

（6）撒水泥沙子干面灰：砂子先用3mm 筛子筛过后，用铁锹拌干面（水泥：砂子＝1:1），均匀地撒在细石混凝土面层上，待灰面吸水后用长刮杠刮平，随即用木抹子搓平。

（7）第一遍抹压：用铁抹子轻轻抹压面层，把脚印压平。

（8）第二遍抹压：当面层开始凝结，地面面层上有脚印但不下陷时，用铁抹子进行第二遍抹压，将面层的凹坑砂眼和脚印压平。要求不漏压，平面出光。地面的边角和水暖立管四周容易漏压或不平，施工时要认真操作。

（9）第三遍抹压：当地面面层上人稍有脚印，而抹压无抹子纹时，用铁抹子进行第三遍抹压，第三遍抹压要用力稍大，将抹子纹抹平压光，压光的时间应控制在终凝前完成。

（10）养护：面层抹压完 24h 后，及时洒水进行养护，每天浇水 2 次，至少连续养护 7 天后方准上人。若为分隔缝地面，在撒水泥砂子干灰面过杠和木抹子搓平以后，在地面弹线，用铁抹子在弹线两侧各 20cm 宽范围内抹压一遍，再用溜缝抹子划缝；以后随大面压光时沿分隔缝用溜缝抹子抹压 2 遍即可。

（11）混凝土面层在施工间歇后继续浇筑前，应按规定对已凝结的混凝土垂直边缘进行处理。施工缝处的混凝土，应捣实压平。

8.5.2 抹灰工程

1. 工艺流程

（1）施工的总体施工顺序：先室外后室内，先上面后下面，先墙面后地面，先样板后大面施工。

（2）施工工艺流程为：墙体施工→墙体验收→基层处理（外墙满加玻纤布一层）→洒水润湿→吊垂直、套方、找规矩、做灰饼→抹水泥踢脚（或墙裙）→做护角→抹水泥窗台→墙面充筋→抹底层砂浆→修抹墙面上的箱、槽、孔洞→抹罩面灰。

2. 施工步骤

（1）抹灰前应检查门窗框的位置是否正确，与墙体连接是否牢固。连接处的缝隙应用 1∶3 水泥砂浆分层嵌塞密实。若缝隙较大时，应在砂浆中掺入少量麻刀嵌塞，使其塞缝严实。

（2）墙面基体表面的灰尘、污垢和油渍等，应清理干净，并洒水湿润。

（3）墙体表面缺棱掉角需分层修补。修补时，先润湿基体表面，刷 801 胶素水泥浆一道，然后抹 1∶1∶6 砂浆，每遍厚度应控制在 7～9mm。

（4）吊垂直、套方、找规矩、做灰饼：吊垂直，套方抹灰饼，并按灰饼充筋后，并弹出抹灰灰层控制线。

（5）抹水泥踢脚（或墙裙）：根据已抹好的灰饼充筋（此筋可以充的宽一些，8～10cm 为宜，因此筋即为抹踢脚或墙裙的依据，同时也作为墙面抹灰的依据），底层抹 1∶3 水泥砂浆，抹好后用大杠刮平，木抹搓毛，常温第二天用 1∶2.5 水泥砂浆抹面层并压光，抹踢脚或墙裙厚度应符合设计要求，无设计要求时凸出墙面 5～7mm 为宜。凡凸出抹灰墙面的踢脚或墙裙上口必须保证光洁顺直，踢脚或墙面抹好将靠尺贴在大面与上口平，然后用小抹子将上口抹平压光，凸出墙面的棱角要做成钝角，不得出现毛茬和飞棱。

（6）做护角：室内门窗口的阳角和门窗套、柱面阳角，均应抹水泥砂浆护角，其高度不得小于 2m，护角每侧包边的宽度不小于 80mm，阳角、门窗套上下和过梁底面要方正。操作方法仍是涂抹一道 801 胶素水泥浆后，用 1∶3 水泥砂浆打底。第二遍用 1∶2 水泥砂浆与标筋找平。做护角要两面贴好靠尺，待砂浆稍干后再用素水泥膏抹成小圆角（用角铁捋子），护角厚度应超出墙面底灰一个罩面灰的厚度，成活后与墙面灰层平齐。

（7）抹水泥窗台：先将窗台基层清理干净，松动的砖要重新补砌好。砖缝划深，用水润透，然后用 1∶2∶3 豆石混凝土铺实，厚度宜大于 2.5cm，次日刷胶黏性素水泥一遍，随后抹 1∶2.5 水泥砂浆面层，待表面达到初凝后，浇水养护 2～3 天，窗台板下口抹灰要平直，没有毛刺。

（8）墙面充筋：当灰饼砂浆达到七八成干时，即可用与抹灰层相同砂浆充筋，充筋根数应根据房间的宽度和高度确定，一般标筋宽度为 5cm。两筋间距不大于 1.5m。当墙面高度小于 3.5m 时宜做立筋。大于 3.5m 时宜做横筋，做横向冲筋时做灰饼的间距不宜大于 2m。

（9）抹底层砂浆：先涂刷一层 801 胶素水泥浆，随刷随抹水泥砂浆，分遍抹平，大杠刮平，木抹子搓毛，终凝后开始养护。

（10）修抹墙面上的箱、槽、孔洞：当底灰找平后，应立即把箱、槽、孔洞口周边 50mm 的底灰砂浆清理干净，使用 1∶1∶4 水泥混合砂浆把口周边修抹平齐、方正、光滑，抹灰时比墙面底灰高出一个罩面灰的厚度，确保槽、洞周边修整完好。

（11）抹罩面灰：应在底灰六七成干时开始抹罩面灰（抹时如底灰过干应浇水湿润），罩面灰两遍成活，厚度约 2mm，操作时最好两人同时配合进行，一人先刮一遍薄灰，另一人随即抹平。依先上后下的顺序进行，然后赶实压光，压时要掌握火候，既不要出现水纹，也不可压活，压好后随即用毛刷蘸水将罩面灰污染处清理干净。

（12）抹灰厚度超过 20mm 时，要加钢丝网，用保温钉固定。

8.5.3　涂料施工

1. 工艺流程

工艺流程：基层处理→刷底胶→局部补腻子→满刮腻子→刷底涂料→刷面涂料。

2. 施工步骤

（1）基层处理：首先清除基层表面尘土和其他粘附物。较大的凹陷应用聚合物水泥砂浆抹平，并待其干燥；较小的孔洞、裂缝用水泥乳胶腻子修补。墙面泛碱起霜时用硫酸锌溶液或稀盐酸溶液刷洗，油污用洗涤剂清洗，最后再用清水洗净。

（2）刷底胶：在清理完毕的基层上用辊筒均匀地涂刷 1~2 遍胶水打底，不可漏涂，也不能涂刷过多造成流淌或堆积。

（3）局部补腻子：基层打底干燥后，用腻子找补不平之处，干后砂平。成品腻子使用前应搅匀，腻子偏稠时可酌量加清水调节。

（4）满刮腻子：将腻子置于托板上，用抹子或橡皮刮板进行刮涂，先上后下。根据基层情况和装饰要求刮涂 2~3 遍腻子，每遍腻子不可过厚。腻子干后应及时用砂纸打磨，不得磨出波浪形，也不能留下磨痕，打磨完毕后扫去浮灰。

（5）刷底涂料：将底涂料搅拌均匀，如涂料较稠，可按产品说明书的要求进行稀释。用滚筒刷或排笔刷均匀涂刷一遍，注意不要漏刷，也不要刷得过厚。底涂料干后，如有必要可局部复补腻子，干后砂平。

（6）刷面涂料：将面涂料按产品说明书要求的比例进行稀释并搅拌均匀。墙面需分色时，先用粉线包或墨斗弹出分色线，涂刷时在交色部位留出 1~2cm 的余地。一人先用滚筒刷蘸涂料均匀涂布，另一人随即用排笔刷展平涂痕和溅沫。应防止透底和流坠。每个涂刷面均应从边缘开始向另一侧涂刷，并应一次完成，以免出现接痕。第一遍干透后，再涂第二遍涂料。一般涂刷 2~3 遍涂料，视不同情况而定。

8.6 安 装 工 程

8.6.1 薄壁不锈钢管给水工程

卡压式薄壁不锈钢管的安装施工工序：检查管材及管件→确定管段长度及所需管件→装管→卡压→用卡规检查确定卡压到位。

8.6.1.1 检查管材及管件

（1）安装前应对管材及管件外观进行检查，要求其表面内壁应光洁，无凹凸、划痕等现象。

（2）检查管材与管件的配合公差、垂直度和失圆度。

（3）检查管件 O 形密封圈是否刺伤、变形。

8.6.1.2 确定管段长度及管件、切管、装管

（1）根据施工图及现场实际管位，画出管线及所需管件预制图，正确计算出管段长度，用电动切管机或手动割刀进行切管。

（2）将切好管段旋转缓慢插入带 O 形密封圈的管件。

8.6.1.3 卡压操作（采用 SYB 型手动分离式卡压工具）

（1）检查所装管符合要求后，进行卡压操作，卡压前根据卡压连接管道规格选用相应规格的钳口和卡压六角形凹槽模具（钳口一般可分为 DN15～DN25 和 DN35～DN50 两种规格，卡压凹槽模具根据不同规格管道分别选用相应规格模具）。

（2）卡压时把卡压工具钳口的六角形环状的凹部对准管件端部装有环状橡胶圈的凸部进行卡压，锁好固定钳口与移动钳口之间的销钉，然后摇动操作手柄开始卡压，在压力的作用下，推动钳口内移动卡环移动、紧固，直至钳口内两凹槽模具对合面紧贴，使被卡部位的管子与管件被卡压成钳口的六角形（见图 8-2），并使压力升至最高（管径 DN15～DN25 的卡压前应将调节阀压力表调至 45MPa，管径 DN32～DN50 将调节阀调至 63MPa），这时卡压工具会自动打开安全阀，即可停止摇动手柄操作，打开卸压阀。

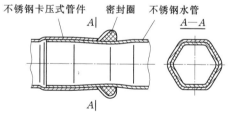

图 8-2 卡压工艺示意图

（3）卡压完成后，用专用卡压六角形卡规检查卡压部位尺寸是否到位（每个卡规可分别卡检三种规格的管件），当卡压处能完全卡入六角形卡规时，即为卡压正确到位，若卡压后检验卡压不到位则应重新进行卡压操作直到卡压正确到位为止。

8.6.1.4 施工注意事项

1. 材料质量控制

（1）管材及管件在运输装卸过程中应小心轻放，不得随意抛、摔、拖，不得露天堆放，不得与有害物、污物混放，管材应水平堆放在平整地面上。

（2）严格执行材料进场质量控制程序，及时向监理报送材料报检单。

2. 卡压施工过程质量控制

（1）要注意不要刺伤管件中 O 形密封圈，在切管作业时，切断管段要及时去除管端上的毛刺，以免在管道插入管件时刺伤管件中的 O 形密封圈，而影响管道的连接质量。

（2）装管时要在管口外画出插入管件长度的标记，确保管道插入管件中足够深度，不可任意调整管道插入深度来调节管位。

（3）当管道与一端带有内或外螺纹转接接头管件连接时，应尽量先将螺纹一端锁紧后，再进行卡压操作，以免使卡压好的接头因为锁牙扭动而松动。

（4）卡压操作时，卡压紧固的钳口应垂直于管道，不得有任何倾斜角度，否则将影响连接质量。

3. 管道支架设置

按不同管径和要求设置管卡或吊架，埋设应平整，管卡与管道接触应紧密，但不得损害管道表面。明装管道在支架上采用不锈钢支架或塑钢支架，暗装管道可用钢支架，在支架与管道间设橡胶垫，为了使管道可靠、牢固，固定架应尽量选择在变径、分支、接口等管件处，一般每层立管应设 2 个支架。

4. 管道嵌墙敷设安装

嵌墙暗敷设直线较长的热水管必须保证一定的伸缩裕量，一般在其拐弯处的管件和墙体之间设置发泡塑料或其他软性材料以防止热膨管道被挤压变形。

5. 做好施工产品保护

由于薄壁不锈钢管管材较薄，施工中应注意产品保护，明敷设的管道一般应待土建墙面粉刷层或贴面砖完成后进行安装，以防止管道被碰撞、砸伤，并在管道外壁包扎塑料薄膜，以防止明装管道被砂浆、混凝土、油漆等污染。

6. 防止电位腐蚀

建筑给水薄壁不锈钢管道管网中连接，应尽量采用不锈材质管件与附件，因不同材质腐蚀电位不同，会产生电化学接触腐蚀，当工程中需要与其他材质的钢管或附件连接时，应采用防止电位腐蚀措施，如缠生料带、绝缘垫片等绝缘材料进行连接。

8.6.2　电气工程

8.6.2.1　焊管暗敷

（1）施工前，应对焊管进行处理，用毛刷将管内铁锈刷除；并将焊管两头管口毛刺除掉，以便穿线时绞边。

（2）焊接钢管时，应采用连接管满焊，连接管长度应大于管径 2 倍以上。焊管煨弯时，小管径焊管采用人力弯管器，大管径焊管采用液压弯管器。管子煨弯半径应为焊管直径 6 倍以上。

（3）预埋焊管与铁制盒采用 $\phi 6$ 圆钢焊接以形成电气通路，并可靠接地，管口处应可靠密封。预埋管时，用铁丝将焊管与楼板底筋绑扎一起，铁盒应紧贴模板，用泡沫堵住。

（4）焊管弯角不得大于 90°，弯曲半径不得小于 10 倍管径。

8.6.2.2　管内穿线

由于管内所穿电线作用各不相同，应尽量使用各种颜色的塑料绝缘线，方便电气器具接线；不同回路、不同相位的线路，不得穿在同一线管内，管内不得有线接头，线连接应在线盒中进行。线接头应先包扎黄蜡带，然后再包扎绝缘胶带，以充分保护绝缘。

（1）穿线工艺流程：清扫管路→穿引线钢丝→选择导线→放线→引线与电线结扎→穿线→剪断电线。

（2）接线工艺流程：剥削绝缘层→接线→焊头→恢复绝缘。

8.6.2.3 电气照明器具安装

（1）安装开关、插座工艺流程：开关、插座接线→安装开关（插座）芯线→安装盖板。

（2）插座面板的安装不应倾斜，面板四周应紧贴建筑物表面，无缝隙、孔洞。插座的接地（零）线应单独敷设，不应用工作（零）线兼作保护接地（或接零）线。

（3）开关、插座、面板应水平，同一位置的开关、插座应在同一高度。

8.6.2.4 电缆敷设

（1）直埋电缆敷设。

1）直埋电缆埋置深度，电缆表面距地面的距离不应小于 0.7m。

2）直埋电缆上、下须铺不小于 100mm 厚的软土沙层，并盖以混凝土保护板，其覆盖宽度应超过电缆两侧各 10mm。

3）电缆之间、电缆与其他管线、道路、建筑物等之间平行与交叉时的最小距离应符合《电气装置安装工程电缆线路施工及验收规范》（GB 50168—2006）表 5.2.3 的规定。

（2）电缆的弯曲半径不应小于表 8-2 电缆最小允许弯曲半径与电缆外径的比值规定。

表 8-2　最小允许弯曲半径

电缆种类	电缆保护结构	单　芯	多　芯
橡皮绝缘电力电缆	无铅包、钢铠护套	10D	
	裸铅包护套	15D	
	钢铠护套	20D	
聚氯乙烯电力电缆		10D	
交联聚氯乙烯电力电缆	铠装或无铠装	15D	20D
控制电缆	铠装或无铠装	10D	

注：D 为电缆外径。

（3）电缆敷设应按图施工。

（4）电缆不得有绞拧，铠装压偏，护层断裂等缺陷。

（5）坐标和标高应正确，排列齐整，在直线段、转弯和分支处不应有紊乱现象，电缆留有适当的裕量。在电缆终端头、电缆接头处、隧道及竖井的两端，人井内应设标示牌，标示牌应正确清晰。

（6）电缆在支架上敷设时应固定牢靠，垂直敷设或超过 45°倾斜敷设的电缆在每个支架上固定。水平敷设的电缆在电缆首末两端及转弯、电缆接头的两端处固定。

（7）母线安装应平直，排列整齐，线间距离一致，相色正确，母线弯曲处不应有裂纹和显著的褶皱，平弯和立弯的弯曲半径应满足规范要求。母线连接接触应紧密，母线固定应平直、牢固，绝缘子应清洁，不应有裂纹，间距均匀。

（8）电缆安装前耐压试验和绝缘电阻测试须符合规定，电缆不得有扭绞、压扁和保护断裂等缺陷。电缆安装固定牢固，排列整齐，并应留有适量裕量，在直线转弯和分支处不应有混乱现象，标识牌应清晰齐全，电缆弯曲半径应符合规范要求。

（9）电缆头安装应固定牢固，包扎封闭严密，芯线连接紧密，相位一致，表面光滑，铠装电缆屏蔽层接地可靠牢固，标志清晰齐全。

（10）电缆保护管应光滑无刺，排列整齐，连接紧密，弯曲半径应符合电缆弯曲半径的要求，出入地沟和建筑物的管口应封闭，接地线连接紧密、牢固，防腐处理应均匀无遗漏。

（11）电缆桥架应现场勘察、放线，配合土建进行桥架预埋，桥架施工应先弯后直，并做好接地，施工完后补刷油漆。

8.6.2.5　配电箱的安装

（1）除安装在电气间及设备间的配电箱为挂墙明装，底边距地 1.5m 外，其余照明配电箱均嵌墙暗装，底边距地 1.5m。

（2）安装的配电箱箱体外壳及进线钢管接地良好，钢管进箱应排列整齐均匀，箱体安装应牢固、平整，箱（盘）上配线排列整齐，箱体内保持干净。

8.6.2.6　灯具、开关、插座安装

需根据不同灯具的型号规格确定不同的安装方法。在安装过程中须注意：

（1）所有灯具均在库房内组装、试亮，严禁不合格品进入施工现场。

（2）成排灯具先放线，确保成排灯具在同一直线上。

（3）开关、插座标高应一致。

8.7　环　保　措　施

建筑施工工地是造成环境污染的主要污染源之一，尤其是噪声、粉尘及废水，因此，切实做好环境保护工作是保持正常施工、创建文明工地的主要工作。

8.7.1　防止施工噪声污染

（1）人为的噪声控制措施：尽量减少人为的大声喧哗，增强全体施工人员防噪声扰民的自觉意识，确保夜间施工中造成的噪声不超过 55 分贝。

（2）减少作业时间：严格控制作业时间，尽量安排到白天作业；晚间作业如超过 22：00 时，尽量利用噪声小的机械施工。

（3）易产生噪声的成品、半成品加工作业，应尽量放在施工区车间内完成。减少因施工现场加工制作产生的噪声，尽量采用低噪声的机械设备。

（4）施工现场的强噪声机械（如电锯、电刨、砂轮机等），施工作业尽量在封闭的机械棚内；或在白天施工，以免影响周围环境。

8.7.2　防止空气污染

（1）施工现场垃圾较多，应使用封闭的专用垃圾道或利用翻斗车，运至指定地点，严

禁随意凌空抛散造成扬尘。施工垃圾要及时清运，清运时，适量洒水养护，减少扬尘。

（2）工程施工中应控制主要的粉尘污染，零星水泥采用专库室内存放，卸运时要采取有效措施，减少扬尘。

（3）严禁违章明火作业，必须经过审批后方可动火，并控制烟尘排放。

8.7.3 防止水污染

（1）搅拌机的废水排放控制：施工现场搅拌作业时，在搅拌机前设置"沉淀池"，使排放的废水入沉淀池经沉淀后，通过水沟排入市政污水管。

（2）办公区及施工区设置排水明沟，场地及道路放坡，使整体流水至水沟，然后经沉淀后排入城市排污管网内。

（3）现场存放的各种油料，要进行防渗漏处理。储存和使用都要采取措施，防止污染。

（4）在生产用水及施工作业时，要节约用水，随手关紧水龙头。

（5）各种水排放要符合要求。

8.7.4 环境保护的检查工作

工地检查管理人员、班组长每天检查一次，凡违反施工现场保护规定的及时提出整改。项目部每月进行两次检查，在检查中，对不符合环境保护要求的采取"三定"原则（定人、定时、定措施）予以整改，落实后及时做好复检工作。

8.7.5 建筑垃圾处理

（1）制定《建筑垃圾管理制度》。

（2）建筑垃圾在指定的场所分类堆放，并标以指示牌。废钢筋、铁钉、铁丝、纸张之类送废品收购回收；落地灰等含砂较高的垃圾应及时过筛回用；无法再利用的垃圾在指定的地点堆放，并及时运出工地。垃圾清运出场必须到批准的场所倾倒，不得乱倒乱卸。

（3）建筑物内清除的垃圾渣物，要及时清运，严禁从楼层向外抛掷。施工现场必须做到"工完场清"，由专人管理现场清洁卫生。

8.8 特 殊 施 工 措 施

施工时应注意不利气候对工程质量及工期的影响，遇不利天气（主要是夏季）要采取针对性的措施，确保工程施工质量和工期，尽可能地减少对工程的影响。

8.8.1 防风防雨措施

（1）建立台风应急预案。台风来临前，按应急预案要求做好防御工作。

（2）对施工现场的防雷设施及临时用电线路和设施进行全面检查，确保电缆没有拖地，各种用电设备接地、接零保护良好，漏电保护装置齐全有效。

（3）对施工现场尤其是搅拌站、材料站的排水设施进行全面检查，该疏通的疏通，该完善的完善，确保施工现场雨水有组织排放和道路的畅通无阻。

（4）对施工现场的临时设施进行全面检查，检查库房是否漏雨，各种施工机具是否盖好或垫高。对检查出的问题落实专人处理好。

（5）及时了解天气动向，浇捣混凝土需连续施工时应避免大雨天。如果混凝土施工过程中下雨应及时覆盖，雨过后及时做好面层的处理工作。要勤测骨料含水量，随时调整用水量和骨料用量。

（6）充分准备防雨设施，在施工现场准备好一定数量的防雨设施材料，同时落实好防雨设施购买的联系渠道，以供紧急采购之需。

8.8.2　防高温措施

（1）混凝土施工时，合理组织劳力和机械设备。

（2）夏季混凝土浇捣后水分易蒸发，结构施工期间安排专人做好混凝土构件以及砌体抹灰等洒水养护工作。

（3）砌筑砌块隔夜浇水，充分湿润。砂浆做到随拌随用。

（4）夏季施工期间，做好后勤工作和卫生工作，防止中暑和中毒以及其他疾病的发生。

（5）做好一线生产工人的后勤服务工作，采用有效的防暑降温措施。现场搭设茶水棚，确保茶水和冷饮的供应。

第9章 风力发电机组存放、保管与维护保养

本章简要介绍风力发电机组各部件的存储要求，并提供一些措施以供参考。工程实际中，应结合具体情况，做出合理安排。

9.1 风力发电机组存放、保管措施

风力发电机组存放、保管措施的主要内容为：前期准备、到货设备的验收入库、设备的存放保管、设备的维护保养、设备的开箱验收、设备的出库交接、备品备件和专用工具管理、建立计算机管理和书面资料相结合的管理体系。

9.1.1 前期准备

9.1.1.1 建立管理机构

为保证设备的入库、仓储、领取、发放符合工程需要，可设定专门设备材料管理机构——材料设备部，全面负责设备的仓储管理工作。机构设置如图9-1所示。工程技术部协助材料设备部进行设备的技术质量安全工作。

9.1.1.2 管理制度的建立

（1）建立项目部设备管理人员的岗位责任制。

（2）建立永久设备的台账、报表和领用管理制度。

（3）建立永久设备事故报告、事故处理制度。

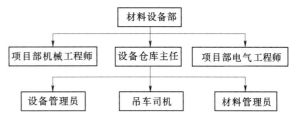

图9-1 设备物资管理机构图

（4）建立永久设备到货随箱图纸资料管理制度。

（5）补充完成不足部分棚库建设。

（6）仓储管理人员就位。

（7）设备仓储专用材料、工器具齐全。

（8）办公设施和办公用品齐备。

（9）凡参加设备仓储的全部人员均接受业务培训和素质考核、择优上岗。做到精通专业知识，熟悉管理业务和工作程序，明确工作职责，讲究文明礼貌，遵守法律法规和各项规章制度，认真按照合同条款要求进行工作。

9.1.1.3 仓储条件

在设备库房存储需要保温的设备和电气设备，大型设备存放于露天堆放场，用汽车吊

卸车。

小型埋件存放于设备露天作业场，用汽车吊卸车及组装。

9.1.2　到货设备的验收入库

（1）到货设备的验收入库是设备仓储管理的第一环节。首先根据到货设备种类、用途、重量、体积和设备质量对存放保管的要求，按设备储存类别和库区规划布置，安排指定库位，进行验收入库。

（2）设备到货后的交货接收。发包人在承包人的仓储场地或安装现场将到货设备交给承包人，由发包人、监理人、承包人三方共同确认数量、包装、封记的完整性，并做好记录。交货接收后由承包人负责卸车。会同发包人、监理人、供货方代表共同参加验收。设备的验收，是在设备没开箱时，对设备包装及裸露部分进行全方位的认真查验。查验内容包括设备装车摆放及封车捆绑是否合理，设备在运输过程中有无挤压磕碰及损失丢失，有无淋雨受潮、霉烂锈蚀，漆面光泽是否陈旧或有脱落划痕，包装及加工组合面保护是否符合产品出厂包装规范要求。然后对照发货清单、订货图纸及订货清单等有关资料，与设备的名称、规格型号、图号、箱号及数量等逐项查验核实，详细填写设备到货验收记录。

（3）验收记录还必须记录到货时间、合同号、供货单位及承运单位名称，车型车号、运单号，并由发包人、监理、仓库负责人、经办人、供货方代表、保管员签字。

（4）在验收中发现的设备及包括损坏，数量短缺、实物与图纸清单不符等，会同发包人、监理、供货方代表，共同分析原因，查明责任，商定书面处理方案。由责任方在方案上签署责任认可承诺，同意负责按处理方案规定执行并签字。

（5）到货设备验收后，仓管人员按指定库位入库就位，填写货位卡片和货位编号。货位编号可按不同库房或货场，按地点位置，纵横排列顺序等统一编号。货位卡片填写内容包括：合同号、供货单位、制造厂家、机组号、批次、入库单编号、入库时间。在成品货位卡表格填写：图号、箱号、设备部件名称及规格、单位、数量、货位号等；并经库区负责人、发包人、监理人、入库经办人、供货方代表、保管员签字。根据设备入库单填写设备库存台账，并输入计算机管理系统，实行动态管理。

（6）对到货设备的验收入库，仓管人员必须严把质量关。设备验收检查中，如发现设备有明显质量不合格或严重缺损，或实物在图纸清单中查不到，又无合同等情况，经发包人、监理人同意，可拒绝入库，并不承担任何责任。

（7）监理人或发包人提前将工程设备预计到货日期通知承包人，并在设备到达卸货地点的 24h 前通知承包人，承包人做好接货的准备工作，在设备到货后 24h 以内卸货。

9.1.3　设备的存放

（1）设备按不同类别、机号、规格、批次、包装形式、体形或重量分别存放，不能混杂。存放时合理安排间距、墙距和走道宽度。

（2）设备存放排列整齐，成行成列，包装标志一律朝外，并考虑设备出库先后顺序，便于设备进出库和检查维护，同时确保维护和搬运工作安全。

（3）设备存放垫稳、垫牢，不得倾斜。体形高大而又容易倾倒的设备，倾面用临时支撑加固，防止倾倒损伤。重心不稳的沉重大件设备，下面用可靠地支墩垫稳，避免倾斜滑落。

（4）为节省库位，提高库容量利用率，可叠放的设备尽量分层堆放，小件设备可用货架摆放，便于清点检查和保管发放。

9.1.4 设备的保管

（1）设备保管是设备仓储管理的中心环节，要求仓管人员严格执行各项仓储管理制度，认真负责，坚守岗位，做到对库存设备合理摆放，精心养护。经常认真检查，确保设备安全。保管人员严格执行日清日结制度。每月进行实物核对，按月下报库存报表，半年一次全面盘点，做到库存数量清、技术状态清、账目清，并与计算机账目核对。使设备在保管期间质量完好、数量精确、专机专用、规格不混、箱号不串、账物卡相符，保证入库验收，发放及时。

（2）易燃品按《易燃物品仓储办法》及有关规定进行管理，用专门的一间仓库存放，不和其他设备混放。

（3）库存设备在仓储保管期间，随时和发包人、监理沟通情况，有问题及时向监理请示报告，互相商量，齐心协力做好仓储管理工作。

9.1.5 设备的维护和保养

（1）设备的维护和保养，按设备种类，物理、化学性能，加工密度，质量要求，存放场地气候条件及有关产品出厂包装，维护保养技术要求或技术规范，合理进行。

（2）设备维护和保养以防为主，防治结合，平时做好设备的苫垫、防雨防晒及通风干燥，做好库内外卫生和防虫、鼠害。按各种设备存放的技术要求，进行定期检查、保养和日常检查保养。检查中发现问题，必须马上采取措施，确保库存设备质量完好。

（3）机械设备的维护保养，要特别注意防锈。对未刷漆的加工组合面，按生产厂的要求进行防护，若生产厂无要求的，可涂工业凡士林或工业凡士林加缓蚀剂的复合油脂，涂层均匀无气泡，并与加工面紧密黏结，无漏涂或脱落现象。涂层厚度约 $1.5\sim2\text{mm}$，外表包 $1\sim2$ 层石蜡纸或桐油纸。每隔 $2\sim3$ 个月要检查一次，如油层变质须进行更换。

（4）各种电气设备，存放时要垫稳垫平，各支点受力均匀，绝不许箱件重叠，防止变形，其绝缘部分，防止霉烂变质和虫、鼠咬伤。

（5）高压电气设备中绝缘电瓷的裸露部分，须用塑料泡沫或用竹簾遮盖，防止被磕碰和飞石击伤。

（6）易燃的机组绝缘材料和电气绝缘绕组等，存放时不仅要防潮，更要注意防火。

（7）其他各类设备都应按不同存放要求，分别进行精心的维护保养，确保库存设备完好无损。

9.1.6 设备的开箱验收

（1）验收准备。验收前备齐并详细核对有关验收资料，如发货清单、到货检验记录、设备入库单、合同、图纸及订货清单等。各种资料核对相符后，召集有关人员参加，准备好开箱拆装搬运人员并携带开箱及检测工具。

（2）开箱时应认真、准确地填写开箱验收记录，首先记录合同号箱号、机组号、图号、设备到货时间、开箱地点、开箱日期、参加验收人员，然后进行开箱检查清点，逐项验收登记。首先检查装箱资料，包括装箱单、产品出厂合格证、产品安装使用说明书、随机图纸等，并点清份数，填写在随机资料栏内，全部装箱资料经收回妥善保管。

（3）按装箱清单顺序，逐项认真清点检验，并记录产品名称、规格型号、图号、件数、技术质量状况，若有与装箱单及验收资料不符，如规格型号不对、数量短缺、质量损坏或不合格等，都应详细记录。开箱清点验收完毕后，将箱内产品按原位摆放好，再把包装按原包装方式封严。参加开箱验收的发包人、监理，供货方代表、验收经办人、保管员均签字确认。

（4）在设备开箱验收中发现的产品规格型号与清单图纸不符、产品损坏、质量不合格、数量短缺等，由供方代表在设备验收上签署责任认可承诺，并通知相关部门，按要求进行处理。

（5）在设备开箱拆除包装和重新装箱封闭时，注意作业安全，要轻拆轻放，防止铁钉和木屑等杂物落箱内。清点检验设备时，也要细心谨慎，轻轻搬动，不准磕碰和随地乱放，注意环境及设备卫生，避免设备损坏，确保人员设备安全。

（6）设备开箱验收记录，是重要的设备管理验收凭证，统一编号，按设备类别和验收日期顺序，分别装订，妥善保存备查。

9.1.7　设备的出库交接

（1）设备的出库，须根据批准的提货申请，办理出库发货手续，即填写设备出库单。设备出库单中出库设备部件名称、规格、单位、数量、机组、图号、箱号、领出单位等，须和被批准的提货申请内容相符，经提货方经办人、仓库主管、出库经办人及保管员签字，然后按出库单将出库设备向提货方经办人办理领出签字，设备库可有偿协助提货方装车。

（2）出库设备至装车前要按出库单认真核对，清点检验准确勿误，做到专机专用，不能混发、串发。在设备搬运装车时，保管员跟随看管，防止搬串、搬乱或多搬错搬，并注意搬运装车安全，防止人员设备损伤。装车完毕，车上设备还需按出库单仔细复核，确定准确无误，才可签发库区出门证，出库放行，并凭设备出库单结算销账。

（3）设备出库应尽快办理，避免影响工程施工，也有利于设备库存周转。

9.1.8　现场到货设备的开箱验收及库存交接

（1）现场到货设备，由于设备直接进入施工现场，已不具备仓储管理条件。设备到货后，承包方马上派人临时看管，并会同发包人、监理、供货方代表根据设备记录进行验收，如未发现问题，经发包人、监理同意，可以卸货。

（2）设备卸车后，承包方会同发包人、监理、供货方代表和设备安装施工单位，在现场进行设备开箱验收，其验收方式和在库内验收相同。

（3）开箱验收完毕，将设备按原装箱方式摆放好，并做好包装封闭及恢复，然后按设备管理程序办理设备入库进账手续，并向设备安装施工单位办理设备出库发放手续。

9.1.9 备品备件和专用工具管理

（1）设备的备品备件和专用工具，单独划分场地或库房集中存放，设专人管理。

（2）备品备件和专用工具管理规定，主要有以下内容：

1）设备备品备件和专用工具需统一管理，施工单位借用需办理借用手续。

2）对借用的专用工具，精心使用和维护保养，保持完好无损。

3）备品备件和专用工具在施工完毕后按数收回。在设备仓储管理结束时，将全部到货备品备件及专用工具，按合同要求移交给发包人。

4）备品备件和专用工具的到货入库、开箱验收和存放保管等工作方式，与其他到货设备管理办法相同。

9.1.10 建立计算机管理和书面资料相结合的管理体系

计算机管理，规范、高效、快捷、准确，也便于集中统一掌握，增加管理透明度。机电设备的仓储管理，应建立一个完善的计算机仓储管理系统，对设备进出库及库存动态变化等各类情况随时登记，并进行计算机汇总、制表、出具出入库单证，建立完善的库存台账，严格执行日清月结制度。保持设备出入库及库存保管数字准确，账物卡相符。通过计算机仓储管理动态变化状况，增加管理透明度，也便于发包人了解和监督检查。

9.1.11 工程设备的安全管理

（1）从移交单签发之日起至工程移交证书签发之日止，承包方将负责照管风电设备安装工程，保证用于工程中的材料、设备的安全。

（2）加强对现场施工人员的思想教育和行为规范管理，对承包方负责施工的工程设备实行定员定岗责任到人，明确员工责任范围，确保工程设备移交前的照管过程中按技术规范和安全操作规程进行施工，动用和维护保养及安全保卫工作。

（3）在仓储区域设立安全警示标志，并指定专人值班监护。

（4）设立门卫值班，对出入的材料、设备、运输车辆实行验票通行制度；夜间采取流动巡视，加强治安保卫工作。

（5）领出的材料设备由于有特殊原因不能及时安装时，将及时转至施工营地，并入库按技术要求进行保管。

（6）项目部组织有关部室定期定时对工程设备进行夜间巡逻检查，发现问题及时解决。接受发包人（或工地治安管理部门）的指导，做好工程材料、设备的保卫工作。

（7）建立生活办公营地和生产营地的防火安全制度，设置禁火标志，临时设备仓库区设消防水池和消火栓，同时布置防火砂箱、灭火器等灭火器材。生活及办公营地的施工期消防以手提式灭火器为主。施工现场消防考虑以手提式灭火器为主，在关键部位辅以防火砂箱。

9.2　风力发电机组各部件存储要求

9.2.1　存储现场要求

风电场道路和吊装区域的耐力要达到指定标准，在围绕机位平整出一个吊装场地，以便设备存储、吊车转场和安装吊装使用。

设备到现场卸车后，要求重新包装完好，做好防潮（雨）、防火、防风沙、防倒置、防损坏、防盗等工作，确保设备安全。

9.2.2　各部件存储要求

9.2.2.1　塔基平台和塔筒的存储

塔基平台编号后，集中存储（一般在现场料场库房存放）。

存储位置：根据机位现场实际，在主吊车主臂工作半径之内，按照下、中、上三段塔筒由近而远（距离基础环）、顺着主风向、塔筒之间间隔50～100cm的原则安全摆放。

如图9-2所示，堆放场地必须坚硬平整（起伏不超过0.1m）。在距离塔筒法兰3～5m的位置，用砂袋（内装砂子和土）堆砌一个中部呈弧形下凹的存放工装，供摆放塔筒。

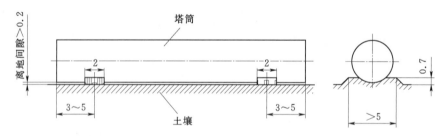

图9-2　塔筒放置（单位：m）

注意：

（1）存储工装须保存完好；外包装完好，如图9-3所示。

（2）用拉锚固定，避免因恶劣天气，导致塔筒移位滚动。

图9-3　塔筒的包装

9.2.2.2 机舱的存储

存储位置：根据机位现场实际，在主吊车主臂工作半径内，按尽量靠近风机基础、不影响主辅吊车进场、不影响塔筒吊装和叶轮组对的原则，选择位置。堆放场地必须坚硬平整（起伏不超过 5cm），卸车后，重新包装完好，避免雨水和风沙进入机舱内，同时做好部分部件的保暖工作。

9.2.2.3 轮毂的存储

存储位置：根据机位现场实际，在主吊车主臂工作半径内，按靠近风机基础和叶根、不影响主辅吊车进场、塔架吊装完成后所在区域比较开阔、有利叶轮组对的原则进行选择。将带有运输工装的轮毂，放置在两条 200cm×200cm 方木之上，用拉锚固定。卸车后，重新包装完好，避免雨水和风沙进入机舱内，同时做好保暖工作，如图 9-4 所示。

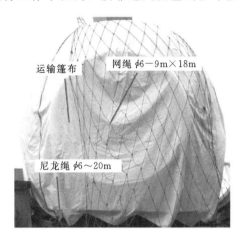

图 9-4 轮毂的包装

9.2.2.4 叶片的存储

存储位置：根据机位现场实际，在主吊车主臂工作半径内，按顺着主风向、不影响主辅吊车进场、塔筒吊装完成后所在区域比较开阔、有利叶轮组对的原则进行选择。

如图 9-5 所示，相邻叶片之间距离不小于 1000mm，顺着主风向摆放，保留存储工装，使用拉锚固定，一组叶片之间用钢丝串联固定，避免恶劣天气造成损失（避免工装连接螺母丢失）。

（a）

（b）

图 9-5 叶片的存储

第10章 风电场的施工管理

施工管理水平对于缩短建设工期，降低工程造价，提高施工质量，保证施工安全，至关重要。施工管理工作涉及施工、技术、经济等活动。其管理活动从制定计划开始，通过计划的制定、协调与优化，确定管理目标；然后在实施过程中按计划目标进行指挥、协调与控制；根据实施过程中反馈的信息调整原来的控制目标；通过施工项目的计划、组织、协调与控制，实现施工管理的目标。施工管理的任务：①安全管理；②费用控制；③进度控制；④质量控制；⑤合同管理；⑥信息管理；⑦组织和协调。其中安全管理是管理中最重要的任务，因为安全管理关系到人身的健康与安全，而其他的任务则主要涉及经济利益。

10.1 施 工 进 度 控 制

施工进度控制是影响工程项目建设目标实现的关键因素之一。控制的总任务是在满足工程项目建设总进度计划要求的基础上，编制或审核施工进度计划，对其执行情况进行动态控制与调整，以保证工程项目按期实现控制目标。在工程进度控制过程中，必须明确进度控制的目标、实现目标的手段、方法与途径。

10.1.1 施工进度计划的控制方法

进度计划的表示形式有横道图及网络计划技术两种。

10.1.1.1 横道图

横道图是直观反映施工进度安排的图表，又称为横线图、甘特图。它是在时间坐标上表明各工作水平横线的长度及起始位置，反映工程在实施中各工作开展的先后顺序和进度。工作按计划范围年代表单位工程、分部工程、分项工程和施工过程。横道图的左侧按工作开展的施工顺序列出各工作（或施工对象）的名称，右侧表示各工作的进度安排，在图的下方还可画出计划期间单位时间某种资源的需用量曲线。

如果将水平横线改为斜线，又称为斜线图，表示的含义相同。

10.1.1.2 网络计划技术

网络计划是由箭线和节点组成表示工作流程的有向网络图上加注工作的时间参数而编成的进度计划。按箭线和节点表示的意义不同，网络计划又可分为双代号网络计划和单代号网络计划，其形式如图10-1所示。

网络计划技术是用网络计划对计划任务的工作进度（包括时间、成本、资源等）进行安排和控制，以保证实现预定目标的科学的计划管理技术。

（1）网络计划中关键工作和关键线路的确定：

1）关键工作：网络计划中总时差最小的工作。

2）关键线路：网络计划中总的工作持续时间最长的线路。

（2）网络计划的六大时间参数：

1）最早开始时间（ES_{i-j}）：是指在其所有紧前工作全部完成后，工作 $i-j$ 有可能开始的最早时刻。

2）最早完成时间（EF_{i-j}）：是指在其所有紧前工作全部完成后，工作 $i-j$ 有可能完成的最早时刻。

3）最迟开始时间（LS_{i-j}）：是指在不影响整个任务按期完成的前提下，工作 $i-j$ 必须开始的最迟时刻。

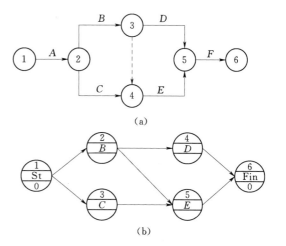

图 10 - 1　网络计划的表示形式

4）最迟完成时间（LF_{i-j}）：是指在不影响整个任务按期完成的前提下，工作 $i-j$ 必须完成的最迟时刻。

5）总时差（TF_{i-j}）：是指在不影响总工期的前提下，工作 $i-j$ 可以利用的机动时间。

6）自由时差（FF_{i-j}）：是指在不影响其紧后工作最早开始时间的前提下，本工作可以利用的机动时间。

（3）双代号网络计划时间参数的计算：

1）最早开始时间（ES_{i-j}）+D_{i-j}=最早完成时间（EF_{i-j}）

2）最迟开始时间（LF_{i-j}）+D_{i-j}=最迟完成时间（LS_{i-j}）

3）总时差（TF_{i-j}）=最迟开始时间（LS_{i-j}）−最早开始时间（ES_{i-j}）

$\qquad$总时差（TF_{i-j}）=最迟完成时间（LF_{i-j}）−最早完成时间（EF_{i-j}）

4）自由时差（FF_{i-j}）=紧后工作的最早开始时间（ES_{j-k}）−最早完成时间（EF_{i-j}）

$\qquad$=紧后工作的最早开始时间（ES_{j-k}）−最早开始时间（ES_{i-j}）

$\qquad$−D_{i-j}

10.1.1.3　横道图与网络计划技术的比较

一项计划任务可用一个横道图表示，也可用网络图来表示；由于表示的形式不同，它们的特点与作用也存在着差异，详见表 10 - 1。

表 10 - 1　横道图与网络计划技术的比较

名称	表示方式	优　点	缺　点
横道图	在时间坐标上用横道表示组成计划各工作的起止时间和顺序	（1）绘制简单，直观易懂。 （2）各工作的进度安排、流水作业、总工期表达清楚明确	（1）工作间的逻辑关系不能全面反映。 （2）不便确定进度偏差对后续工作及工期的影响。 （3）不利于对计划调整及优化。 （4）不能运用电算

193

续表

名称	表示方式	优　点	缺　点
网络计划技术	用网络计划对任务的工作进度（时间、成本、资源）进行安排和控制，以保证实现预定目标	（1）用一个网络图表达一项计划任务，工作间逻辑关系可清楚表达。 （2）执行中有利于对计划进行调整。 （3）有利于对计划进行优化。 （4）可结合横道图优点，转化为时标网络计划。 （5）可运用计算机对网络计划进行编制与调整	（1）时间参数计算及计划的优化均繁琐。 （2）绘图应有一定的分析水平及技巧

施工项目进度控制是工程项目进度控制的主要环节，常用的控制方法有横道图控制法、S 形曲线控制法、香蕉形曲线比较法等。

1. 横道图控制法

人们常用的、最熟悉的方法是用横道图编制实施性进度计划，指导项目的实施。它简明、形象、直观，编制方法简单，使用方便。

横道图控制法是在项目过程实施中，收集检查实际进度的信息，经整理后直接用横道线表示，并直接与原计划的横道线进行比较。

利用横道控制图检查时，图示清楚明了，可在图中用粗细不同的线条分别表示实际进度与计划进度。在横道图中，完成任务量可以用实物工程量、劳动消耗量和工作量等不同方式表示。

2. S 形曲线控制法

S 形曲线是一个以横坐标表示时间，纵坐标表示完成工作量的曲线图。工作量的具体内容可以是实物工程量、工时消耗或费用，也可以是相对的百分比。对于大多数工程项目来说，在整个项目实施期内单位时间（以天、周、月、季等为单位）的资源消耗（人、财、物的消耗）通常是中间多而两头少。由于这一特性，资源消耗累加后便形成一条中间陡而两头平缓的形如 S 形的曲线。

像横道图一样，S 形曲线也能直观反映工程项目的实际进展情况。项目进度控制工程师事先绘制进度计划的 S 形曲线。在项目施工过程中，每隔一定时间按项目实际进度情况绘制完工进度的 S 形曲线，并与原计划的 S 形曲线进行比较，如图 10-2 所示。

（1）项目的实际进展速度。如果项目实际进展的累计完成量在原计划的 S 形曲线左侧，表示此时的实际进度比计划进度超前，如图 10-2 中 a 点所示；反之，如果项目实际进展的累计完成量在原计划的 S 形曲线右侧，表示实际进度比计划进度拖后，如图 10-2 中 b 点所示。

（2）进度超前或拖延时间。在图 10-2 中，Δt_a 表示 t_a 时刻进度超前时间；Δt_b 如表示 t_b 时刻进度拖延时间。

（3）工程量完成情况。在图 10-2 中，ΔQ_a 表示 t_a 时刻超额完成的工程量百分比；ΔQ_b 表示 t_b 时刻拖欠的工程量百分比。

（4）项目后续进度的预测。在图 10-2 中，虚线表示项目后续进度若仍按原计划速度实施，总工期拖延的预测值为 Δt_c。

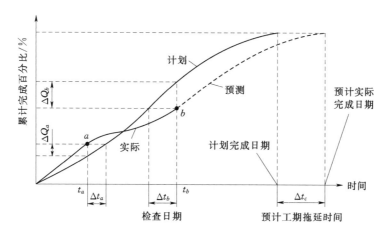

图 10-2 S形曲线比较图

3. 香蕉形曲线比较法

香蕉形曲线是由两条同一开始时间、同一结束时间的S形曲线组合而成。其中，一条S形曲线是按最早开始时间安排进度所绘制的S形曲线，简称 ES 曲线；而另一条S形曲线是按最迟开始时间安排进度所绘制的S形曲线，简称 LS 曲线。除了项目的开始和结束点外，ES 曲线在 LS 曲线的上方，同一时刻两条曲线所对应完成的工作量是不同的。在项目实施过程中，理想的状况是任一时刻的实际进度在这两条曲线所包区域内的曲线 R，如图 10-3 所示。香蕉形曲线的绘制步骤如下：

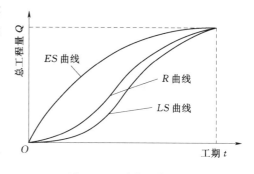

（1）计算时间参数。

（2）确定在不同时间计划完成工程量。

（3）计算项目总工程量 Q。

（4）计算到 j 时段末完成的工程量。

（5）计算到 j 时段末完成的项目工程量百分比。

图 10-3 香蕉形曲线图

（6）绘制香蕉形曲线。

10.1.2 进度计划实施中的调整方法

10.1.2.1 分析偏差对后继工作及工期的影响

当进度计划出现偏差时，需要分析偏差对后继工作产生的影响。工作的总时差（TF）不影响项目工期，但影响后继工作的最早开始时间，是工作拥有的最大机动时间；而工作的自由时差是指在不影响后继工作的最早开始时间的条件下，工作拥有的最大机动时间。利用时差分析进度计划出现的偏差，可以了解进度偏差对进度计划的局部影响（后继工作）和对进度计划的总体影响（工期）。具体分析步骤如下：

（1）判断进度计划偏差是否在关键线路上。如果出现进度偏差的工作，则 $TF=0$，说明该工作在关键线路上。无论其偏差有多大，对其后继工作和工期都产生影响，必须采取相应的调整措施；如果 $TF \neq 0$，则说明工作在非关键线路上。关于偏差的大小对后继工作和工期是否产生影响以及影响的程度，还需要进一步分析判断。

（2）判断进度偏差是否大于总时差。如果工作的进度偏差大于工作的总时差，说明偏差必将影响后继工作和总工期；如果偏差不大于工作的总时差，说明偏差不会影响项目的总工期。但它是否对后继工作产生影响，还需进一步与自由时差进行比较判断来确定。

（3）判断进度偏差是否大于自由时差。如果工作的进度偏差大于工作的自由时差，说明偏差将对后继工作产生影响，但偏差不会影响项目的总工期；反之，如果偏差不大于工作的自由时差，说明偏差不会对后继工作产生影响，原进度计划可不作调整。

采用上述分析方法，进度控制人员可以根据工作的偏差对后继工作的不同影响采取相应的进度调整措施，以指导项目进度计划的实施。具体的判断分析过程如图 10 - 4 所示。

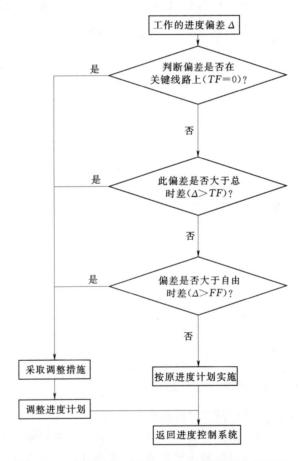

图 10 - 4 进度偏差对后继工作和工期影响分析过程

10.1.2.2 进度计划实施中的调整方法

当进度控制人员发现问题后，应对实施进度进行调整。为了实现进度计划的控制目标，究竟采取何种调整方法，要在分析的基础上确定。从实现进度的控制目标来看，可行的调整方案可能有多种，存在方案优选的问题。一般来说，进度调整的方法主要有下述两种。

1. 改变工作之间的逻辑关系

主要是通过改变关键线路上工作之间的先后顺序、逻辑关系来达到缩短工期的目的。例如,若原进度计划比较保守,依次实施各项工作,即某项工作结束后,另一项工作才开始。通过改变工作之间的逻辑关系,变顺序关系为平行搭接关系,便可达到缩短工期的目的。这样进行调整,由于增加了工作之间的平行搭接时间,进度控制工作就显得更加重要,实施中必须做好协调工作。

2. 改变工作延续时间

主要是对关键线路上的工作进行调整,工作之间的逻辑关系并不发生变化。例如,某一项目的进度拖延后,可通过压缩关键线路上工作的持续时间,增加相应的资源来达到加快进度的目的。这种调整通常在网络计划图上直接进行,其调整方法与限制条件及对后继工作的影响程度有关,一般可考虑以下三种情况:

(1) 在网络图中,某项工作进度拖延,但拖延的时间在该工作的总时差范围内,自由时差以外。若用 Δ 表示此项工作拖延的时间,即

$$FF < \Delta < TF$$

(2) 在网络图中,某项工作进度的拖延时间大于项目工作的总时差,即

$$\Delta > TF$$

这时该项工作可能在关键线路上（$TF=0$）;也可能在非关键线路上,但拖延的时间超过了总时差（$\Delta > TF$）。调整的方法是,以工期的限制时间作为规定工期,对未实施的网络计划进行工期—费用优化。通过压缩网络图中某些工作的持续时间,使总工期满足规定工期的要求。具体步骤如下:

1) 化简网络图,去掉已经执行的部分,以进度检查时间作为开始节点的起点时间,将实际数据代入简化的网络图中。

2) 以简化的网络图和实际数据为基础,计算工作最早开始时间。

3) 以总工期允许拖延的极限时间作为计算工期,计算各工作最迟开始时间,形成调整后的计划。

(3) 在网络计划中工作进度超前。在计划阶段所确定的工期目标,往往是综合考虑各方面因素优选的合理工期。正因为如此,网络计划中工作进度的任何变化,无论是拖延还是超前,都可能造成其他目标的失控,如造成费用增加等。例如,在一个施工总进度计划中,由于某项工作的超前,致使资源的使用发生变化。这不仅影响原进度计划的继续执行,也影响各项资源的合理安排。特别是施工项目采用多个分包单位进行平行施工时,因进度安排发生了变化,导致协调工作的复杂化。在这种情况下,对进度超前的项目也需要加以控制。

10.2 费 用 控 制

对建设单位（业主）而言,费用控制指的是投资控制;对施工单位而言,费用控制指的是成本控制。

10.2.1　投资控制

风电场建设项目的投资是指为风电场建设所花费的全部费用，也称为工程造价。而投资控制则是通过合理的、科学的方法和手段将投资控制在批准的投资限额内。业主方对投资控制应贯穿于施工全过程。首先，应预测工程风险及可能发生索赔的诱因，采取防范措施（按合同要求及时提供施工场地、设计图纸及材料与设备，减少索赔发生；通过经济分析确定投资控制最易突破的控制重点）；其次，在施工过程中协调好各方与各项工作，慎重决定工程变更，严格执行监理签证制，并按合同规定及时向施工单位支付进度款；最后，应审核施工单位提交的工程结算书，对工程费用的超支进行分析并采取控制措施，公正处理施工单位提出的索赔。

10.2.1.1　投资控制的目的

（1）把投资控制在批准的投资额之内，利用有限的投资，取得较高的投资效益。

（2）使可能动用的建设资金能够在主体工程中的各单位工程、配套工程、附属工程等分项工程之间合理的分配。

（3）严格投资审核程序，发生投资偏差能及时采取补救措施，使投资支出总额控制在限定的范围内，最终不突破各阶段的投资控制。

（4）综合考虑工程造价、工程的功能要求及建设工期，以使建设投资取得较高的效益。

10.2.1.2　风电场施工阶段投资控制的内容

（1）组织对费用支出的审核。通过对项目的划分，将工程项目划分为若干个分部分项工程，审查每个单项工程和分部分项工程的清单与单价，按形象进度拟定拨款计划。

（2）做好工程价款的结算工作。工程价款的结算是施工阶段投资控制的主要工作内容，它贯穿于施工的全过程。工程价款的结算，按结算费用的用途，可分为建筑安装工程价款的结算、设备与器具购置款的结算及工程建设其他费用的结算；按结算方式，可分为按月结算、竣工后一次结算及分段结算（也可称为按工程形象进度结算）。

工程价款的预付与结算支付，应必须实行监理签证制度，以确保投资资金既不超过又能满足施工进度要求。

（3）做好工程价款调整的控制工作。在施工过程中常因工程变更及材料、劳力、设备价格变动等因素影响到工程价款的增加。工程变更是指全部合同文件在形式、质量或数量上的任何部分的改变。工程变更主要包括施工条件变更和设计变更，也包括因合同条件、技术规程、施工顺序与进度安排等的变化引起的变更。对于工程价款的调整应按合同规定的有关方法来进行。

10.2.1.3　工程价款的结算

1. 建筑安装工程价款的结算

（1）按月结算。每月结算一次工程款，根据本月实际完成的工作量，由业主单位支付工程款，完成工作量的计算公式如下：

完成工作量＝∑（已完分项工程数量×预算单价）×（1＋间接费率＋独立费＋计划利润）

（2）分段结算（按形象进度结算）。对当年开工、当年不能竣工的单项工程或单位工程按照工程形象进度、划分不同的部位或阶段进行结算，结算部位完成后付总造价一定比例的工程款，可以不受月度限制。划分的标准，可按各部门或省（区）市规定来确定。

（3）竣工一次结算。建设项目或单项工程全部建筑安装工程建设期在 12 个月以内，或者工程承包合同价款在 100 万元以下的，可以实行工程价款月中预付，竣工后一次结算。

施工企业需要的流动资金，包括储备材料的流动资金，以及在建工程垫付的流动资金，也可全部向银行贷款，平时不向业主单位收取工程款及备料款，等工程竣工验收后，进行一次结算。特殊工程也可在中途预收一次工程款。

在竣工结算时，若因某些条件变化，使合同工程价款发生变化，则需按规定对合同价款进行调整。

施工期间，不论工期长短，其结算款一般不应超过承包工程价款的 95%，结算双方可以在 5% 的幅度内协商工程尾款比例，并在工程承包合同中说明，待工程竣工验收后结算。

承包单位已向业主出具履约保函或有其他保证的，可以不留工程尾款。

2．工程承发、包双方材料往来的结算

建安工程承发、包双方的材料往来，可以按以下方式结算：

（1）由承包单位自行采购建筑材料的，业主单位可以在双方签订工程承包合同后，按年度工作量的一定比例向承包单位预付备料款，并应在一个月内付清。备料款的预付额度，建筑工程一般不应超过当年建筑（包括水、电等）工作量的 30%，大量采用预制构件以及工期在 6 个月以内的工程，可以适当增加；预付额度，安装工程一般不应超过当年安装工程量的 10%，安装材料用量较大的工程，可以适当增加。

（2）按工程承包合同规定，由承包方包工包料的，业主将主管部门分配的材料指标交承包单位，由承包方购货付款。

（3）按工程承包合同规定，由业主单位供应材料的，其材料可按材料预算价格转给承包单位。材料价款在结算工程款时陆续抵扣。

3．国内设备工器具购置的结算

业主单位对订购的设备、工器具，一般不预付定金，只对制造期在 6 个月以上的大型专用设备和船舶的价款，按合同分期付款。如某结算进度规定为：当设备开始制造时，收取 20% 货款；设备制造进行 60% 时，收取 40% 货款；设备制造完毕托运时，再收取 40% 的货款。有的合同规定：设备购置方扣留 5% 的质量保证金，待设备运抵现场验收合格或质量保证期届满再返回质量保证金。业主单位收到设备工器具后，要按合同规定及时结算付款，不应无故拖欠。如果资金不足延期付款，要支付一定的赔偿金。

对于进口设备与材料的结算，应根据卖方、买方的信贷形式，采用双方适合的国际结算方式。

10.2.1.4　工程变更价款的确定

工程变更是指合同文件的任何部分的变更，其中涉及最多的是施工条件变更和设计变更。

1. 工程变更的控制原则

（1）工程变更无论是业主单位、施工单位还是监理工程师提出，无论是何内容，工程变更指令均需由监理工程师发出，并确定工程变更的价格和条件。

（2）工程变更，要建立严格的审批制度，切实把投资控制在合理的范围以内。

（3）对设计修改与变更（包括施工单位、业主单位和监理单位对设计的修改意见）应通过现场设计单位代表请设计单位研究。设计变更必须进行工程量及造价增减分析，经设计单位同意，如突破总概算必须经有关部门审批。严格控制施工中的设计变更，健全设计变更的审批程序，防止任意提高设计标准，改变工程规模，增加工程投资费用。设计变更经监理工程师会签后交施工单位施工。

（4）在一般的建设工程施工承包合同中均包括工程变更的条款，即允许监理工程师向承包单位发布指令，要求对工程的项目、数量或质量工艺进行变更，对原标书的有关部分进行修改。

工程变更也包括监理工程师提出的"新增工程"，即原招标文件和工程量清单中没有包括的工程项目。承包单位对这些新增工程，也必须按监理工程师的指令组织施工，工期与单价由监理工程师与承包方协商确定。

（5）由于工程变更所引起的工程量的变化，都有可能使项目投资超出原来的预算投资，必须予以严格控制，密切注意其对未完工程投资支出的影响以及对工期的影响。

（6）对于施工条件的变更，往往是指未能预见的现场条件或不利的自然条件，即在施工中实际遇到的现场条件同招标文件中描述的现场条件或不利的自然条件，即在施工中实际遇到的现场条件同招标文件中描述的现场条件有本质的差异，使施工单位向业主单位提出施工价款和工期的变化要求，由此而引起索赔。

工程变更会对工程质量、进度、投资产生影响，因此应做好工程变更的审批，合理确定变更工程的单价、价款和工期延长的期限，并由监理工程师下达变更指令。

2. 工程变更程序

工程变更程序主要包括：提出工程变更、审查工程变更、编制工程变更文件及下达变更指令。工程变更文件要求包括以下内容：

（1）工程变更令。应按固定的格式填写，说明变更的理由、变更概况、变更估价及对合同价款的影响。

（2）工程量清单。填写工程变更前后的工程量、单价和金额，并对未在合同中规定的方法予以说明。

（3）新的设计图纸及有关的技术标准。

（4）涉及变更的其他有关文件或资料。

3. 工程变更价款的确定

对于工程变更的项目有两类：一类是不需确定新的单价，仍按原投标单价计付；另一类是需变更为新的单价，包括变更项目及数量超过合同规定的范围，虽属原工程量清单的项目，其数量超过规定范围。变更的单价及价款应由合同双方协商解决。

合同价款的变更价格是在双方协商的时间内，由承包单位提出变更价格，报监理工程师批准后调整合同价款和竣工日期。审核承包单位提出的变更价款是否合理，可考虑以下原则：

（1）合同中有适用于变更工程的价格，按合同已有的价格计算变更合同价款。

（2）合同中只有类似变更情况的价格，可以此作为基础，确定变更价格，变更合同价款。

（3）合同中没有适用和类似的价格，由承包单位提出适当的变更价格，监理工程师批准执行。批准变更价格，应与承包单位达成一致，否则应通过工程造价管理部门裁定。

经双方协商同意的工程变更，应有书面材料，并由双方正式委托的代表签字；涉及设计变更的，还必须有设计部门的代表签字，均作为以后进行工程价款结算的依据。

10.2.1.5 价格调整

价格调整也称为工程造价价差，它是影响工程造价的重要动态因素。

价格调整是对工程中主要材料以及劳力、设备的价格，根据市场的变化情况，按照合同规定的方法进行调整，并据此对合同进行增加或扣除相应的调整金额。因此，价格调整并不是对清单中的单价进行调整。对于承包单位可以避免随供应市场波动的冲击；对于业主来讲，由于承包单位在投标时可以不考虑市场价格浮动的风险，从而可获得一个合理的投标价格。调整的范围包括建筑安装工程费、设备与工器具购置和其他费用。

1. 价格调整的方法

（1）按实结算。在我国，由于建筑材料需求，市场采购的范围越来越大，有些地区规定对钢材、木材、水泥等三材的价格采取按实际价格结算的办法，承包单位可凭发票按实报销。由于是实报实销，故在合同文件中应规定业主有权要求承包单位选择更廉价的供应来源。

（2）按调价文件结算。双方按当时的预算价格承发、包工程，在合同期内，按照造价管理部门调价文件的规定进行抽料补差（同一价格期内按所完成的材料用量乘以价差）。也有的地方定期（一般是半年）发布一次主要材料供应价格和管理价格，对这一时期的工程进行抽料补差。

我国现行的结算基本上是按照设计预算价格，以预算定额单价和各地方定额站不定期公布的调价文件为依据进行的，在结算中对通货膨胀等动态因素考虑不足。

（3）按调价公式结算。根据国际惯例，对建设项目已完成投资费用的结算，一般采用此方法。事实上，绝大多数情况是甲乙双方在签订的合同中就规定了明确的调价公式。国际惯例的价格调整公式如下：

$$ADJ = BCP(MVW) \times (CO + K_1 M_{1.1} M_{1.0} + K_2 M_{2.1} M_{2.0} + K_3 M_{3.1} M_{3.0} + \cdots + K_n M_{n.1} M_{n.0})$$

$$(10-1)$$

式中　　　ADJ——调价金额；

　　　　　BCP——支付证书的外汇金额；

　　　　　MVW——支付证书的人民币金额；

　　　　　CO——固定价格系数；

　K_1、$\cdots$、K_n——权衡系数；

$M_{1.0}$、$\cdots$、$M_{n.0}$——基价指数；

$M_{1.1}$、$\cdots$、$M_{n.1}$——现价指数。

目前国内的涉外工程多采用公式法进行价格调整,后三种系数可按进口与国内价格分别计算。

2. 建筑安装工程费用的价格调价公式

由于建筑安装工程的规模及复杂性,使调整公式较为繁琐,当调价品种仅涉及对投资影响大的设备、材料和工资,或者调价的范围在原合同规定的范围内,则也可采用下述调价公式:

$$P = P_0 \left(\alpha_0 + \alpha_1 \frac{A_1}{A_0} + \alpha_2 \frac{B_1}{B_0} + \alpha_3 \frac{C_1}{C_0} + \alpha_4 \frac{C_1}{C_0} + \frac{D_1}{D_0} + \cdots \right) \qquad (10-2)$$

式中　　　　　　　　P——调价后合同价款或工程实际结算款;

P_0——合同价款中工程预算进度款;

α_0——固定要素,代表合同支付中不能调整的部分;

α_1、α_2、α_3、α_4、$\cdots$——代表有关各项费用(如人工费用、钢材费用、水泥费用、运输费用等)在合同总价中所占的比重,$\alpha_1 + \alpha_2 + \alpha_3 + \alpha_4 + \cdots = 1$;

A_0、B_0、C_0、D_0、$\cdots$——订合同时与 α_1、α_2、α_3、α_4 对应的各种费用的基本价格指数或价格;

A_1、B_1、C_1、D_1、$\cdots$——在工程结算月份与 α_1、α_2、α_3、α_4 对应的各项费用的现行价格指数或价格。

各部分成本的比重系数在许多招标书中要求承包单位在投标时即提出,并在价格分析中予以论证;但也有的是由业主在招标书中即规定一个允许范围,由投标单位在此范围内选定。

在建设项目的施工阶段,业主除做好投资控制,还应要求监理工程师必须定期对实际的投资支出进行分析,提出报告。对后续完成整个项目所需的投资进行重新预测,把工程项目建设进展过程中的实际支出额与工程项目投资控制目标进行比较,通过比较找出实际支出与投资控制目标的偏差,进而采取有效的调整措施加以控制,实现项目投资控制目标。

10.2.2　施工成本控制的基础工作

施工成本控制是施工生产过程中以降低工程成本为目标,对成本的形成所进行的预测、计划、控制、核算、分析、考核等一系列管理工作的总称。

施工成本是指在建设工程项目的施工过程中所发生的全部生产费用的总和。建设过程项目施工成本由直接成本和间接成本组成。施工成本是施工工作质量的综合性指标,反映着企业生产经营管理活动各个方面的工作成果(保证工期和质量满足要求)。显然,若施工单位按照标价承担一项工程任务后,不能将工程成本控制在合同价格以内,就得亏损。所以成本管理是国内外承包企业获得承包工程合同以后所关心的一项极为重要的工作。

成本控制的基础工作有:

(1)定额工作。要有一套技术经济定额作为企业编制施工作业计划,降低成本计划,进行经济核算，掌握人工、材料、机具消耗和控制费用开支的依据。

（2）计量检验工作。应设置必要的计量器具，建立出、入库检验制度，以期减少产生量差。

（3）原始记录工作。要有一套简便易行的施工、劳动、料具供应、机械、资金、附属企业生产等方面的原始记录和成本报表制度，包括格式、计算登记、传递方法、报送时间等的规定。

（4）内部价格工作。制定材料、工具的内部计划价格，便于及时计价，进行材料工具的核算。

（5）编制施工预算。作为内部成本核算、作业计划、签订内部责任合同和签发施工任务单的依据。

10.2.3　编制成本计划

不断降低工程成本，是工程成本管理的一项重要任务。应按工程预算项目编制工程成本计划，提出降低成本的要求、途径和措施，并层层落实到工区、施工队组，向职工提出奋斗目标，以期完成和超额完成成本计划。

编制工程成本计划要根据施工任务和降低成本目标，由企业的计划、技术和财务部门会同有关部门共同负责。编制程序时首先根据施工任务和降低成本指标，收集、整理所需要的资料，如上年度计划成本、实际成本，本单位历史最好水平及同类企业的先进水平；然后以计划部门为主，财务部门配合，对上述资料进行研究分析，比先进，找差距，挖掘企业潜力，提出降低成本的目标；再由技术生产部门会同有关部门共同研究，提出降低成本的技术组织措施计划，会同行政部门，根据人员定额和费用开支范围，编制管理费用计划；最后，在此基础上，由计划财务部门会同有关部门编制降低成本计划。

制订工程成本计划，要明确降低工程成本的途径，并制定出相应降低工程成本的措施。降低工程成本的措施一般包括：

（1）加强施工生产管理。合理组织施工生产，正确选择施工方案，进行现场施工成本控制，降低工程成本。

（2）提高劳动生产率。工程成本的高低取决于生产所消耗的物化劳动与活劳动的数量，取决于技术和组织管理水平。建筑和安装工程施工成本中工资支出比重较大，一般建筑工程的工资支出占总成本的 $8\%\sim12\%$。减少工资开支，主要靠提高劳动生产率来实现。劳动生产率的提高有赖于施工机械化程度的提高和技术进步，这是以少量物化劳动取代大量活劳动的结果。所以采用机械化施工和新技术新工艺，可以取得降低工资支出、降低工程成本的效果。此外，减少活劳动消耗还可以减少与此有关保费、技术安全费、生活设施费以及与缩短工期有关的施工管理费等费用。

（3）节约材料。在建筑工程中，材料费用所占比重最大，一般达 $60\%\sim70\%$；故节约材料消耗对降低工程成本意义重大。节约材料物资消耗的途径是多方面的，从材料采购、运输、入库、使用以至竣工后部分材料的回收等环节，都要认真对待，加强管理，不断降低材料费用。如在采购中，尽量选择质优价廉的材料，做到就地取材，避免远距离运输；合理选择运输供应方式，合理确定库存，注意外内运输衔接，避免二次搬运；合理使用材料，避免大材小用；控制用料，合理使用代用和质优价廉的新材料。

（4）提高机械设备利用率和降低机械使用费。随着施工机械化程度的提高，管理好施工机械，提高机械完好率和利用率，充分发挥施工机械的能力是降低成本的重要方面。我国的机械利用率相对较低，因此在降低工程成本方面的潜力很大。

（5）节约施工管理费。施工管理费约为工程成本的 14％～16％，所占比重较大，应本着艰苦奋斗，勤俭办企业的方针，精打细算，节约开支，减少非生产人员比例。

加强技术质量管理，积极推行新技术、新结构、新材料、新工艺，不断提高施工技术水平，保证工程质量；避免和减少返工损失。

10.2.4　施工成本因素分析

施工企业在生产中，一方面生产出建筑产品，同时又为生产这些产品耗费一定的人力、物力和财力，各种生产耗费的货币表现，称为生产费用。工程成本分析，就是通过对施工过程中各项费用的对比与分析，揭露存在的问题，寻找降低工程成本的途径。

工程成本作为一个反映企业施工生产活动耗费情况的综合指标，必然同各项技术经济指标之间存在着密切的联系。技术经济指标完成的好坏，最终会直接或间接地影响工程成本的增减。下面就主要工程技术经济指标变动对工程成本的影响作简要分析。

（1）产量变动对工程成本的影响。工程成本一般可分为变动成本和固定成本两部分。由于固定成本不随产量变化，因此，随着产量的提高，各单位工程所分摊的固定成本将相应减少，单位工程成本也就会随产量的增加而有所减少。

（2）劳动生产率变动对工程成本的影响。提高劳动生产率，是增加产量、降低成本的重要途径。劳动生产率变动对工程成本的影响体现在两个方面：

1）通过产量变动影响工程成本中的固定成本（其计算按产量变动对成本影响的公式）；

2）通过劳动生产率的变动直接影响工程成本中的人工费（即变动成本的一部分）。值得注意的是，随着劳动生产率的提高，工人工资也有所提高。因此，在分析劳动生产率的影响时，还须考虑人工平均工资增长的影响。

（3）资源、能源利用程度对工程成本的影响。在建筑工程施工中，总是要耗用一定的资源（如原材料等）和能源。尤其是原材料，其成本在工程成本中占相当大的比重。因此，降低资源、能源的耗用量，对降低工程成本有着十分重要的意义。

影响资源、能源费用的因素主要是用量和价格两个方面。就企业角度而言，降低耗用量（当然包含损耗量）是降低成本的主要方面。

（4）机械利用率变动对工程成本的影响。机械利用的好坏，并不直接引起成本变动，但会使产量发生变化，通过产量的变动而影响单位成本。

（5）工程质量变动对工程成本的影响。工程质量的好坏，既是衡量企业技术和管理水平的重要标志，也是影响产量和成本的重要原因。质量提高，返工减少，既能加快施工速度，促进产量增加，又能节约材料、人工、机械和其他费用消耗，从而降低工程成本。工程施工中存在返工、修补、加固等现象。返工次数和每次返工所需的人工、机械、材料费等越多，对工程成本的影响越大。因此，一般用返工损失金额来综合反映工程成本的变化。

（6）技术措施变动对工程成本的影响。在施工过程中，施工企业应尽力发挥潜力，采用先进的技术措施，这不仅是企业发展的需要，也是降低工程成本最有效的手段。

（7）施工管理费变动对工程成本的影响。施工管理费在工程成本中占有较大的比重，如能精简机构，提高管理工作质量和效率，节省开支，对降低工程成本也有很大的作用。

10.2.5 工程成本综合分析

工程成本综合分析，就是从总体上对企业成本计划执行的情况进行较为全面概略的分析。

在经济活动分析中，一般把工程成本分为三种：预算成本、计划成本和实际成本。

（1）预算成本：一般为施工图预算所确定的工程成本。在实行招标承包工程中，一般为工程承包合同价款减去法定利润后的成本，因此又称为承包成本。

（2）计划成本：指在预算成本的基础上，根据成本降低目标，结合本企业的技术组织措施计划和施工条件等所确定的成本。计划成本是企业降低生产消耗费用的奋斗目标，也是企业成本控制的基础。

（3）实际成本：指企业在完成建筑安装工程施工中实际发生费用的总和，是反映企业经济活动效果的综合性指标。

计划成本与预算成本之差即为成本计划降低额；实际成本与预算成本之差即为成本实际降低额。将实际成本降低额与计划成本降低额作比较，可以考察企业降低成本的执行情况。

工程成本的综合分析，一般可分以下三种情况：

（1）实际成本与计划成本进行比较，以检查完成降低成本计划情况和各成本项目降低和超支情况。

（2）对企业内各单位之间进行比较，从而找出差距。

（3）本期与前期进行比较，以便分析成本管理的发展情况。在进行成本分析时，既要看成本降低额，又要看成本降低率。成本降低率是相对数，便于进行比较，看出成本降低水平。

10.2.6 施工成本偏差分析方法

10.2.6.1 横道图法

用横道图法进行施工成本偏差分析，是指用不同的横道标识已完工程计划施工成本、拟完工程计划施工成本和已完工程实际施工成本，横道的长度与其金额成正比例。横道图法的优点是形象、直观、一目了然。但是，这种方法反映的信息量少，一般用于项目的决策分析层次。

10.2.6.2 表格法

表格法是进行偏差分析最常用的方法之一，它具有灵活、适用性强、信息量便于计算机辅助施工成本控制等特点，见表 10-2。

表 10 - 2　施工成本偏差分析表

项目编码	(1)	041	042	043	项目编码	(1)	041	042	043
项目名称	(2)				已完工程实际成本	$(11)=(7)\times(9)+(10)$			
单位	(3)				施工成本局部偏差	$(12)=(11)-(8)$			
计划单价	(4)				施工成本局部偏差程度	$(13)=(11)/(8)$			
拟完工程量	(5)				施工成本累计偏差	$(14)=\sum(12)$			
拟完工程计划成本	$(6)=(4)\times(5)$				施工成本累计偏差程度	$(15)=\sum(11)/\sum(8)$			
已完工程量	(7)				进度局部偏差	$(16)=(6)-(8)$			
已完工程计划成本	$(8)=(4)\times(7)$				进度局部偏差程度	$(17)=(6)/(8)$			
实际单价	(9)				进度累计偏差	$(18)=\sum(16)$			
其他款项	(10)				进度累计偏差程度	$(19)=\sum(6)/\sum(8)$			

10.2.7　施工成本控制的程序

施工成本控制的目的是确保施工成本目标的实现，合理地确定施工项目成本控制指标值，包括项目的总目标值、分目标值、各细目标值。如果没有明确的施工成本控制目标，就无法进行项目施工成本实际支出值与目标值的比较，不能进行比较也就不能找出偏差，不知道偏差程度，就会使控制措施缺乏针对性。在确定施工成本控制目标时，应有科学的依据。如果施工成本目标值与人工单价、材料预算价格、设备价格及各项有关费用和各种取费标准不相适应，那么施工成本控制目标便没有实现的可能，则控制也是徒劳的。施工成本控制的程序如下：

（1）对施工方法、施工顺序、作业组织形式、机械设备的选型、技术组织措施等进行认真研究和分析，制定出科学先进、经济合理的施工方案。

（2）根据企业下达的成本目标，以实际工程量或工作量为基础，根据消耗标准（如我国的基础定额、企业的施工定额）和技术组织措施的节约计划，在优化的施工方案的指导下，编制明细而具体的成本计划，将成本责任落实到各职能部门、施工队组。

（3）根据项目施工期的长短和参加工程人数的多少，编制间接费预算，并进行明细分解，落实到有关部门，为成本控制和绩效考评提供依据。

（4）加强施工任务和限额领料的管理。施工任务应与工序结合起来，做好每一道工序的验收工作（包括实际工程量的验收和工作内容、进度、质量要求等综合验收评价），以及实耗人工、实耗机械台班、实耗材料的数量核对，以保证施工任务和限额领料信息的正确，为成本控制提供真实、可靠的数据。

（5）根据施工任务进行实际与计划的对比，计算工作包的成本差异，分析差异产生的原因，并采取有效的纠偏措施。

（6）做好检查周期内成本原始资料的收集、整理，准确计划各工作包的成本，做好完成工序实际成本的统计，分析该检查期内实际成本与计划成本的差异。

（7）在上述工作基础上，实行责任成本核算，并与责任成本进行对比分析成本差异和产生差异的原因，采取措施纠正差异。施工成本控制是所有施工管理人员必须重视的一项工作，必须依赖各部门、各单位的通力合作，对成本控制工作进行有效的组织与分工。施工成本控制体系如图 10-5 所示。

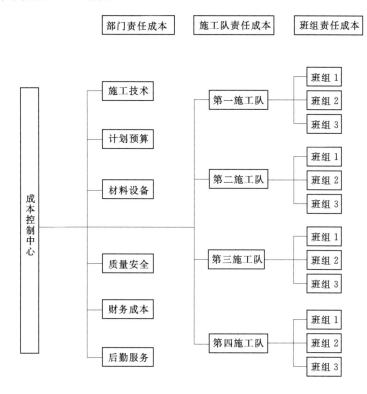

图 10-5 施工成本控制体系图

10.3 施 工 质 量 控 制

施工质量控制是施工管理的中心内容之一。施工技术组织措施的实施与改进、施工规程的制定与贯彻、施工过程的安排与控制，都以保证工程质量为主要前提，也是最终形成工程产品质量和工程项目使用价值的保证。

10.3.1 施工质量控制的任务

施工质量控制的中心任务，是要通过建立健全有效的质量监督工作体系来确保工程质量达到合同规定的标准和等级要求。根据工程质量形成的时间阶段，施工质量控制可分为质量的事前控制、事中控制和事后控制三大环节。其中，工作的重点应是质量的事前控制。

10.3.1.1 质量的事前控制

质量的事前控制就是要求预先进行周密的质量计划，包括质量策划、管理体系、岗位设置，把各项质量职能活动，包括作业技术和管理活动建立在有充分能力、条件保证和运行机制的基础上。对于建设工程项目，尤其施工阶段的质量预控，就是通过施工质量计划或施工组织设计或施工项目管理实施规划的制定过程，运用目标管理的手段，实施工程质量事前预控，或称为质量的计划预控。质量的事前控制必须充分发挥组织的技术和管理方面的整体优势，把长期形成的先进技术、管理方法和经验智慧，创造性地应用于工程项目。事前质量预控要求针对质量控制对象的控制目标、活动条件、影响因素进行周密分析，找出薄弱环节，制定有效的控制措施和对策。具体包括：

（1）确定质量标准，明确质量要求。

（2）建立本项目的质量监督控制体系。

（3）施工场地质检验收。

（4）建立完善的质量保证体系。

（5）检查工程使用的原材料、半成品。

（6）施工机械的质量控制。

（7）审查施工组织设计或施工方案。

10.3.1.2 质量的事中控制

质量的事中控制也称为作业活动过程质量控制，是指质量活动主体的自我控制和他人监控的控制方式。自我控制是第一位的，即作业者在作业过程中对自己质量活动行为的约束和技术能力的发挥，以完成预定质量目标的作业任务；他人监控是指作业者的质量活动过程和结果，接受来自企业内部管理者和来自企业外部有关方面的检查检验，如工程监理机构、政府质量监督部门等的监控。事中质量控制的目标是确保工序质量合格，杜绝质量事故发生。

由此可知，质量的事中控制关键是增强质量意识，发挥操作者自我约束、自我控制，即坚持质量标准是根本的，他人监控是必要的补充，没有前者或用后者取代前者都是不正确的。因此，有效进行过程质量控制，也就在于创造一种过程控制的机制和活力。具体包括：

（1）施工工艺过程质量控制：现场检查、旁站、量测、试验。

（2）工序交接检查：坚持上道工序不经检查验收不准进行下道工序的原则，检验合格后签署认可才能进行下道工序。

（3）隐蔽工程检查验收。

（4）做好设计变更及技术核定的处理工作。

（5）工程质量事故处理：分析质量事故的原因、责任；审核、批准处理工程质量事故的技术措施或方案；检查处理措施的效果。

（6）进行质量、技术鉴定。

（7）建立质量检查日志。

（8）组织现场质量协调会。

10.3.1.3　质量的事后控制

质量的事后控制也称为事后质量把关，以避免不合格的工序或产品流入后道工序、市场。质量的事后控制的任务就对质量活动结果进行评价、认定；对工序质量偏差进行纠正；对不合格产品进行整改和处理。

从理论上分析，对于建设工程项目如果计划预控过程所制定的行动方案考虑得越周密，事中自控能力越强、监控越严格，实现质量预期目标的可能性就越大。理想的状况就是希望做到各项作业活动"一次成活""一次交验合格率达 100％"。但要达到这样的管理水平和质量形成能力是相当不容易的，即使严格把关，也还可能有个别工序或分部分项施工质量会出现偏差，这是因为在作业过程中不可避免地会存在一些计划时难以预料的因素，包括系统因素和偶然因素的影响。

建设工程项目质量的事后控制，具体体现在施工质量验收各个环节的控制方面。例如：

（1）组织试车运转。

（2）组织单位、单项工程竣工验收。

（3）组织对工程项目进行质量评定。

（4）审核竣工图及其他技术文件资料，做好工程竣工验收。

（5）整理工程技术文件资料并编目建档。

以上系统控制的三大环节，不是孤立的，它们之间构成有机的系统过程，实质上也就是质量管理 PDCA 循环的具体化，并在每一次滚动循环中不断提高，达到质量管理和质量控制的持续改进。

10.3.2　质量控制的基本方法

10.3.2.1　施工质量控制的工作程序

工程项目施工过程中，为了保证工程施工质量，应对工程建设对象的施工生产进行全过程、全面的质量监督、检查与控制，即包括事前的各项施工准备工作质量控制，施工过程中的控制，以及各单项工程及整个工程项目完成后，对建筑施工及安装产品质量的事后控制。

10.3.2.2　施工质量控制的途径

在施工过程中，质量控制主要是通过审核有关文件、报表，以及进行现场监督、检查、检验来实现的。

1. 审核有关技术文件、报告或报表

这是对工程质量进行全面监督、检查与控制的重要途径。其具体内容包括以下几方面：

（1）审查施工单位的资质证明文件。

（2）审查开工申请书，检查、核实与控制工程施工准备工作质量。

（3）审查施工方案、施工组织设计或施工计划，采取保证工程施工质量的技术组织措施。

（4）审查有关材料、半成品和构配件质量证明文件（出厂合格证、质量检验或试验报告等），确保工程质量有可靠的物质基础。

（5）审核反映工序施工质量的动态统计资料或管理图表。

（6）审核有关工序产品质量的证明文件（检验记录及试验报告）、工序交接检查（自检）、隐蔽工程检查、分部分项工程质量检查报告等文件、资料，以确保和控制施工过程的质量。

（7）审查有关设计变更、修改设计图纸等，确保设计及施工图纸的质量。

（8）审核有关新技术、新工艺、新材料、新结构等的应用申请报告，确保其应用质量。

（9）审查有关工程质量缺陷或质量事故的处理报告，确保质量缺陷或事故处理的质量。

（10）审查现场有关质量技术签证、文件等。

2. 现场监督检查

现场监督检查的主要内容有：

（1）开工前的检查。主要是检查开工前准备工作的质量，能否保证正常施工及工程施工质量。

（2）工序施工的跟踪监督、检查与控制。主要是监督、检查在工序施工过程中，人员、施工机械设备、材料、施工方法、操作工艺以及施工环境条件等是否均处于良好的状态，是否符合保证工程质量的要求，若发现有问题应及时纠偏和加以控制。

（3）对于重要的、对工程质量有重大影响的工序，还应在现场进行施工过程的旁站监督与控制，确保使用材料及工艺过程质量。

（4）工序检查、工序交接检查及隐蔽工程检查。隐蔽工程应在施工单位自检与互检的基础上，经监理人员检查确认其质量后，才允许加以覆盖。

（5）复工前的检查。若工程因质量问题或其他原因而停工，在复工前应经检查认可后，下达复工指令，方可复工。

（6）分项、分部工程完成，经检查认可后，签署中间交工证书。

3. 现场质量检验的作用

要保证和提高工程施工质量，现场质量检验是施工单位保证施工质量的十分重要的、必不可少的手段。其主要作用如下：

（1）现场质量检验是质量保证与质量控制的重要手段。为了保证工程质量，在质量控制中需将工程产品或材料、半成品等的实际质量状况（质量特性等）与规定的标准进行比较，以便判断其质量状况是否符合要求。

（2）质量检验为质量分析与质量控制提供了所需的技术数据和信息，这是质量分析、质量控制与质量保证的基础。

（3）通过对进场使用的材料、半成品、构配件及其他器材、物资进行全面的质量检验，保证材料与物资质量合格，避免因材料、物资的质量问题而导致工程质量事故的发生。

（4）在施工过程中，通过对施工工序的检验，取得数据，可以及时判断质量是否合格，采取措施，防止质量问题的延续与积累。

（5）在某些工序施工过程中，通过旁站监督，及时检验，依据所显示的数据，可以判断施工质量。

4. 现场质量控制的方法

施工现场质量控制的有效方法就是采用全面质量管理。所谓全面质量管理，就质量的含义来说，除了一般理解的产品质量、施工质量方面的含义外，还包括工作质量、如期完工交付使用的质量、质量成本以及投入运行的质量等更为广泛的含义。就管理的内容和范围来说，它既要采用各种科学方法，如专业技术、数理统计以及行为科学等，对工作全过程各个环节进行管理和控制，又要发动、鼓励有关人员，实行全员管理，即专业人员管理和非专业人员管理互相结合起来。

全面质量管理的基本方法，可以概括为：4个阶段、8个步骤和7种工具。

（1）4个阶段。质量管理过程可分成4个阶段，即计划（Plan）、执行（Do）、检查（Check）和措施（Action），简称PDCA循环。这是管理职能循环在质量管理中的具体体现。PDCA循环的特点有3个：

1）各级质量管理都有一个PDCA循环，形成一个大环套小环，一环扣一环，互相制约，互为补充的有机整体，如图10-6所示。在PDCA循环中，一般来说，上一级循环是下一级循环的依据，下一级循环是上一级循环的落实和具体化。

2）每个PDCA循环，都不是在原地周而复始地运转，而是像爬楼梯那样，每一循环都有新的目标和内容，这意味着质量管理，经过一次循环，解决了一批问题，质量水平有了新的提高，如图10-7所示。

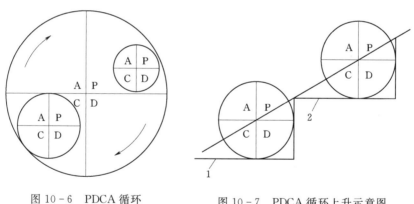

图10-6　PDCA循环　　　　　图10-7　PDCA循环上升示意图
1—原有水平；2—新的水平

3）在PDCA循环中，A是一个循环的关键，因为在一个循环中，从质量目标计划的制订，质量目标的实施和检查，到找出差距和原因，只有通过采取一定措施，使这些措施形成标准和制度，才能在下一个循环中贯彻落实，质量水平才能步步提升。

（2）8个步骤。为了保证PDCA循环有效地运转，有必要把循环的工作进一步具体化，一般细分为以下8个步骤：

1）分析现状，找出存在的质量问题。

2）分析产生质量问题的原因或影响因素。

3）找出影响质量的主要因素。

4）针对影响质量的主要因素，制定措施，提出行动计划，并预计改进的效果。所提出的措施和计划必须明确具体，且能回答下列问题：为什么要制定这一措施和计划？预期能达到什么质量效果？在什么范围内、由哪个部门、由谁去执行？什么时候开始？什么时候完成？如何去执行？等等。

5）质量目标措施或计划的实施是执行阶段。在执行阶段，应该按上一步所确定的行动计划组织实施，并给以人力、物力、财力等保证。

6）调查采取改进措施以后的效果。

7）总结经验，把成功和失败的原因系统化、条例化，使之形成标准或制度，纳入到有关质量管理的规定中去。

8）提出尚未解决的问题，转入到下一个循环。

前 4 个步骤是计划阶段的具体化，最后两个步骤属于措施阶段。

（3）7 种工具。在以上 8 个步骤中，需要调查、分析大量的数据和资料，才能作出科学的分析和判断。为此，要根据数理统计的原理，针对分析研究的目的，灵活运用 7 种统计分析图表作为工具，使每个阶段每个步骤的工作都有科学的依据。

常用的 7 种工具是：排列图、直方图、因果分析图、分层法、控制图、散布图、统计分析表。实际使用的当然不只这 7 种，还可以根据质量管理工作的需要，依据数理统计或运筹学、系统分析的基本原理，制定一些简便易行的新方法、新工具。现仅结合每个阶段各个步骤中的应用，列于表 10 - 3 中以供参考。

表 10 - 3　质量管理的 4 个阶段、8 个步骤、7 种工具关系表

阶段	步骤	工具或方法	说　明
P	1	排列图	用来分析各种因素对质量的影响程度。横坐标列出影响质量的各个因素，按影响程度大小排列；纵坐标表示质量问题的频数（如次品件数或次品损失的金额等）和累计频率（%）。按累计频率可将影响因素分类；累计频率 0～80% 的因素为主要因素；80%～95% 为次要因素；95%～100% 为一般因素
		直方图	用来分析质量的稳定程度。通过抽样检查，对一些计量型质量指标如干容量、抗压强度等，作出频数分布直方图。横坐标为质量指标，纵坐标为频数或相对频数。以质量指标均值 $\bar{x}$、标准差 S 和代表质量稳定程度的离差系数或其他指标作为判据，借以判断生产的稳定程度。例如，若以工程能力指数 C_p 作判据，$C_p = \dfrac{T}{6S}$，其中 T 为质量指标的允许范围，则有：$C_p > 1.33$，说明质量充分满足要求，但有超标准浪费；$C_p = 1.33$，理想状态，生产稳定；$1 < C_p < 1.33$，较理想，但应加强控制；$C_p < 1$，不稳定，应找原因，采取措施

续表

阶段	步骤	工 具 或 方 法	说　　明
P	1	控制图	用以进行适时的生产控制，掌握生产过程的波动状况。控制图的纵坐标是质量指标，有一根中心线 C 代表质量的平均指标，一根上控制线 U 和一根下控制线 L，代表质量控制的允许波动范围。横坐标为质量检查的批次（时间）。将质量检查的结果，按批次（时间）点绘在图上，可以看出生产波动的趋势，以便适时掌握生产动态，采取对策
	2	Ⅰ～Ⅵ—大原因 1～7—中原因 $a、b、c$—小原因 因果分析图	根据排列图找出主要因素（主要问题），用因果分析图探寻问题产生的原因。这些原因，通常不外乎人、机器、材料、方法、环境等五个方面。在一个大原因中，还有中原因、小原因，宜通过集体讨论——列出，如鱼刺状，并框出主要原因（主要原因不一定是大原因）。根据主要原因，订出相应措施，措施实现后，再通过排列图等，检查其效果
	3	散布图	用来分析影响质量原因之间的相关关系。纵坐标代表某项质量指标，横坐标代表影响质量的某种原因。由于质量指标和原因之间不一定存在确定的关系，故散布图中的点子可能比较分散，但可以通过相关分析，确定指标和原因之间的相关关系
	4	措施计划表	措施计划表（又称为对策计划表），必须明确回答前文步骤 4 中所提出的问题，即所谓的 5W1H： Why? 为什么？ What? 干什么？ Where? 什么地方？ When? 什么时候？ Who? 谁来执行？ How? 如何执行？
D	5	实施、执行	严格按计划落实措施、付诸实施
C	6	与阶段 P 步骤 1 同	
A	7	标准化、制度化，形成标准、规程或制度	一般认为当 $C_p>1$ 时，可以形成标准或制度
	8	反映到下一个循环步骤 1	当采取措施后 $C_p<1$ 或效果不大时，应作为本次循环未解决的问题转入下一个循环

　　必须指出的是，贯彻全面质量管理，必须形成制度，持之以恒，才能使质量水平不断提高。

　　5. 施工质量监督控制手段

　　施工质量监督控制，一般可采用以下几种手段：

（1）旁站监督。旁站监督是驻地质量监督人员经常采用的一种主要的现场检查形式，即在施工过程中进行现场观察、监督与检查，注意并及时发现质量事故的苗头和影响质量因素的不利发展变化，潜在质量隐患以及出现的质量问题等，以便及时进行控制。对于隐蔽工程类的施工，进行旁站监督更为重要。

（2）测量。测量是建筑安装对几何尺寸、方位等控制的重要手段。施工前质量监督人员应对施工放线及高程控制进行检查，严格控制偏差有无超限，不合格者不得施工；在施工过程中也应随时注意控制，发现偏差，及时纠正；中间验收时，对于几何尺寸等不合要求者，应指令施工单位处理。

（3）试验。试验数据是质量工程师判断和确认各种材料和工程部位内在品质的主要依据。每道工序中诸如材料性能、拌和料配合比、成品的强度等物理力学性能以及打桩的承载能力等，常需通过试验手段取得试验数据来判断质量情况。

（4）指令文件。指令文件是质量工程师对施工项目提出指示要求的书面文件，用以指出施工中存在的问题，提出要求或指示等。质量工程师的各项指令都应采用书面的或有文字记载方有效，并作为技术文件资料存档。如因时间紧迫，来不及作出正式的书面指令，也可以用口头指令方式下达，但随即应补充书面文件对口头指令予以确认。

（5）规定质量监控程序。按规定的程序进行施工，是进行质量监控的必要手段和依据。例如，未签署质量验收单予以质量确认，不得进行下道工序等。

10.3.3　质量事故的原因分析

10.3.3.1　常见质量事故原因

工程质量事故的表现形式千差万别，类型多种多样，例如结构倒塌、倾斜、错位、不均匀或超量沉陷、变形、开裂、渗漏、破坏、强度不足、尺寸偏差过大等，但究其原因，归纳起来主要有下述几方面。

（1）违背基本建设程序。基本建设程序是工程项目建设过程及其客观规律的反映，但有些工程不按基建程序办事，例如未做好调查分析就确定方案；未搞清地质情况就仓促开工；边设计、边施工；无图施工，不经竣工验收就交付使用等，它常是导致重大工程质量事故的重要原因。

（2）地质勘察原因。诸如未认真进行地质勘察或勘探时钻孔深度、间距、范围不符合规定要求，地质勘察报告不详细、不准确、不能全面反映实际的地基情况等，从而使得或地下情况不清，或对基岩起伏分布误判等，均会导致采用不恰当或错误的基础方案，造成地基不均匀沉降、失稳，使上部结构或墙体开裂、破坏，或引发建筑物倾斜、倒塌等质量事故。

（3）不均匀地基处理不当。对软弱土、杂填土、冲填土、大孔性土或湿陷性黄土、膨胀土、红黏土、岩溶、土洞、岩层出露等不均匀地基，未进行处理或处理不当，也是导致重大事故的原因。必须根据不同地基的特点，从地基处理、结构措施、防水措施、施工措施等方面综合考虑，加以治理。

（4）设计计算问题。如盲目套用图纸，采用不正确的结构方案，计算简图与实际受力情况不符，荷载取值过小，内力分析有误，沉降缝或变形缝设置不当，悬挑结构未进行抗倾覆验算以及计算错误等，都是引发质量事故的隐患。

（5）建筑材料及制品不合格。如骨料中活性氧化硅会导致碱骨料反应，使混凝土产生裂缝；水泥安定性不良会造成混凝土爆裂；水泥受潮、过期、结块，砂石含泥量及有害物含量、外加剂掺量等不符合要求时，会影响混凝土强度、和易性、密实性、抗渗性，从而导致混凝土结构强度不足、裂缝、渗漏等质量事故。

（6）施工管理不当。主要表现为施工质量差、不达标，以为"安全度高得很"，因而施工马虎，甚至有意偷工减料，技术人员素质差，不熟悉设计意图，为方便施工而擅自修改设计。

（7）自然条件影响。空气温度、湿度、暴雨、风、浪、洪水、雷电、日晒等均可能成为质量事故的诱因，施工中应特别注意并采取有效的预防措施。

10.3.3.2　质量事故原因分析

由于影响工程质量的因素众多，所以引起质量事故的原因也错综复杂，应对事故的特征表现以及事故条件进行具体分析。例如，大体积混凝土产生的裂缝大体上有两类：①由基础约束应力引起的贯穿性裂缝；②由内外温差产生的应力引起的表面裂缝。例如，某工程大体积混凝土出现的裂缝是表面性的微细裂缝，呈纵横交错无规律分布，而且根据施工记录，在浇筑后水化热温升较高时，天气骤冷、寒潮袭击而又未能及时防护，则可初步推断这种裂缝是由内外温差过大表面收缩受到内部膨胀的约束产生的应力引起的。

工程质量事故原因分析可概括如下：

（1）对事故情况进行细致的现场调查研究，充分了解与掌握质量事故或缺陷的现象和特征。

（2）收集资料（如施工记录等），调查研究，摸清质量事故对象在整个施工过程中所处的环境及面临的各种情况。

（3）分析造成质量事故的原因。根据质量事故的现象及特征，结合施工过程中的条件，进行综合分析、比较和判断，找出造成质量事故的主要原因。对于一些特殊、重要的工程质量事故，还可能需要进行专门的计算、试验验证分析，分析其原因。

10.3.4　质量事故的处理

由于工程项目实施的一次性，生产组织特有的流动性、综合性，劳动的密集性及质量事故分析处理程序协作关系的复杂性，导致施工过程中质量事故具有复杂性、严重性、可变性及多发性的特点。施工中出现质量事故，一般是很难完全避免的。通过质量控制和质量保证，可对事故的发生起到防范作用，控制事故后果的进一步恶化，将危害程度减少到最低限度。

10.3.4.1　质量事故处理的程序

施工质量事故发生后，一般可以按图 10-8 程序进行处理。

（1）出现施工质量缺陷或事故后，应停止质量缺陷部位及其有关部位和下道工序的施工，需要时，还应采取适当的防护措施；同时，要及时上报主管部门。

（2）进行质量事故调查，主要目的是明确事故的范围、缺陷程度、性质、影响和原因，为事故的分析处理提供依据。调查力求全面、准确、客观。

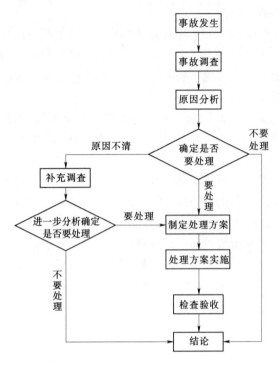

图 10-8　质量事故分析处理程序

（3）在事故调查的基础上进行事故原因分析，正确判断事故原因。事故原因分析是确定事故处理措施方案的基础。正确的处理来源于对事故原因的正确判断。只有提供充分的调查资料，进行详细、深入的分析后，才能由表及里、去伪存真，找出造成事故的真正原因。

（4）研究制定事故处理方案。事故处理方案的制定应以事故原因分析为基础。如因对事故一时认识不清，而事故一时不致产生严重的恶化，可以继续进行调查、观测，以便掌握更充分的资料数据，作进一步分析，找到原因，以利制定方案。

（5）按确定的处理方案对质量缺陷进行处理。发生的质量事故不论是否由施工承包单位方面的原因造成，质量缺陷的处理通常都是由施工承包单位负责实施。如果不是施工单位方面的责任原因，则处理质量缺陷所需的费用或延误的工期，应给予施工单位补偿。

（6）在质量缺陷处理完毕后，应组织有关人员对处理结果进行严格的检查、鉴定和验收。

10.3.4.2　质量事故处理方案的确定

质量事故处理方案的确定，应当在正确分析和判断事故原因的基础上进行。而方案的确定要以充分的、准确的有关资料作为分析、决策基础和依据。一般的质量事故处理，必须具备以下资料：

（1）与施工质量事故有关的施工图。

（2）与施工有关的资料、记录。例如，建筑材料的试验报告、各种中间产品的检验记录和试验报告以及施工记录等。

（3）事故调查分析报告。

10.3.4.3　质量事故处理方案

对于工程质量缺陷，通常可以根据质量缺陷的情况，作出以下三类不同性质的处理方案：

（1）修补处理。这是最常采用的一类处理方案。通常，当工程的某些部位的质量虽未达到规定的规范标准或设计要求，存在一定的缺陷，但经过修补后还可达到要求的标准，且不影响使用功能和外观要求，在此情况下，可以作出进行修补处理的决定。

（2）返工处理。当工程质量未达到规定的标准或要求，有明显的严重质量问题，对结构的使用和安全有重大影响，而又无法通过修补的办法纠正所出现的缺陷，可以作出返工处理的决定。

（3）不作专门处理。某些工程质量缺陷虽然不符合规定的要求或标准，但如情况不严重，对工程或结构的使用及安全影响不大，经过分析、论证和慎重考虑后，也可作出不作专门处理的决定。

10.3.4.4 质量事故处理的鉴定验收

事故处理的鉴定验收，应严格按施工验收规范及有关标准的规定进行，必要时还应通过实际测量、试验和仪表检测等方法获取必要的数据，才能对事故的处理结果作出确切的鉴定结论。

10.4 施 工 安 全 管 理

施工安全管理是施工企业全体职工及各部门同心协力，把专业技术、生产管理、数理统计和安全教育结合起来，为达到安全生产目的而采取各种措施的管理。建立监工技术组织全过程的安全保证体系，实现安全生产、文明施工。安全管理的基本要求是预防为主，依靠科学的安全管理理论、程序和方法，使施工生产全过程中潜伏的危险因素处于受控状态，消除事故隐患，确保施工生产安全。

10.4.1 安全管理的内容

（1）建立安全生产制度。安全生产制度必须符合国家和地区的有关政策、法规、条例和规程，并结合施工项目的特点，明确各级各类人员安全生产责任制，要求全体人员必须认真贯彻执行。

（2）贯彻安全技术管理。进行施工组织设计时，必须结合工程实际，编制切实可行的安全技术措施，要求全体人员必须认真贯彻执行。如果执行过程中发现问题，应及时采取妥善的安全防护措施。要不断积累安全技术措施在执行过程中的技术资料，进行研究分析，总结提高，以利于后期工程的借鉴。

（3）坚持安全教育和安全技术培训。组织全体人员认真学习国家、地方和本企业的安全生产责任制、安全技术规程、安全操作规程和劳动保护条例等。新工人进入岗位之前要进行安全纪律教育，特种专业作业人员要进行专业安全技术培训，考核合格后方能上岗。要使全体职工经常保持高度的安全生产意识，牢固树立"安全第一"的思想。

（4）组织安全检查。为了确保安全生产，必须严格安全督察，建立健全安全督察制度。安全员要经常查看现场，及时排除施工中的不安全因素，纠正违章作业，监督安全技术措施的执行，不断改善劳动条件，防止工伤事故的发生。

（5）进行事故处理。人身伤亡和各种安全事故发生后，应立即进行调查，了解事故产生的原因、过程和后果，提出鉴定意见。在总结经验教训的基础上，有针对性地制定防止事故再次发生的可靠措施。

10.4.2 安全生产责任制

10.4.2.1 安全生产责任制的要求

安全生产责任制，是根据"管生产必须管安全"，"安全工作、人人有责"的原则，以制度的形式，明确规定各级领导和各类人员在生产活动中应负的安全职责。它是施工企业岗位责任制的一个重要组成部分，是企业安全管理中最基本的制度，是所有安全规章制度的核心。

（1）施工企业各级领导人员的安全职责。明确规定施工企业各级领导在各自职责范围内做好安全工作，要将安全工作纳入到自己的日常生产管理工作之中，在计划、布置、检查、总结、评比生产的同时，做好计划、布置、检查、总结、评比安全工作。

（2）各有关职能部门的安全生产职责。施工企业中生产部门、技术部门、机械动力部门、材料部门、财务部门、教育部门、劳动工资部门、卫生部门等各职能机构都应在各自业务范围内，对实现安全生产的要求负责。

（3）生产工人的安全职责。生产工人做好本岗位的安全工作是搞好企业安全工作的基础，企业中的一切安全生产制度都要通过他们来落实。因此，企业要求它的每一名员工都能自觉地遵守各项安全生产规章制度，不违章作业，并劝阻他人违章操作。

10.4.2.2　安全生产责任制的制定和考核

施工现场项目经理是项目安全生产第一责任人，对安全生产负全面的领导责任。

对施工现场中从事与安全有关的管理、执行和检查的人员，特别是独立行使权力开展工作的人员，应规定其职责、权限和相互关系，定期考核。

各项经济承包合同中要有明确的安全指标和包括奖惩办法在内的安全保证措施。

承发包或联营各方之间依照有关法规，签订安全生产协议书，做到主体合法、内容合法和程序合法，各自的权利和义务明确。

实行施工总承包的单位，施工现场安全由总承包单位负责，总承包单位要统一领导和管理分包单位的安全生产。分包单位应对其分包工程的施工现场安全向总承包单位负责，认真履行承包合同规定的安全生产职责。

为了使安全生产责任制能够得到严格贯彻执行，就必须与经济责任制挂钩。对违章指挥、违章操作造成事故的责任者，必须给予一定的经济制裁，情节严重的还要给予行政纪律处分，触犯法律的还要追究法律责任。对一贯遵章守纪、重视安全生产、成绩显著或者在预防事故等方面做出贡献的，要给予奖励，做到奖罚分明，充分调动广大职工的积极性。

10.4.2.3　安全生产的目标管理

施工现场应实行安全生产目标管理，制定总的安全目标，如伤亡事故控制目标、安全达标、文明施工目标等。制定达标计划，将目标分解到人，责任落实、考核到人。

10.4.2.4　安全施工技术操作规程

施工现场要建立健全各种规章制度，除安全生产责任制外，还包括安全技术交底制度、安全宣传教育制度、安全检查制度、安全设施验收制度、伤亡事故报告制度等。

施工现场应制定与本工地有关的各工序、各工种和各类机械作业的施工安全技术操作规程和施工安全要求，做到人人知晓，熟练掌握。

10.4.2.5　施工现场安全管理网络

施工现场应该设安全专（兼）职人员或安全机构，主要任务是负责施工现场的安全监督检查。安全员应按建设部的规定，每年集中培训，经考试合格才能上岗。

施工现场要建立以项目经理为组长、由各职能机构和分包单位负责人和安全管理人员参加的安全生产管理小组，组成自上而下覆盖各单位、各部门、各班组的安全生产管理网络。

要建立由工地领导参加的包括施工员、安全员在内的轮流值班制度，检查监督施工现场及班组安全制度的贯彻执行，并做好安全值班记录。

10.4.3 安全生产检查

10.4.3.1 安全检查内容

施工现场应建立各级安全检查制度，工程项目部在施工过程中应组织定期和不定期的安全检查；主要是查思想、查制度、查教育培训、查机械设备、查安全设施、查操作行为、查劳保用品的作用、查伤亡事故处理等。

10.4.3.2 安全检查的要求

（1）各种安全检查都应该根据检查要求配备力量。特别是大范围、全面性安全检查，要明确检查负责人，抽调专业人员参加检查，并进行分工，明确检查内容、标准及要求。

（2）每种安全检查都应有明确的检查目的和检查项目、内容及标准。重点、关键部位要重点检查。对大面积、数量多或内容相同的项目，可采取系统观感和一定数量测点相结合的检查方法。对现场管理人员和操作工人不仅要检查是否有违章作业行为，还应进行应知、应会知识的抽查，以便了解管理人员及操作工人的安全素质。

（3）检查记录是安全评价的依据，要认真、详细记录。特别是对隐患的记录必须具体，如隐患的部位、危险性程度及处理意见等。采用安全检查评分表的，应记录每项扣分的原因。

（4）安全检查需要认真、全面地进行系统分析，定性定量地进行安全评价。哪些检查项目已达标；哪些检查项目虽然基本上达标，但还有哪些方面需要进行完善；哪些项目没有达标，存在哪些问题需要整改。受检单位（即使本单位自检也需要安全评价）根据安全评价可以研究对策，进行整改和加强管理。

（5）整改是安全检查正作重要的组成部分，是检查结果的归宿。整改工作包括隐患登记、整改、复查、施案等。

10.4.3.3 施工安全文件的编制要求

施工安全管理的有效方法，是按照施工安全管理的相关标准、法规和规章，编制安全管理体系文件。编制的要求有：

（1）安全管理目标应与企业的安全管理总目标协调一致。

（2）安全保证计划应围绕安全管理目标，将要素用矩阵图的形式，按职能部门（岗位）进行安全职能各项活动的展开和分解，依据安全生产策划的要求和结果，对各要素在本现场的实施提出具体方案。

（3）体系文件应经过自上而下、自下而上的多次反复讨论与协调，以提高编制工作的质量，并按标准规定，由上报机构对安全生产责任制、安全保证计划的完整性和可行性、工程项目部满足安全生产的保证能力等进行确认，建立并保存确认记录。

（4）安全保证计划应送上级主管部门备案。

（5）配备必要的资源和人员，首先应保证工作需要的人力资源、设施、设备，并综合考虑成本、效益和风险的财务预算。

（6）加强信息管理，日常安全监控和组织协调。通过全面、准确、及时地掌握安全管理信息，对安全活动过程及结果进行连续的监视和验证，对涉及体系的问题与矛盾进行协调，促进安全生产保证体系的正常运行和不断完善，形成体系的良性循环运行机制。

（7）由企业按规定对施工现场安全生产保证体系运行进行内部审核、验证和确认，保证体系的完整性、有效性和适合性。

为了有效、准确、及时地掌握安全管理信息，可以根据项目施工的对象特点，编制安全检查表。

10.4.3.4　检查和处理

（1）检查中发现隐患应登记，作为整改备查依据，提供安全动态分析信息。根据隐患记录的信息流，可以制定指导安全管理的决策。

（2）安全检查中查出的隐患除登记外，还应发出隐患整改通知单，引起整改单位的重视。凡是有即发性事故危险的隐患，检查人员应责令停工，被查单位必须立即整改。

（3）对于违章指挥、违章作业行为，检查人员可以当场指出，进行纠正。

（4）被检查单位领导对查出的隐患，应立即研究整改方案，按照"三定"原则（即定人、定期限、定措施），立即进行整改。

（5）整改完成后要及时报告有关部门。有关部门要立即派人员进行复查，经复查整改合格后，进行销案。

10.4.4　安全生产教育

10.4.4.1　安全教育的内容

（1）新工人（包括合同工、临时工、学徒工、实习和代培人员）必须接受公司、工地和班组的三级安全教育。教育内容包括安全生产方针、政策、法规、标准及安全技术知识、设备性能、操作规程、安全制度、严禁事项等。

（2）电工、焊工、架工、司炉工、爆破工、起重工、打桩机和各种机动车辆司机等特殊工种工人，除接受一般安全教育外，还要接受本工种的专业安全技术教育。

（3）采用新工艺、新技术、新设备施工和调换工作岗位时，要对操作人员进行新技术、新岗位的安全教育。

10.4.4.2　安全教育的种类

（1）安全法制教育。对职工进行安全生产、劳动保护方面的法律、法规的宣传教育，使其从法制角度认识安全生产的重要性，要通过学法、知法来守法。

（2）安全思想教育。对职工进行深入细致的思想政治教育，使职工认识到安全生产是一项关系到国家发展、社会稳定、企业兴旺、家庭幸福的大事。

（3）安全知识教育。安全知识也是生产知识的重要组成部分，可以结合起来交叉进行教育。教育内容包括企业的生产基本情况、施工流程、施工方法、设备性能、各种不安全因素、预防措施等。

（4）安全技能教育。教育的侧重点是安全操作技术，结合本工种特点、要求，为培养职工的安全操作能力而进行的一种专业安全技术教育。

（5）事故案例教育。通过对一些典型事故进行原因分析、事故教训及预防事故发生所采取的措施来教育职工。

10.4.4.3　特种作业人员的培训

根据国家经济贸易委员会《特种作业人员安全技术培训考核管理办法》的规定，特种作业是指容易发生人员伤亡事故，对操作者本人、他人及周围设施的安全有重大危害的作业。从事这些作业的人员必须接受专门培训和考核。经考试合格后，颁发特种工作作业证，持证上岗。

与建筑业有关的作业种类主要有：①电工作业；②金属焊接切割作业；③起重机械（含电梯）作业；④企业内机动车辆驾驶；⑤登高架设作业；⑥压力容器操作；⑦爆破作业。

10.4.4.4　安全生产的经常性教育

施工企业在做好新工人入场教育、特种作业人员安全生产教育和各级领导干部、安全管理干部的安全生产教育的同时，还必须把经常性的安全教育贯穿于管理工作的全过程，并根据接受教育对象的不同特点，通过多层次、多渠道的多种方法进行。

10.4.4.5　班前的安全活动

班组长在班前进行上岗交底、上岗检查，做好上岗记录。

（1）上岗交底。对当天的作业环境、气候情况、主要工作内容和各个环节的操作安全要求以及特殊工种的配合等进行交底。

（2）上岗检查。查上岗人员的劳动防护情况，每个岗位周围作业环境是否安全无患，机械设备的安全保险装置是否完好有效，以及各类安全技术措施的落实情况等。

10.5　工程招投标与合同管理

工程建设实行招标投标，在建筑行业中引进了竞争机制，有助于施工企业提高经营管理水平、采用先进技术和方法、保证工程质量、提高投资效果。招标投标是确定工程建设承发包关系的一种方式，必须遵循《中华人民共和国招标投标法》。

10.5.1　施工招标

施工招标由建设单位或由建设单位委托授权的机构主持。建设工程招标应具备以下条件：

（1）招标人已经依法成立。

（2）初步设计及概算应当履行审批手续的，已经批准。

（3）招标范围、招标方式和招标组织形式等应当履行核准手续的，已经核准。

（4）有相应资金或资金来源已经落实。

（5）有招标所需的设计图纸及技术资料。

根据竞争程度来分，建设工程招标的方式一般有以下几种：

（1）公开招标。公开招标亦称为无限竞争性招标，是指招标人以招标公告的方式邀请不特定的法人或者其他组织投标。建设工程项目一般应采用公开招标方式。

（2）邀请招标。邀请招标亦称为有限招标，是指招标人以投标邀请书的方式邀请特定的法人或者其他组织投标。

有下列情形之一的，经批准可以进行邀请招标：

1）项目技术复杂或有特殊要求，只有少量几家潜在投标人可供选择的。

2）受自然地域环境限制的。

3）涉及国家安全、国家秘密或者抢险救灾，适宜招标但不宜公开招标的。

4）拟公开招标的费用与项目的价值相比，不值得的。

5）法律、法规规定不宜公开招标的。

施工招标的范围，可以是一个建设项目的全部工程，也可以是单项工程、专项工程乃至分部分项工程；可以是包工包料，也可以是包工、部分包料或包工不包料。

施工招标过程如图 10-9 所示，大致经历招标准备、招标和开标决标三个阶段。

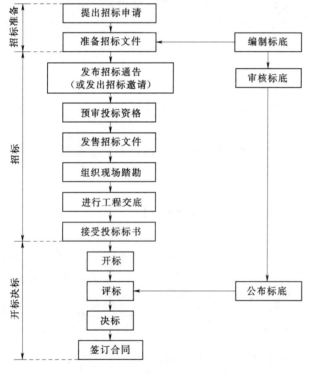

图 10-9　施工招标过程

10.5.1.1　招标文件

招标文件是发包单位为了选择承包单位对标的所作的说明，是承发包双方建立合同协议的基础。

具备施工条件的工程项目，由建设单位向主管部门提出招标申请，经批准后，就可着手招标文件的准备。建设单位可以自行准备，也可委托咨询机构或其他单位代办。其主要内容如下：

（1）工程综合说明。介绍工程概况，包括工程名称、规模、地址、工程内容、建设工期和现有的基本条件，如场地、交通、水电供应、通信设施等，使投标单位对拟建项目有基本了解。

（2）工程设计和技术说明。用图纸和文字说明，介绍工程项目的具体内容和它们的技术质量要求，明确工程适用的规程规范，以便投标单位能够据此拟定工程施工方案和施工进度等技术组织措施。

（3）工程量清单和单价表。工程量清单和单价表是投标单位计算标价、确定报价和招标单位评定标书的重要依据，必须列清。通常以单项工程或单位工程为对象，按分部分项列出实物工程量，简要说明其计算方法、技术要点和单价组成。工程量清单由招标单位提出，单价则由投标单位填列。

（4）材料供应方式。明确工程所需各类建筑材料由谁负责供应，如何组织供应，如何计价、调价等问题。

（5）工程价款支付方式。说明工程价款结算程序和支付方式。

（6）投标须知。为了避免由于投标手续不完备而造成废标，招标单位通常在投标须知中告诉投标单位在填写标书和投送标书时应注意的事项，如废标条件、决标优惠条件、现场勘察和解答问题的安排，投标截止日期及开标时间、地点等。

（7）合同主要条件。为了使投标单位明确承包工程以后应承担的义务和责任及应享有的权利，并为合同谈判提供基础，招标文件应列出合同条件，其主要项目有：

1）合同依据的法律、法规。

2）合同项目及工作内容。

3）承包方式。

4）开工、竣工日期。

5）技术资料供应内容和时间。

6）施工准备工作。

7）材料供应和价款结算办法。

8）工程价款结算办法。

9）工程质量和验收标准。

10）工程变更程序和责任；停工、窝工损失和处理办法；提前竣工和拖延工期的奖罚；竣工验收和最终结算办法；保修的责任和费用；工程分包办法等。

10.5.1.2 标底

标底是招标工程的预期价格，是上级主管部门核实建设规模，建设单位预计工程造价和衡量投标单位标价的依据。

制定标底是一项重要的招标准备工作，必须严肃认真且按科学方法来编制。

《中华人民共和国招标投标法》要求："工程施工招标的标底，在批准的概算或修正概算以内，由招标单位确定"。招标单位可以自行组织力量，也可以委托咨询机构或设计机构进行标底制定。

制定好的标底，经核实后，应报主管部门备案。在开标以前，要严格保密。泄漏标底，应严肃处理，甚至追究法律责任。

10.5.1.3 招标

招标申请经主管部门批准，招标文件准备好以后，就可以开始招标。

招标阶段要进行的工作包括：发布招标消息；接受投标单位的投标申请；对投标单位进行资格预审；发售招标文件，组织现场踏勘、工程交底和答疑；接受投标单位递送的标书等。

1. 招标文件与资格预审文件的出售

（1）招标人应当按招标公告或者投标邀请书规定的时间、地点出售招标文件或资格预审文件。自招标文件或者资格预审文件出售之日起至停止出售之日止，最短不得少于5个工作日。

（2）对招标文件或者资格预审文件的收费应当合理，不得以营利为目的。对于所附的设计文件，招标人可以向投标人酌收押金；对于开标后投标人退还设计文件的，招标人应当向投标人退还押金。

（3）招标文件或者资格预审文件售出后，不予退还，招标人在发布招标公告、发出投标邀请书后或者售出招标文件或资格预审文件后不得擅自终止招标。

招标单位在接到投标单位的投标申请和填报的投标单位情况调查表并交验有关证件以后，应进行资格预审，当确认他们的投标资格以后，才发售招标文件。

2．资格预审的要求

（1）资格预审应主要审查潜在投标人或者投标人是否符合下列条件：具有独立订立合同的权利；具有履行合同的能力，包括专业、技术资格的能力，资金、设备和其他物质设施情况，管理能力，经验、信誉和相应的从业人员；没有处于被责令停业，投标资格被取消，财产被接管、冻结，破产状态；在最近三年内没有骗取中标和严重违约及重大工程质量问题；法律、行政法规规定的其他资格条件。

（2）资格预审时，招标人不得以不合理的条件限制、排斥潜在投标人或者投标人，不得对潜在投标人或者投标人实行歧视待遇。任何单位和个人不得以行政手段或者其他不合理方式限制投标人的数量。

对于邀请投标的单位，一般不进行资格预审，而是在评标时一并审查。

招标单位发出招标文件以后，要邀集投标单位到现场进行踏勘，统一进行工程交底，说明工程的技术质量要求、验收标准、工期要求、供料情况、材料款和工程款结算支付办法以及投标注意事项等。此时，投标单位如有疑问，可用书面或口头方式在交底时提出，招标单位应公开作出答复，并以书面记录印发给各投标单位，作为招标文件的补充。为了公平竞争，在开标以前，招标单位与投标单位不应单独接触解答任何问题。

10.5.1.4　开标

（1）开标的时间和地点。开标应当在招标文件确定的提交投标文件截止时间的同一时间公开进行；开标地点应当为招标文件中确定的地点。

（2）废标的条件。

1）逾期送达的或者未送达指定地点的。

2）未按招标文件要求密封的。

3）无单位盖章并无法定代表人或法定代表人授权的代理人签字或盖章的。

4）未按规定的格式填写，内容不全或关键字迹模糊、无法辨认的。

5）投标人递交两份或多份内容不同的投标文件，或在一份投标文件中对同一招标项目报有两个或多个报价，且未声明哪一个有效（按招标文件规定提交备选投标方案的除外）。

6）投标人名称或组织机构与资格预审时不一致的。

7）未按招标文件要求提交投标保证金的。

8）联合体投标未附联合体各方共同投标协议的。

开标由招标单位主持，投标单位、当地公证机关和有关部门代表参加。

经公证人确认标书密封完好，封套书写符合规定，当众由工作人员一一拆封，宣读标书要点，如标价、工期、质量保证、安全措施等，逐项登记，造表成册，经读标人、登记人、公证人签名，作为开标正式记录，由招标单位保存。

投标以后，如果全部投标单位的报价超出标底过多，招标单位可以宣布本次投标无效，另行组织招标。

10.5.1.5 评标决标

开标以后，首先从投标手续、投标资格等方面排除无效标书，并经公证人员确认，然后由评标委员会就标价、工期、质量保证、技术方案、信誉、财务保证等方面进行审查评议。

为了保护竞争，应公布评审原则和标准，公平对待所有有效标书。若有优惠政策，应在招标通告或投标须知中事先说明。

评标委员会成员为 5 人以上单数，且技术经济专家占 2/3 以上，应从专家库随机抽取。

评标以后，通常按标价由低到高列出名单，并写出评价报告，评标委员会推荐的中标候选人应当限定在 1～3 人，并标明排列顺序。供招标单位抉择。

从开标到决标的期限常无定规，一般为 5～15 天，也有更长的。

决标以后，应立即向中标单位发出中标通知，并通知未中标单位领回标书、投标保证金（投标保函）。

中标通知发出以后，承发包双方应约定时间（不超过 30 天）就施工合同进行磋商，达成协议后，正式签订合同，招标工作即告结束。

10.5.2 施工投标

施工单位在获知招标信息或得到招标邀请以后，应根据工程的建设条件、工程质量要求和自身的承包能力等主客观因素，首先决定是否参加投标，这是把握投标机会、制定投标策略的重要一步。

在决定参加投标以后，为了在竞争的投标环境中取得较好的结果，必须认真做好各项投标工作，主要包括：建立或组成投标工作机构；按要求办理投标资格审查；取得招标文件；仔细研究招标文件；弄清投标环境，制定投标策略；编制投标文件；按时报送投标文件；参加开标、决标过程中的有关活动。

10.5.2.1 投标工作机构

为了适应招标投标工作的需要，施工企业应设立投标工作机构，平时掌握建筑市场动态，积累有关资料；遇有招标项目，可迅速组成投标小组，开展投标活动。投标工作机构应由企业领导以及熟悉招投标业务的技术、计划、合同、预算和供应等方面的专业人员组成。

投标工作班子的成员不宜过多，最终决策的核心人员宜限制在企业经理、总工程师和合同预算部门负责人范围之内，以利投标报价的保密。

10.5.2.2 研究招标文件

仔细研究招标文件，弄清其内容和要求，以便全面部署投标工作。研究的重点通常放在以下几个方面：

（1）研究工程综合说明，了解工程轮廓全貌。

（2）详细研究设计图纸和技术说明，如工程布置，各建筑物和各部件的尺寸以及对材料品种规格的要求，各种图纸之间的关系和技术要求的说明等。弄清这些问题，有助于合理选择施工方案，正确拟定投标报价。

（3）研究合同条件，明确中标后合同双方的责任和权利。

（4）熟悉投标须知，明确投标手续和进程，避免造成废标。

（5）分析疑点，提出需要招标单位澄清的问题。

10.5.2.3　弄清投标环境

投标环境主要是指投标工程的自然、经济、社会条件以及投标合作伙伴、竞争对手和谈判对手的状况。弄清这些情况对正确估计工程成本和利润，权衡投标风险，制定投标策略，都有重要作用。投标单位除了通过招标文件弄清其中一部分情况外，还应有准备、有目的地参加由招标单位组织的现场踏勘和工程交底活动，切实掌握施工条件。此外，还可通过平时收集的情报资料，对可能的合作伙伴、竞争对手和谈判对手作出透彻的分析。

10.5.2.4　制定投标策略

施工企业为了在竞争的投标活动中，取得满意的结果，必须在弄清内外环境的基础上，制定相应的投标策略，借以指导投标过程中的重要活动。例如，在决定标价时的报价策略，进行谈判时的谈判策略等，这对是否能够中标以及中标以后盈利多少，要承担多大风险等至关重要的问题，常起决定性作用。

10.5.2.5　编制投标文件

编制投标文件是投标过程中的一项重要工作，时间紧，工作量大，要求高。它是能否中标的关键，必须加强领导，组织精干力量，认真编制。

参加文件编制的人员必须明确企业的投标宗旨，掌握工程的技术要求和报价原则，熟悉计费标准，了解本单位的竞争能力和对手的竞争水平，并能做好保密工作。

投标文件的主要内容应包括：施工组织设计纲要，工程报价计算，投标文件说明和附表等。

在施工组织设计纲要中，要提出切实可行的施工方案，先进合理的施工进度，紧凑协调的施工布置，以期在施工方法、质量安全、工期进度乃至文明施工等方面，对招标单位产生吸引力。如果在提前竣工、节省投资等方面，准备提出一些夺标的优惠条件，也可在纲要中反映，当然，这些优惠条件也可作为投标策略，在适当时机提出。

在报价计算中，要提出拟向招标单位报送的标价及其计算明细表。报价的高低对于能否中标和企业盈亏，有决定性影响。

10.5.3　施工合同

10.5.3.1　施工合同的概念

施工合同即建筑安装工程承包合同，是建设单位（发包方）和施工单位（承包方）为完成商定的建筑安装工程，明确相互之间权利、义务关系的合同。

施工合同的当事人是建设单位（业主、发包方）和施工单位（承包方）。承发包双方签订施工合同，必须具备相应的资质条件和履行合同的能力。

10.5.3.2　施工合同的特点

（1）合同标的特殊性。施工合同的标的是各类建筑产品。建筑产品是不动产，其基础部分与大地相连，不能移动，决定了每个施工合同的标的都是特殊的，相互间具有不可替代性，即建筑产品是单体性生产，决定了施工合同标的特殊性。

（2）合同履行期限的长期性。建筑物的施工由于结构复杂、体积大、建筑材料类型多、工作量大，一般工期都较长。而合同履行期限肯定要长于施工工期，因为工程建设的施工应当在合同签订后才开始，且需加上合同签订后到正式开工前的施工准备时间和工程全部竣工验收后，办理竣工结算及保修期的时间。在工程的施工过程中，还可能因为不可抗力、工程变更、材料供应不及时等原因而导致工期拖延。所有这些情况，决定了施工合同的履行期限具有长期性。

（3）合同内容的多样性和复杂性。虽然施工合同的当事人只有两方（这一点与大多数合同相同），但其涉及的主体较多。与大多数经济合同相比较，施工合同的内容多样而复杂，履行期限长，标的额大，涉及的法律关系包括了劳动关系、保险关系、运输关系等。这就要求施工合同的条款应当尽量详尽。施工合同除了应具备经济合同的一般条款外，还应对安全施工、专利技术使用、地下障碍和文物、工程分包、不可抗力、工程变更、材料设备供应、运输、验收等内容作出规定。

（4）合同管理的严格性。施工合同的履行会对国家、社会、公民产生较大的、长期的影响，国家对施工合同的管理十分严格。在合同签订、履行管理中应遵循主管工商部门、金融概构，建设行政主管机关对合同履行的监督和管理。

10.5.3.3 施工合同的作用

（1）明确建设单位和施工企业在施工中的权利和义务。施工合同一经签订，即具有法律效应，施工合同明确了建设单位（发包方）和施工企业（承包方）在工程施工中的权利和义务，这是双方在履行合同过程中的行为准则。双方应认真履行各自的义务，任何一方无权随意变更或解除施工合同；任何一方违反合同规定的内容，都必须承担相应的法律责任。

（2）有利于对工程施工的管理。合同当事人（发包方和承包方）对工程施工的管理应以合同为依据，这是毫无疑问的。同时，有关的国家机关、金融机构对工程施工的监督和管理也以施工合同为重要依据。

（3）有利于建筑市场的培育和发展。在市场经济条件下，合同是维系市场运转的主要因素。因此，培育和发展建筑市场，首先要培育合同（契约）意识。推行建设监理制度、实行招标投标制等，都以签订施工合同为基础。

（4）有利于维护合同双方的合法利益。

10.5.3.4 订立施工合同应遵守的原则

（1）遵守国家法律、法规和计划的原则。订立施工合同，必须遵守国家的法律、法规，也应遵守国家的建设计划和其他计划（如贷款计划等）。特别需要说明的是，《中华人民共和国招标投标法》规定：签订施工合同，必须按照招标文件和中标人的投标文件，明确约定合同条款。

（2）平等互利、协商一致的原则。签订施工合同的当事人，都具有平等的法律地位，任何一方都不得强迫对方接受不平等的合同条件。合同的内容应当是互利的，不能单纯损害一方的利益。协商一致则要求施工合同必须是双方协商一致达成的协议，并且应当是当事人双方真实意思的表示。

10.5.3.5 订立施工合同的程序

施工合同作为经济合同的一种，其订立也应经过要约和承诺两个阶段。如果没有特殊的情况，工程建设的施工都应通过招标投标确定施工企业。

中标的施工企业应当与建设单位及时签订合同。依照《中华人民共和国招标投标法》和招标文件的规定，中标通知书发出后规定的时间内，中标单位应与建设单位依据招标文件、投标书等签订工程承发包合同。签订合同的必须是中标的施工企业，投标书中已确定的合同条款在签订时不得更改，合同价应与中标价相一致。如果中标的施工企业拒绝与建设单位签订合同，则建设单位将不再返还其投标保证金，按照招标文件和中标人的投标文件的相关条款给予一定的处罚。

10.5.4 施工合同的履行和管理

10.5.4.1 施工合同的履行

施工合同的履行是指合同当事人根据合同规定的各项条款，实现各自权利、履行各自义务的行为。施工合同一旦生效，对双方当事人均有法律约束力，双方当事人应当严格履行。

施工合同的履行要求合同当事人必须按合同规定的标的执行。由于工程建设具有不可替代性、较强的计划性、建设标准的强制性，遵循以上原则显得尤为重要。合同当事人不能以支付违约金来替代合同的履行。

施工合同的工程竣工、验收和竣工结算是合同履行的三个基本环节。

（1）工程竣工必须在施工合同约定的期限条款、数量条款和质量条款相互结合的前提下进行。承包方必须同时严格遵守合同约定的时间、数量、质量等条款。只有同时符合以上条款的要求，才能视为承包方已履行施工合同的规定。

（2）工程竣工后，应组织竣工工程验收。竣工工程应当根据施工合同规定的施工及验收规范和质量评定标准，由发包方组织验收。验收合格后由当事人双方签署工程验收证明。

（3）竣工结算应根据施工合同规定在工程竣工验收后一定期限内，按照经办银行的结算办法进行。在工程价款未全部结算拨付前承包方不能交付工程，即可对工程实施留置。在全部结算并拨付工程款后，根据合同规定的期限，承包方向发包方交付工程，以完成施工合同履行的最后步骤。

10.5.4.2 合同双方的责任与义务

1. 施工承包合同中发包方的责任与义务

发包人最主要的责任与义务包括：

（1）提供具备施工条件的施工现场和施工用地。

（2）提供其他施工条件，包括将施工所需水、电、通信线路从施工场地外部接至专用条款约定地点，并保证施工期间的需要，开通施工场地与城乡公共道路的通道，以及专用条款约定的施工场地内的主要道路，满足施工运输的需要，保证施工期间的畅通。

（3）提供有关水文地质勘探资料和地下管线资料，提供现场测量基准点、基准线和水准点及有关资料，以书面形式交给承包人，并进行现场交验，提供图纸等其他与合同工程有关的资料。

（4）办理施工许可证及其他施工所需证件、批件和临时用地、停水、停电、中断道路交通、爆破作业等的申请批准手续（证明承包人自身资质的证件除外）。

（5）协调处理施工场地周围地下管线和邻近建筑物、构筑物（包括文物保护建筑）、古树名木的保护工作、承担有关费用。

（6）组织承包人和设计单位进行图纸会审和设计交底。

（7）按合同规定支付合同价款。

（8）按合同规定及时向承包人提供所需指令、批准等。

（9）按合同规定主持和组织工程的验收。

2. 施工承包合同中承包方的责任与义务

承包方的主要责任和义务包括：

（1）根据发包人委托，在其设计资质等级和业务允许的范围内，完成施工图设计或与工程配套的设计，经工程师确认后使用，发包人承担由此发生的费用。

（2）按合同要求的质量完成施工任务。

（3）按合同要求的工期完成并交付工程。

（4）遵守政府有关主管部门对施工场地交通、施工噪声以及环境保护和安全生产等的管理规定，按规定办理有关手续，并以书面形式通知发包人，发包人承担由此发生的费用，因承包人责任造成的罚款除外。

（5）按专用条款约定的数量和要求，向发包人提供施工场地办公和生活的房屋及设施，发包人承担由此发生的费用。

（6）负责保修期内的工程维修。

（7）接受发包人、工程师或其代表的指令。

（8）负责工地安全，看管进场材料、设备和未交工工程。

（9）负责对分包的管理，并对分包方的行为负责。

（10）按专用条款约定做好施工场地地下管线和邻近建筑物、构筑物（包括文物保护建筑）、古树名木的保护工作。

（11）安全施工，保证施工人员的安全和健康。

（12）按时参加各种检查和验收。

10.5.4.3　施工合同的管理

施工合同的管理，是指各级工商行政管理机关、建设行政主管机关和金融机构以及工程发包单位、社会监理单位、承包企业等依照法律和行政法规、规章制度，采取法律的、行政的手段，对施工合同关系进行组织、指导、协调及监督，保护施工合同当事人的合法权益，处理施工合同纠纷，防止和制裁违法行为，保证施工合同法规的贯彻实施等一系列活动。

（1）施工合同的签订管理。承包方中标后，在施工合同正式签订前与发包方进行谈判。当使用"示范文本"时，同样需要逐条与发包方谈判，双方意见达成一致后，即可正式签订合同。

（2）施工合同的履行管理。在合同履行过程中，为确保合同各项要求的顺利实现，承包方需建立一套完整的施工合同管理制度。主要有：

1）检查制度。承包方应建立施工合同履行的监督检查制度，通过检查发现问题，督促有关部门和人员改进工作。

2）奖惩制度。奖优罚劣是奖惩制度的基本内容，建立奖惩制度有利于增强有关部门和人员在履行施工合同中的责任心。

3）统计考核制度。这是运用科学的方法，利用统计数字，反馈施工合同的履行情况。通过对统计数字的分析，总结经验，找出教训，为企业的经营决策提供重要依据。

（3）施工合同的档案与信息管理。施工企业在生产过程中产生大量的工程管理信息与文档，做好施工合同归档与信息管理工作对指导生产、安排计划，具有重要作用。

10.5.5　施工索赔管理

10.5.5.1　施工索赔的概念

索赔是当事人在合同实施过程中，根据法律、合同规定及惯例，对并非由于自己的过错，而应由对方承担责任的情况所造成的损失，向对方提出给予补偿或赔偿的权利要求。索赔是相互的、双向的。承包人可以向发包人索赔，发包人也可以向承包人索赔。

在工程建设的各个阶段，都有可能发生索赔。但发生索赔最集中、处理难度最大、最复杂的情况常发生在施工阶段，因此人们常说的工程建设索赔主要是指工程施工的索赔。索赔的内容为费用和工期。

施工索赔是法律和合同赋予当事人的正当权利。施工企业应当树立起索赔意识，重视索赔、善于索赔。索赔的性质属于经济补偿行为，而不是惩罚。索赔的损失结果与被索赔人的行为并不一定存在法律上的因果关系。索赔工作是承发包双方之间经常发生的管理业务，是双方合作的方式，而不是对立。

10.5.5.2　索赔与工程变更的关系

变更（设计等的变更）有时会发生索赔，但变更并不一定带来索赔。索赔与变更是既有联系也有区别的两个概念。

（1）索赔与变更的相同点。对索赔和变更的处理往往都是由于施工企业完成了工程量表中没有约定的工作，或者在施工过程中发生了意外事件，需要施工单位额外处理时，由建设单位或者监理工程师按照合同的有关规定给予施工企业一定的费用补偿或者批准展延工期。

（2）索赔与变更的区别。变更是建设单位或者监理工程师提出变更要求（指令）后，主动与施工企业协商确定一个补偿额付给施工企业；而索赔则是施工企业根据法律和合同的规定，对它认为有权得到的权益，主动向建设单位提出的要求。

10.5.5.3　施工索赔的起因

索赔起因很多，归结起来主要有以下几类：

（1）建设单位违约。包括发包人和工程师没有履行合同责任，没有正确地行使合同赋予的权力，工程管理失误，不按合同支付工程款等。

（2）合同文件的缺陷。合同文件由于在起草时的不慎，可能本身就存在缺陷，这种缺陷也可能存在于技术规范和图纸中。由于此类缺陷给施工企业造成费用增加、工期延长的损失，施工企业有权提出索赔。

（3）合同变更。合同变更的表现形式非常多，如设计变更、追加或取消某些工作、施工方法变更、合同规定的其他变更等。

（4）不可抗力事件。不可抗力事件是指当事人在订立合同时不能预见，对其发生和后果不能避免并不能克服的事件。如恶劣的气候条件、地震、洪水、战争状态、禁运等。不可抗力事件的风险承担应当在合同中约定，承担方可以向保险公司投保。根据工程惯例，不可抗力事件造成的时间及经济损失，应由双方按以下方法分别承担：

1）工程本身的损害，因工程损害导致第三方人员伤亡和财产损失以及运至施工场地用于施工的材料和待安装的设备的损害，由发包人承担。

2）发包人、承包人人员伤亡由其所在单位负责，并承担相应费用。

3）承包人机械设备损坏及停工损失，由承包人承担。

4）停工期间，承包人应工程师要求留在施工场地的必要的管理人员及保卫人员的费用由发包人承担。

5）工程所需清理、修复费用，由发包人承担。

6）延误的工期相应顺延。

10.5.5.4 索赔成立的条件

索赔成立的条件如下：

（1）与合同对照，事件已造成了承包人工程项目成本的额外支出，或直接工期损失。

（2）造成费用增加或工期损失的原因，按合同约定不属于承包人的行为责任或风险责任。

（3）承包人按合同规定的程序和时间提交索赔意向通知和索赔报告。

以上三个条件必须同时具备，缺一不可。

10.5.5.5 施工索赔的程序

（1）陈述索赔理由。发生了上述索赔起因，都有可能成为正当的索赔理由。从施工企业索赔管理的角度看，应当积极寻找索赔机会。要有正当的索赔理由，必须具有索赔起因发生时的有关证据，靠证据说话。因此，索赔管理必须与工程建设管理有机地结合起来。

（2）发出索赔通知。索赔事件发生后 28 天内，施工企业应向监理单位发出索赔通知。施工企业在索赔事件发生后，应立即着手准备索赔通知。索赔通知是合同管理人员在其他管理职能人员配合和协助下起草的。索赔通知应包括施工企业的索赔要求和支持这个要求的有关证据。证据应当详细和全面，但不能因为证据的收集而影响索赔通知的按时发出，因为通知发出后，施工企业还有补充证据的机会。

（3）批准索赔。监理单位在接到索赔通知后应在规定的时间内予以说明索赔是否成立、索赔的数额是否恰当，或要求施工企业进一步补充索赔理由和证据。

附 录 安 全 手 册

风机安装、调试、操作和保养维修期间都必须严格遵守安全规章。

开展各项工作之前请认真仔细阅读以下内容：

（1）变频器调试说明书。

（2）必须委派一名安全监理，负责现场安全事项，安全监理由项目经理兼任。

（3）安全监理必须十分熟悉当地关于安全的法律规章。

（4）安装过程从吊装到移交文件，安全监理都有责任确保每个参与人员都得到了合适的培训和指导，并且准确理解了下面的安全介绍。

（5）安装之前安全监理必须召开会议宣布安全措施。

一、一般安全注意事项

严格遵守以下一般安全注意事项：

（1）仅经批准的人员才能参与。

（2）只有经过培训且合格的人员才能进入现场和风机内。

（3）在进入或离开风机现场之前，所有人员必须通知负责人。

（4）风机内严禁吸烟。

（5）禁止受酒精、非法物品或药品影响的人靠近风机。

（6）一切废弃物必须在适当的垃圾箱或提供的容器内进行处理。

（7）严禁在风机现场焚烧垃圾或其他材料。

（8）在现场指定工作区以外禁止使用明火。

（9）在现场或风机内动火必须办理动火证，经批准后在保证安全的前提下进行。

（10）调试时必须办理电气工作票方可进行。

（11）雷暴期间，禁止人员位于风机位置处或其附近。

（12）为避免混乱和危险情况，项目经理对每项工作都应安排两个人为一队，并配备对讲机和手机。

（13）在不涉及电工作业以及塔筒第二节、第三节内、机舱内、发电机内和轮毂内的特殊情况下，可允许厂家调试人员进行单独作业，单个工作人员和底部人员之间必须时刻保持联系。

（14）在工作期间，时刻保证通信工具完好和无障碍联系。

（15）现场人员应预料所发生的情况，并小心行事。

（16）现场每位人员必须首先时刻注意其自身安全。

（17）现场每位人员也应对其他服务人员的安全负责。

（18）所有人员都必须穿戴安全帽、安全靴、耳塞和手套。

（19）在风机顶部或内部以及高于地面2m的地方工作必须系安全绳。

（20）特殊工种需要特殊的防护设备（磨削、气割和焊接）。

（21）安装、操作和保养维修使用合适的工具装备。

（22）每一队必须配备一台对讲机或移动电话。

（23）确保吊机底下无人，确保任何时候吊机上没有物品下落。

（24）雷雨天气或空气中高静电的时候不要进入或靠近风机。

（25）通过塔筒和机舱内部的舱口后，关闭好舱口门。

（26）电气系统连接时，关闭电源。

（27）进入轮毂之前，用机械锁定好轮毂。

（28）仅授权人员可以打开电气柜。

（29）绝对不能忽略机械安全装置。

（30）不要在设备内遗留安装工具和清洁工具。

（31）在任何电路上开展工作前，必须切断电源并用个人闭锁装置或标示牌保证其安全。进行电工作业前，使带电导线断电并始终有效的五条通用规则为：

1）确保不会重启。

2）验证为零电压。

3）接地和短路。

4）在工作区附近盖好带电导线。

5）标记工作区。

二、吊装安全总则

（1）所有进场参加风机吊装作业人员，必须进行三级安全教育培训，并经考试合格，方可上岗。

（2）凡是参加高处作业的人员应进行体格检查，经医生诊断患有不宜从事高处作业病症的人员不得参加高处作业。

（3）每人必须佩戴个人防护用具（安全帽、安全靴和手套等），在风机内或风机顶部以及离地2m以上工作时，必须佩安全带，安全带应钩挂在作业点上方的牢固可靠处，高处作业人员应衣着灵便，衣袖、裤角应扎紧，穿软底鞋。特殊工作要求佩戴特殊防护装置（磨削、气割和焊接）。

（4）高处作业人员应配带工具袋，较大的工具应系保险绳，传递物品应用传递绳，严禁抛掷。

（5）遇有六级以上大风或恶劣气候时应停止露天高处作业，在雨天进行高处作业时，应采取防滑措施。

（6）起重工作区内无关人员不得停留或通过。

（7）起吊前应检查起重设备及其安全装置。

（8）起吊物应绑牢，并有防止倾倒措施。严禁偏拉斜吊，吊物未固定好，严禁松钩。

（9）起重机的操作人员必须经培训考试取得合格证，方可上岗。

（10）当地面平均风速超过 10m/s，或阵风速超过 12m/s 时，不得进行风机各部件的吊装作业。

（11）进行塔筒下段吊装时，引导基础螺栓进入塔筒时，切勿把手放在螺栓杆上。一旦螺栓对准螺孔，塔筒将迅速落下。

（12）为了避免损坏塔筒漆层，在紧固塔筒法兰螺栓时，必须保持电动棘轮扳手远离塔壁。

（13）进行风机各部件吊装作业时，施工人员不得站立于悬吊负荷下。

（14）所有部件的吊装，必须进行试吊。

（15）重物稍一离地，专业工序内的作业人员，必须对所有吊绳、吊带及其他吊具进行认真检查，确认完好并合格后，方可起吊物件。

（16）在进行风轮吊装时，如果无法通过拉动解除控制绳索，须备好人用吊篮以卸掉控制绳索。

（17）吊装前，所有无线电设备应充满电，并备好备用电池。

（18）进行机舱及风轮吊装时，必须使用通信设备，地面控制绳索引导技术人员、机舱内引导技术人员和起重机操作员必须各拥有一部通信设备。吊装指挥人员通过通信设备指挥其他各自成员。

（19）解除控制绳索时，地面作业人员严禁站于坠落的绳索下。

（20）进行所有吊装作业前，技术负责人应编写详细的施工技术交底；并招集所有人员交代工作任务、工作重点，并重点强调安全注意事项。

（21）所有作业必须认真填写安全施工作业票，并认真履行签字手续。

（22）吊装过程必须实行二级监护，除由专职安全员进行监护外，施工的主要负责人必须全过程监护。

（23）施工负责人和专职安全员，在施工时不得擅自离开工作现场。

（24）所有作业人员必须正确佩戴好安全帽。

（25）在起吊过程中速度要均匀、平稳，不得突起突落。吊件吊起 10cm 时应暂停，检查制动装置，确认完好后方可继续起吊。

（26）吊件严禁从人身和驾驶室上空穿过。

（27）起重臂及吊件上严禁有人或有浮置物。

（28）吊挂钢丝绳间的夹角不得大于 120°。

（29）吊件不得长时间悬空停留，短时间停留时，操作人员、指挥人员不得离开现场。

（30）起重机运转时，不得进行检修。起重场地应平整，并避开沟、洞和松软土质，将支腿支在坚实的地面上。

（31）起吊时吊钩悬挂点应与吊物重心在同一垂线上，吊钩钢丝绳应垂直，严禁偏拉斜吊。落钩时应防止吊物局部着地引起吊绳偏斜。

（32）起重臂最大仰角不得超过制造厂铭牌规定。

（33）安全防护用品除统一进行的检查试验外，每次使用前都必须进行外观检查，有下列情况者严禁使用：

　　1）安全带（绳）：断股、霉变、损伤或铁环有裂纹、挂钩变形、缝线脱开等。

　　2）安全帽：帽壳破损、缺少帽衬（帽箍、顶衬、后箍），缺少下颚等。

三、攀爬介绍

　　1. 注意事项

　　（1）安全带必须调整合身。

　　（2）在楼梯上工作时，始终使用安全绳；当进入平台没有挂上滑块时，始终挂上安全绳。

　　（3）必须把安全服调整到合适。

　　（4）在梯子上工作必须使用安全绳。

　　（5）解开安全防滑之前使用安全绳。

　　2. 攀前检查

　　攀爬之前，检查如下几点：

　　（1）检查是否穿戴的衣服和防坠落装置是否合格，否则必须使用安全绳和攀爬带。

　　（2）确保攀爬的时候活动自如，如果需要携带工具，可以放入备用包，大的工具可以使用绞车系统。

　　（3）攀爬速度合适，建议在休息平台做适当休息。在平台休息时，安全系于攀爬绳或防坠落装置。

　　（4）始终确保两手同时攀爬。

　　（5）上（下）爬时始终保持匀速稳定。

　　（6）上下楼梯时，每节塔筒只允许有一个人，严禁两人同时在一节塔筒内攀爬（以防上面的人落物砸伤下面的人）。

　　（7）上一节塔筒里面的人必须随手关闭身后的舱盖。

　　3. 攀爬步骤

　　（1）打开塔筒门，并用门下部的挂钩固定。

　　（2）防止因挂钩未挂好而造成人员被反锁在塔筒里。

　　（3）检查安全带有无破损。

　　（4）穿上安全带。

　　（5）检查防坠装置是否工作正常：当向上拉防坠块挂钩时，防坠块可在滑道上自由上下；当向下拉防坠挂钩时，防坠块不能在滑道上自由移动。

　　（6）将防坠装置挂到安全带上。手动拧紧防坠装置挂钩。

　　（7）开始攀爬，需要的话可以在休息平台上休息，但不要脱开安全绳挂钩。

　　（8）在到达机舱后、脱开安全带和防坠装置以前，关上机舱盖板。

　　4. 下爬塔筒步骤

　　（1）安全服的挂钩与防坠落装置的挂钩连接，用手拧紧防坠落装置的锁扣。

　　（2）开始下爬，如需要可在休息平台休息。

　　（3）到了塔底，脱下安全服。

（4）离开塔筒并锁好门。

四、个人防护设备

1. 工作服

在风机内或其周围或建筑工地上的所有人员均应穿工作服。

（1）工作服应盖住双腿、全身和双肩。保护身体和皮肤避免寒冷、酷热、灰尘、阳光照射和擦伤。

（2）工作服采用透气、阻燃浸渍材料，重量不小于 $300g/m^2$，含棉量不低于 30% 的坚韧棉或混合纤维棉织布。

2. 安全鞋（靴）

安装及服务技术人员必须穿戴经批准的安全鞋（靴）。

（1）安全鞋（靴）应密闭，并盖住整个脚部。

（2）应使用坚固结实的皮革或类似材料。

（3）仿形制作。

（4）承受重量至少为 100kg 的钢制鞋头。

（5）采用钢制鞋后跟，钢制鞋底。

（6）防静电，电阻为 106Ω。

（7）寒冷或冬天时鞋筒最少 20cm 高，且防滑。

3. 安全帽

在风机现场和风机内部停留或作业时，必须戴安全帽。

（1）聚乙烯制作、尺寸可调。减振，抗冲击，阻燃。重量轻，约 300g，耐 440V 高压。

（2）应配备照明灯和护耳装置。

4. 听力保护装置

所有安装与服务技术人员以及参观者必须戴好听力保护装置。在执行任务时，如释放高噪声转矩螺栓，站在发电机或燃料驱动的压缩机附近，或风机运行时处于机舱内，必须使用听力保护装置。听力保护装置包括防噪声耳塞和耳罩。

5. 呼吸保护装置

在开展工作时，如果释放出威胁呼吸和健康安全的蒸气，如进行油漆或溶剂作业，必须穿戴呼吸保护装置，形式为防毒面具和空气清新过滤器。

6. 防尘面罩

所有技术人员和参观者必须佩戴防尘面罩。在开展工作时，如果释放出威胁呼吸和健康安全的灰尘，如研磨打磨作业，周围有砂尘，必须佩戴防尘面罩。

7. 工作手套

所有技术人员和参观者必须戴好工作手套。手套须耐磨，抗扯裂，防切割、防刺。电气操作人员必须佩戴绝缘手套或高压手套。

8. 防护眼镜

在进行普通作业时，如对有毒材料作业以及对机械部件进行研磨、打磨和作业时，应佩戴防护眼镜。在有灰尘、碎裂、碎片和火花危险处工作时，必须佩戴眼镜保护装置。

9. 警示背心

无论何时，工作人员在机器，如吊车或车辆现场或其周围作业时，或光线和视野较弱时，应穿上警示背心。将警示背心穿在衣服以外和全身安全带以内，以保证安全带完全可用。

五、应急预案

（1）配备急救包。急救包内应有以下物品：

1）胶布带、铝制手指夹板、抗菌软膏。

2）防腐液或组织。

3）绷带，包括尺寸配套的一卷弹性包扎和绷带条。

4）棉球和棉签。

5）一次性乳胶手套或合成手套，至少两双。

6）外敷绷带。

7）尺寸配套的网垫和纱布卷。

8）护目镜。

9）污染材料处理塑料袋。

10）尺寸配套的安全销。

11）剪刀、防晒霜、防中暑药。

12）消毒洗眼水，如生理盐水。

13）三角绷带。

14）不同的膏药。

15）抢救单和应急毛毯。

（2）所有安装和服务人员必须得到最新急救、防电击和电灼伤、心肺复苏术的培训。

六、特殊条件

（1）在风机现场开始任何工作之前，应随时监测最新的天气预报，确认吊装当日气象条件适宜，地面平均风速不超过 10m/s，最大风速不超过 12m/s。

（2）风速小于 12m/s 才可进行塔筒安装。

（3）风速小于 18m/s 才可进入风机内部调试。

（4）第三节塔筒吊装完毕后，必须吊装机舱。

（5）在寒冷天气和大雪时，有结冰或大量积雪从叶片或风机上坠落的危险。

（6）在通过机舱和每节塔筒后，关闭舱盖。

（7）进叶轮前，必须锁紧叶轮。

（8）当叶轮处于自由状态时（未锁紧），严禁将任何物品遗留在轮毂内。

（9）离开风机时，随手带走内部的垃圾，严禁通过机舱盖向外抛掷垃圾。

（10）严禁在风机内抽烟、吐痰、嚼槟榔等。

（11）机舱后部的机舱罩是玻璃钢材料，强度有限，严禁站人或堆放重物。

（12）使用液压扳手时，严禁将手放在反作用力臂与支点之间。

（13）只有指定人员才能打开电气控制柜。

七、断电操作电气系统

（1）调试低压变频器必须按操作说明书，由技术人员负责调试。

（2）操作绞车的人必须系安全带，并将安全绳挂牢。

（3）使用绞车前，检查机舱是否偏航到正确位置，使绞绳位于塔筒出口板中心。提升或放下重物时，应通知下面的人小心，严禁站在塔筒底部的绞车通道处。由于提升过程中缆绳会打转，所以每节塔筒底部都要站人，以免重物碰到塔筒护栏。

（4）绞车使用完毕后，将控制手柄上的红色旋钮按下，以防误操作；并将手柄放到机舱上。

八、危险点预控措施

危险点预控措施详见附表1。

附表1 危险点预控措施

作业活动	危险点/危险源	危害结果	控 制 措 施
起重人员	带民工作业，监护不力或让民工独自工作，自己串岗、溜岗	人身伤害 设备伤害	1. 明确责任，加大查处力度。 2. 加强民工的安全教育，提高其自我保护能力。 3. 严禁民工指挥吊车
	指挥人员对机械性能不熟悉，指挥不清，信号不明	设备事故	1. 加强对指挥人员的培训。 2. 指挥人员严格按规程办事，指挥信号明确、清晰。 3. 指挥、操作配合协调
起重工具	起重工器具、索具未检查，以小代大使用	人身伤害 设备事故	1. 加强检查、监督，加大处罚力度。 2. 严禁降低安全系数使用，禁止以小代大使用。 3. 未检查严禁使用
吊件绑扎	起吊带棱角的物体时，因千斤绳的滑移而致使千斤绳断丝、断裂	人身伤害	1. 严禁无关人员进入。 2. 在棱角处加垫包铁或软木等。 3. 严禁吊物下站人
	吊耳或绑扎千斤绳强度不够	人身伤害 设备事故	1. 加强教育，严格按规程作业。 2. 查询设备技术资料，确认设备吊点，计算确认千斤绳与吊物的有效荷载后方可作业
	千斤绳锈蚀、断丝	人身伤害 设备事故	1. 使用前必须检查索具。 2. 千斤绳满足安全要求。 3. 锈蚀、断丝的千斤绳必须报废
大件吊装	起吊受风面积大的物体时，物体与臂架碰撞	设备事故	1. 起吊前加拉溜绳，防止空中旋转。 2. 应选在风速低的天气下起吊。 3. 作业中加强监护

作业活动	危险点/危险源	危害结果	控 制 措 施
吊车扳起、放倒时	扳起、放倒不符合要求	人身伤害设备事故	1. 使用对讲机统一指挥，扳起、放倒过程中机械重要部位有专人监护。 2. 场地清理干净，四周不能堆放设备材料，严禁无关人员进入
两台机抬吊	两吊车抬吊重物。措施不完善或指挥失误，吊机配合不协调，两机吊点受力不均匀	人身伤害设备事故	1. 方案有详细计算，技术交底时，应交代清楚。 2. 加强理论学习，让指挥人员懂得相关力学知识。 3. 统一指挥，每台吊车专人监护。 4. 指挥明确，信号清晰。 5. 操作司机与指挥配合协调。 6. 严禁单绳起吊，应用双绳锁吊。 7. 检查确认后，方可指挥起吊。 8. 起吊时，严禁将手、脚靠近物体。 9. 严禁手扶千斤绳起吊。 10. 做好防物件挤压滑落措施，以防伤人
汽车吊作业	汽车吊作业完毕，收腿、转向、倒车	设备事故	1. 明确责任，加强司机与起重人员的配合。 2. 起重人员应配合汽车吊司机做好收车、清场准备
	汽车吊作业时支腿未全伸，支腿基础不牢	人身伤害设备事故	搞好起吊前的检查工作，作业中起重人员加强对支腿的监护
	上升限位失灵，吊钩冒顶	人身伤害设备事故	1. 交接班加强检查，确保限位可靠。 2. 作业中，加强监护
工机具、器具	选用不当	人身伤害设备事故	1. 严把进货关，杜绝使用"三无"产品。 2. 按照安全工作规程和技术措施要求，正确配备，合格选用
	管理不当	人身伤害设备事故	1. 建立健全台账，专人管理。 2. 全部挂牌，标示齐全，摆放整齐、有序，外观整洁
	使用不当	人身伤害设备事故	1. 使用前需要进行外观检查，对于外壳、手柄破损和电缆或软线损坏的电动工机具不得使用。 2. 使用前进行型号、外观检查，坏的进行更换维修。严禁"以小代大"、超负荷使用。 3. 正确操作、使用工器具
高空作业	人员未进行体格检查	人身伤害	高空作业人员作业前必须进行身体检查，合格者上岗
	未使用劳保防护用品或未正确使用	人身伤害	1. 必须着装正确，牢系安全带。 2. 禁止穿硬底鞋。 3. 传递工具使用传递绳

作业活动	危险点/危险源	危害结果	控 制 措 施
人力、机械敷设电缆	电缆盘放电缆不牢固平稳	人身伤害	放缆架用满足荷载要求的材料制作，不得在松软地面放置放缆架
	敷设电缆前，未检查支架托	人身伤害	1. 敷设前必须认真检查支架托。 2. 不牢固支架补焊后，方可敷设电缆
	高处敷设电缆，无安全措施	人身伤害	站在有可能坠落的高处放电缆，工作人员应系安全带；安全带应挂在上方牢固处
	带电区域敷设电缆	人身伤害设备伤害	1. 办理工作票，采取安全措施并设监护人。 2. 防止误入带电间隔或误碰带电体，电缆穿入带电盘时有专人引入。 3. 带电区域采取隔离措施
	电缆通过孔洞、管子或楼板时，无人监护	人身伤害	1. 电缆通过孔洞、管子或楼板时，两侧专人递接、监护。 2. 入口侧人员要防止手被进行中的电缆带入孔内而受到伤害，出口侧人员不得在正面接引
	人员组织不当	人身伤害	1. 对参加电缆敷设人员特别是临时工进行教育培训，交代安全注意事项。 2. 进行详细的安全交底。 3. 放电缆的人应在电缆一侧，人员距离合理分布，禁止在地面上拖拉电缆
电缆头制作	物体打击	人身伤害	1. 抬运物体时，人员应相互配合。 2. 制作接头时，接头井边应留有通道，坑边不得放置工具材料，传递物体注意递接、递放
	熔胶、化铅或使用喷灯时烫伤	人身伤害火灾事故	1. 熔胶、化铅时严防水滴带入熔锅引起暴溅伤人。 2. 工作完毕及时灭火，清除麻包油纸油纱等杂物。 3. 喷灯使用完毕应立即放气，待冷却后方能装箱
	电缆头开剥时，操作方法不当，被刀具伤害	人身伤害	1. 工作人员使用刀具时，应掌握力度，并注意开剥方向。 2. 锯割或开剖电缆时，非作业人员不得靠近

参 考 文 献

［1］ 中华人民共和国住房和城乡建设部．建筑桩基技术规范［S］．北京：中国建筑工业出版社，2008.

［2］ 吴成材．钢筋焊接及验收规程［M］．北京：中国建筑工业出版社，2012.

［3］ 中华人民共和国住房和城乡建设部．钢筋机械连接技术规程［S］．北京：中国建筑工业出版社，2010.

［4］ 中华人民共和国国家质量监督检验检疫总局，中国国家标准化管理委员会．先张法预应力混凝土管桩［S］．北京：中国标准出版社，2009.

［5］ 钢铁材料手册总编辑委员会．碳素结构钢［S］．北京：中国标准出版社，2007.

［6］ 中华人民共和国国家质量监督检验检疫总局，中国国家标准化管理委员会．低合金高强度结构钢［S］．北京：中国标准出版社，2008.

［7］ 中华人民共和国国家质量监督检验检疫总局，中国国家标准化管理委员会．中华人民共和国国家标准：埋弧焊的推荐坡口［S］．北京：中国标准出版社，2008.

［8］ 中华人民共和国住房和城乡建设部．钢结构工程施工质量验收规范［M］．北京：中国计划出版社，2002.

［9］ 中华人民共和国住房和城乡建设部．钢结构焊接规范［S］．北京：中国建筑工业出版社，2011.

［10］ 中华人民共和国住房和城乡建设部．混凝土泵送施工技术规程［S］．北京：中国建筑工业出版社，2011.

［11］ 金麟．电力建设施工质量验收及评定规程　第一部分　土建工程［M］．北京：中国电力出版社，2011.

［12］ 夏可风．水利水电工程施工手册　第一卷　地基与基础工程［M］．北京：中国电力出版社，2004.

本书编辑出版人员名单

责任编辑　王　梅　李　莉

封面设计　李　菲

版式设计　王　鹏　黄云燕

责任校对　张　莉　吴翠翠

责任印制　崔志强　王　凌